“十三五”国家重点出版物出版规划项目
卓越工程能力培养与工程教育专业认证系列规划教材
（电气工程及其自动化、自动化专业）

配电自动化

刘　念　刘文霞　刘春明　编著

机械工业出版社

本书较全面地介绍了配电自动化和智能配用电领域的技术内容。全书共分8章，第1章介绍配电自动化的意义和发展趋势；第2章介绍配电网的典型网架结构和配电设备；第3章介绍配电自动化系统的组成和功能；第4章介绍配电自动化通信系统；第5章介绍馈线自动化技术；第6章介绍电能计量与负荷控制等配电自动化辅助功能；第7章简要介绍配电网的高级应用技术；第8章介绍智能配用电的若干前沿技术。

本书既可作为高等学校电气类相关专业本科和研究生教学使用的教材，也可供从事配电自动化工作的专业技术人员和科学研究工作者使用。

图书在版编目（CIP）数据

配电自动化/刘念，刘文霞，刘春明编著．—北京：机械工业出版社，2019.11

“十三五”国家重点出版物出版规划项目　卓越工程能力培养与工程教育专业认证系列规划教材．电气工程及其自动化、自动化专业

ISBN 978-7-111-63768-4

Ⅰ.①配…　Ⅱ.①刘…②刘…③刘…　Ⅲ.①配电自动化-高等学校-教材　Ⅳ.①TM76

中国版本图书馆CIP数据核字（2019）第214156号

机械工业出版社（北京市百万庄大街22号　邮政编码100037）
策划编辑：王雅新　责任编辑：王雅新　刘丽敏
责任校对：肖　琳　封面设计：鞠　杨
责任印制：李　昂
河北鹏盛贤印刷有限公司印刷
2020年1月第1版第1次印刷
184mm×260mm · 11印张 · 268千字
标准书号：ISBN 978-7-111-63768-4
定价：29.80元

电话服务	网络服务
客服电话：010-88361066	机　工　官　网：www.cmpbook.com
010-88379833	机　工　官　博：weibo.com/cmp1952
010-68326294	金　书　网：www.golden-book.com
封底无防伪标均为盗版	机工教育服务网：www.cmpedu.com

“十三五”国家重点出版物出版规划项目

卓越工程能力培养与工程教育专业认证系列规划教材

（电气工程及其自动化、自动化专业）

编审委员会

序

工程教育在我国高等教育中占有重要地位，高素质工程科技人才是支撑产业转型升级、实施国家重大发展战略的重要保障。当前，世界范围内新一轮科技革命和产业变革加速进行，以新技术、新业态、新产业、新模式为特点的新经济蓬勃发展，迫切需要培养、造就一大批多样化、创新型卓越工程科技人才。目前，我国高等工程教育规模世界第一。我国工科本科在校生约占我国本科在校生总数的1/3，近年来我国每年工科本科毕业生约占世界总数的1/3以上。如何保证和提高高等工程教育质量，如何适应国家战略需求和企业需要，一直受到教育界、工程界和社会各方面的关注。多年以来，我国一直致力于提高高等教育的质量，组织并实施了多项重大工程，包括卓越工程师教育培养计划（以下简称卓越计划）、工程教育专业认证和新工科建设等。

卓越计划的主要任务是探索建立高校与行业企业联合培养人才的新机制，创新工程教育人才培养模式，建设高水平工程教育教师队伍，扩大工程教育的对外开放。计划实施以来，各相关部门建立了协同育人机制。卓越计划要求试点专业要大力改革课程体系和教学形式，依据卓越计划培养标准，遵循工程的集成与创新特征，以强化工程实践能力、工程设计能力与工程创新能力为核心，重构课程体系和教学内容；加强跨专业、跨学科的复合型人才培养；着力推动基于问题的学习、基于项目的学习、基于案例的学习等多种研究性学习方法，加强学生创新能力训练，"真刀真枪"做毕业设计。卓越计划实施以来，培养了一批获得行业认可、具备很好的国际视野和创新能力、适应经济社会发展需要的各类型高质量人才，教育培养模式改革创新取得突破，教师队伍建设初见成效，为卓越计划的后续实施和最终目标的达成奠定了坚实基础。各高校以卓越计划为突破口，逐渐形成各具特色的人才培养模式。

2016年6月2日，我国正式成为工程教育"华盛顿协议"第18个成员国，标志着我国工程教育真正融入世界工程教育，人才培养质量开始与其他成员国达到了实质等效，同时，也为以后我国参加国际工程师认证奠定了基础，为我国工程师走向世界创造了条件。专业认证把以学生为中心、以产出为导向和持续改进作为三大基本理念，与传统的内容驱动、重视投入的教育形成了鲜明对比，是一种教育范式的革新。通过专业认证，把先进的教育理念引入了我国工程教育，有力地推动了我国工程教育专业教学改革，逐步引导我国高等工程教育实现从课程导向向产出导向转变、从以教师为中心向以学生为中心转变、从质量监控向持续改进转变。

在实施卓越计划和开展工程教育专业认证的过程中，许多高校的电气工程及其自动化、自动化专业结合自身的办学特色，引入先进的教育理念，在专业建设、人才培养模式、教学内容、教学方法、课程建设等方面积极开展教学改革，取得了较好的效果，建设了一大批优质课程。为了将这些优秀的教学改革经验和教学内容推广给广大高校，中国工程教育专业认证协会电子信息与电气工程类专业认证分委员会、教育部高等学校电气类专业教学指导委员会、教育部高等学校自动化类专业教学指导委员会、中国机械工业教育协会自动化学科教学委员会、中国机械工业教育协会电气工程及其自动化学科教学委员会联合组织规划了“卓越工程能力培养与工程教育专业认证系列规划教材（电气工程及其自动化、自动化专业)”。本套教材通过国家新闻出版广电总局的评审，入选了“十三五”国家重点图书。本套教材密切联系行业和市场需求，以学生工程能力培养为主线，以教育培养优秀工程师为目标，突出学生工程理念、工程思维和工程能力的培养。本套教材在广泛吸纳相关学校在“卓越工程师教育培养计划”实施和工程教育专业认证过程中的经验和成果的基础上，针对目前同类教材存在的内容滞后、与工程脱节等问题，紧密结合工程应用和行业企业需求，突出实际工程案例，强化学生工程能力的教育培养，积极进行教材内容、结构、体系和展现形式的改革。

经过全体教材编审委员会委员和编者的努力，本套教材陆续跟读者见面了。由于时间紧迫，各校相关专业教学改革推进的程度不同，本套教材还存在许多问题。希望各位老师对本套教材多提宝贵意见，以使教材内容不断完善提高。也希望通过本套教材在高校的推广使用，促进我国高等工程教育教学质量的提高，为实现高等教育的内涵式发展贡献一份力量。

卓越工程能力培养与工程教育专业认证系列规划教材

（电气工程及其自动化、自动化专业）

编审委员会

前　言

配电自动化是提高供电可靠性及设备利用率，提高配电网应急能力及供电质量，实现配电网高效经济运行，提高供电企业的管理水平和客户服务质量的重要手段。采用配电自动化技术，可以实现配电网的运行监控与管理，为配电网提供丰富的辅助决策工具以及自愈控制、经济运行、电压无功优化等各种高级应用。

经过数十年的探索与实践，我国配电自动化从理论到技术都已经比较成熟，指导配电自动化系统建设、验收和运行维护的相关标准、规范也相继推出，实现配电自动化已成为当前智能电网建设的重要组成部分。截至2018年底，北京、江苏、湖北等26个省市实现配电自动化覆盖率约65%。南方五省实现配电自动化覆盖率约70%，配电网通信覆盖率约88%，配电自动化主站覆盖率约85%；共完成配电网自动化站所终端（DTU）约4.8万台，馈线终端（FTU）约5.5万台，故障指示器约5.8万台。内蒙古电力公司实现配电自动化覆盖率约26.1%，配电网通信覆盖率约26.1%，配电自动化主站覆盖率约56%；共完成配电网自动化终端（DTU）约0.07万台，馈线终端（FTU）约0.06万台，故障指示器约1.04万台。

2019年初，国家电网有限公司提出了“三型两网、世界一流”的战略目标，其中，“两网”（坚强智能电网、泛在电力物联网）的建设离不开配电自动化技术的发展与普及，换言之，配电自动化是实现坚强智能电网与泛在电力物联网的必要条件，其实现了配电网层级的数据交互、远程控制以及边缘计算，为智能电网和泛在电力物联网提供了关键的底层技术支撑。可以预见，未来我国配电自动化将进入快速发展期，配电自动化覆盖率、配电网通信覆盖率、配电自动化主站覆盖率以及设备数量均将大幅提高，其对通信速度及时延、数据分析与处理、各项资源的合理调控也将提出更高的要求。

全书共分为8章，包括概述、配电网架和配电设备、配电自动化系统、配电自动化通信系统、馈线自动化、电能计量与负荷控制、配电网高级应用技术、智能配用电技术。第1章介绍配电自动化的意义和基本概念，发展阶段和发展趋势。第2章介绍配电网的典型网架结构和配电设备，主要包括架空线的接线模式、电缆线路的接线模式和典型的配电设备。第3章介绍配电自动化系统的组成及其功能、配电自动化主站与子站系统和配电自动化终端。第4章介绍配电自动化通信系统的基本要求、主要配电自动化通信技术及其安全防护知识，并结合典型实际工程案例进行说明。第5章介绍馈线自动化的基本概念，基于重合器和分段器的馈线自动化、基于 FTU 的馈线自动化和配电网故障处理关键技术。第 6 章介绍配电自动化辅助功能中的电能计量、负荷控制与需求侧管理和高级量测技术。第 7 章主要介绍配电网的高级应用技术，包括拓扑分析、潮流计算、状态估计和网络重构。第 8 章结合智能配电网的建设和研究经验，介绍配电网中分布式电源与需求侧资源、电动汽车、微电网群的调控方法以及主动配电信息物理系统的可靠性建模与评价。

本书是华北电力大学输配电系统研究所在教学科研工作中对配电自动化领域的总结，包括“配电自动化”课程的教学讲义以及该领域的研究成果等。在撰写过程中，研究生郭斌、何帅、马建勋、潘明夷、虞宋楠、谭露、李晨晨、马丽雅、李睿智、韩辉、王荣杰、尹钰君、孙凯胜等同学协助整理了文字、图表、公式等素材，在此表示衷心的感谢！

配电自动化技术发展迅速，目前其涉及的理论知识与工程技术均不可胜数，编者水平有限，更兼时间和精力有限，书中难免存在不妥或疏漏之处，恳请读者批评指正。

编　者

目　录

序
前　言
第 1 章　概述 …… 1
1.1　配电自动化的意义和基本概念 …… 1
1.2　配电自动化的发展阶段与趋势 …… 2
1.3　主要内容安排 …… 4
第 2 章　配电网架和配电设备 …… 5
2.1　架空线的接线模式 …… 5
2.2　电缆线路的接线模式 …… 7
2.3　典型配电设备 …… 13
第 3 章　配电自动化系统 …… 19
3.1　配电自动化系统组成及功能 …… 19
3.2　配电自动化主站与子站系统 …… 23
3.3　配电自动化终端 …… 27
第 4 章　配电自动化通信系统 …… 33
4.1　配电自动化对通信系统的要求 …… 33
4.2　配电自动化通信技术 …… 34
4.3　配电自动化系统的安全防护 …… 46
4.4　典型实践案例 …… 49
第 5 章　馈线自动化 …… 52
5.1　馈线自动化概述 …… 52
5.2　基于重合器和分段器的馈线自动化 …… 55
5.3　基于 FTU 的馈线自动化 …… 62
5.4　配电网故障处理关键技术 …… 66
第 6 章　电能计量与负荷控制 …… 75
6.1　电能计量 …… 75
6.2　负荷控制与需求侧管理 …… 81
6.3　高级量测技术 …… 89
第 7 章　配电网高级应用技术 …… 94
7.1　概述 …… 94
7.2　拓扑分析 …… 95
7.3　配电网潮流计算 …… 97
7.4　配电网状态估计 …… 98
7.5　配电网络重构 …… 101
第 8 章　智能配用电技术 …… 104
8.1　计及广义需求侧资源的自动需求响应 …… 104
8.2　可再生能源与电动汽车充电设施的集成模式 …… 110
8.3　考虑需求侧资源的主动配电网故障多阶段恢复方法 …… 116
8.4　配电网故障情况下微电网互联的协调控制方法 …… 125
8.5　主动配电信息物理系统的可靠性建模与评价 …… 142
附录 …… 157
附录 A …… 157
附录 B …… 159
参考文献 …… 164

第1章 概　述

1.1 配电自动化的意义和基本概念

配电网是电力系统向用户供电的关键基础环节，一般情况下，配电网一次网架由变电站、配电线路、开关设施和配电变压器等元件构成。根据电压等级，配电网可分为高压配电网（35~110kV）、中压配电网（6~20kV）、低压配电网（220~380V）；根据提供供电服务的具体对象，可分为城市配电网和农村配电网。

配电自动化（Distribution Automation，DA）是指以配电网一次网架为基础，综合利用信息、通信和控制等技术，并通过与其他配电应用系统的交互与信息集成，实现对配电网的监测、控制和快速故障隔离，为配电管理系统提供实时数据支撑。实施配电自动化的价值体现在可靠性和经济性两大方面：

（1）保障系统供电可靠性

通过配电自动化系统实时获取中压配电网的运行状况，在发生故障时迅速进行故障定位，采取有效手段隔离故障以及对非故障区域恢复供电，从而尽可能地缩短停电时间，减少停电面积和停电用户数。在因恶劣天气、输电线路故障等造成部分变电站停电的情况下，可通过配电自动化实施负荷批量转移策略，将受影响的负荷通过中压配电网安全地转移到健全的变电站上，从而避免长时间大面积停电。

（2）提升系统运行经济性

一方面，通过对配电网运行状态的监视，制定科学的配电网络重构和控制运行方案，优化配电网运行方式，达到降低线路损耗、改善供电质量、提升可再生能源效率的目的；另一方面，通过长期的数据监测与统计，有利于掌握宏观的负荷特性和发展趋势，为科学开展配电网规划设计提供客观依据，同时也有利于提高供电企业的管理现代化水平和客户服务质量。

为实现配电自动化的核心功能，需在配电网一次网架的基础上发展配电自动化系统（Distribution Automation System，DAS），实现对配电网的运行监视和控制。一般情况下，配电自动化系统具备配电监控和数据采集（Supervisory Control and Data Acquisition，SCADA）、馈线自动化（Feeder Automation，FA）、高级配电分析应用及与相关应用系统互联等功能，主要由配电自动化主站系统（简称配电主站）、配电自动化子站系统（简称配电子站）、配电终端和通信通道等部分组成。

1）配电主站是配电自动化系统的核心部分，主要实现配电SCADA等基本功能和电网高级分析应用等扩展功能，并具有与其他应用信息系统进行信息交互的能力，为配电网调度运行和生产管理提供技术支撑。

2）配电子站是配电自动化系统的中间环节。在配电网规模较大时，为实现优化系统结构层次、提高信息传输效率、便于配电通信系统组网等目的，设置配电子站，可实现分区范围内的信息汇集、故障处理、通信检测等功能。

3）配电终端是安装于中压配电网现场的各种远方监测、控制单元的总称，主要包括远方终端（Remote Terminal Unit，RTU）、馈线远方终端（Feeder Terminal Unit，FTP）、配电变压器远方终端（Transformer Terminal Unit，TTU）、开关站和配电所的远方终端（Distribution Terminal Unit，DTU）等。

4）馈线自动化是利用终端自动化装置，实时监视配电线路（馈线）的运行状况，及时发现线路故障，迅速诊断出故障区域并将故障区域隔离，快速恢复对非故障区域的供电。

1.2 配电自动化的发展阶段与趋势

配电自动化技术出现于20世纪70年代，经过近50年的发展，配电自动化技术经历了局部自动化、监控自动化和综合性自动化三个阶段。

（1）局部自动化阶段

该阶段为基于自动化开关设备相互配合的馈线自动化系统为代表，它的核心自动化开关设备有重合器和分段器，通过重合器与分段器的就地配合实现故障检测、故障隔离和故障恢复过程，不需要建设通信网络和主站计算机系统。

（2）监控自动化阶段

随着计算机和通信技术的发展，逐渐出现了基于通信网络、馈线终端单元和计算机网络的配电自动化系统。在配电网正常运行时，可以监测配电网运行状态，通过遥控改变配电网运行方式；在故障运行时，可通过对故障信息的采集分析定位故障区域，并通过遥控实现故障隔离与故障恢复过程。

（3）综合性自动化阶段

该阶段以配电管理系统（Distribution Management System，DMS）为核心，在监控自动化阶段的基础上，进一步集成了配电工作管理、故障投诉管理、自动绘图和设备管理、负荷管理、配电高级分析应用等功能，有效覆盖了配电网调度、运行、生产全过程，可优化配电网运行、提高供电可靠性，并为电力用户提供优质服务。

我国自20世纪90年代后期也开展了配电自动化工作。经过近30年的技术研发、试点建设与工程实践，目前我国配电自动化从理论到技术都已经比较成熟，指导配电自动化系统建设、验收和运行维护的相关标准和规范也相继推出，实现配电自动化已成为智能电网建设的重要组成部分。

近年来，随着智能电网、可再生能源、物联网技术的发展，配电自动化技术呈现出多样化、标准化、自愈性、经济性、有源性和泛在性的发展趋势。

（1）多样化

尽管配电自动化技术的发展经历了三个阶段，但根据欧美和日本等国家和地区的应用情况，各个阶段的技术都在应用，并且各有其适应范围。在我国，针对不同城市（地区）、不同供电企业的实际需求，配电自动化系统在实施规模、系统配置和实现功能上各不相同，根据 Q/GDW 513—2010《配电自动化主站系统功能规范》，推荐了简易型、实用型、标准型、集成型和智能型五种配电自动化系统的实现形式及对应功能，应用需求的多样化是配电自动化发展的典型特征之一。

（2）标准化

为了方便配电自动化系统的实施，2010 年国家电网公司发布《配电自动化主站系统功能规范》规定了主站系统的软硬件配置、基本功能、扩展功能、智能化应用及与终端的通信接口等；2013 年国家能源局发布《配电自动化远方终端》规定了终端及子站的技术要求、功能规范、试验方法和检验规则等；2015 年国家能源局发布《配电自动化技术导则》规定了配电自动化的主要技术原则；国际电工委员会（IEC）制定了 IEC 61968 配电管理的系统接口系列标准以促进应用软件的集成和规范各个系统间的接口。

（3）自愈性

配电自动化是智能电网的重要组成部分，而自愈是智能电网的重要特征。自愈的含义不仅仅是在故障发生时自动进行故障定位、故障隔离并恢复健全区域的供电，更重要的是能够实时监测故障前兆和评估配电网的健康水平，在故障实际发生前进行安全预警并采取预防性控制措施，避免故障的发生，使配电网具有韧性（Resilience）。

（4）经济性

支撑经济高效的配电网运行也是配电自动化的发展趋势之一。与发达国家相比，我国配电网的设备利用率还普遍较低，尽管在城市中已经基本建成了具有联络的闭环网络结构，但为了满足“$N-1$”安全准则，其最大利用率仍不超过 50%。多分段多联络和“多供一备”等接线模式有助于提高设备利用率，在发生故障时需要配电自动化的有效支撑，采取模式化故障处理措施来发挥接线模式的作用。

（5）有源性

随着分布式能源的发展，以分布式光伏、分散风电、小型燃气轮机、储能系统等分布式电源规模化接入配电网，一方面改变了传统配电网的潮流分布、调度运行、保护控制等基本特性和功能，实现了能源利用的清洁化；另一方面在电网故障时，可通过分布式能源实现孤岛供电，增强电网的应急能力与韧性。因此，适应分布式电源接入并充分实现主动配电网的作用，是配电自动化的发展趋势之一。

（6）泛在性

国家电网公司提出泛在电力物联网的概念后，引起了工业界、学术界乃至全社会的广泛关注。配用电系统是建设泛在电力物联网的重要组成部分。一方面，我国相对薄弱的配电网制约了供电安全性与可靠性，需要通过建设一流的配电网以及与之相适应的配电终端设备物联网来补齐短板；另一方面，分布式能源、储能、电动汽车的接入都在配用电侧，用户与电网的互动主要在配电网中进行，需要通过配用电物联网的建设支持分布式电源即插即用，实现“源、网、荷、储”之间的实时友好互动。配电物联网是配电自动化系统的扩展、升级与提高，具备良好的安全性与开放性，能够更好地支持面向智能配电网与主动配电网的各种应用，是配电自动化系统的发展趋势。

1.3 主要内容安排

为满足电气工程相关专业的本科和研究生教学需要，本书根据配电自动化基本原理和发展趋势，系统介绍了配电自动化和新型智能配用电技术的主要内容。

全书共8章，第1章介绍配电自动化的意义和基本概念，发展阶段和发展趋势。第2章介绍配电网的典型网架结构和配电设备，主要包括架空线的接线模式、电缆线路的接线模式和典型的配电设备。第3章介绍配电自动化系统的组成及其功能、配电自动化主站与子站系统和配电自动化终端。第4章介绍配电自动化通信系统的基本要求、主要配电自动化通信技术及其安全防护知识，并结合典型实际工程案例进行说明。第5章介绍馈线自动化的基本概念，基于重合器和分段器的馈线自动化、基于FTU的馈线自动化和配电网故障处理关键技术。第6章介绍配电自动化辅助功能中的电能计量、负荷控制与需求侧管理和高级量测技术。第7章主要介绍配电网的高级应用技术，包括拓扑分析、潮流计算、状态估计和网络重构。第8章结合智能配电网的建设和研究经验，介绍配电网中分布式电源与需求侧资源、电动汽车、微电网群的调控方法以及主动配电信息物理系统的可靠性建模与评价。

第 2 章 配电网架和配电设备

配电一次网架包括电源（变电站）、线路、开关、变压器等主要设备。其中，配电网架包括电缆线路、架空线路、电缆与架空混合线路 3 种方式；开关设备包括重合器、分段器、负荷开关、环网柜等。本章首先根据配电网架的线路类型，分架空线路和电缆线路介绍配电网中的典型接线方式；在此基础上，介绍典型开关设备的特性、功能和应用范围。

2.1 架空线的接线模式

2.1.1 多分段单辐射接线模式

自变电站某条母线引出一回中压配电线路（馈线），根据负荷的分布辐射延伸供电，构成单辐射接线模式，如图 2-1 所示。

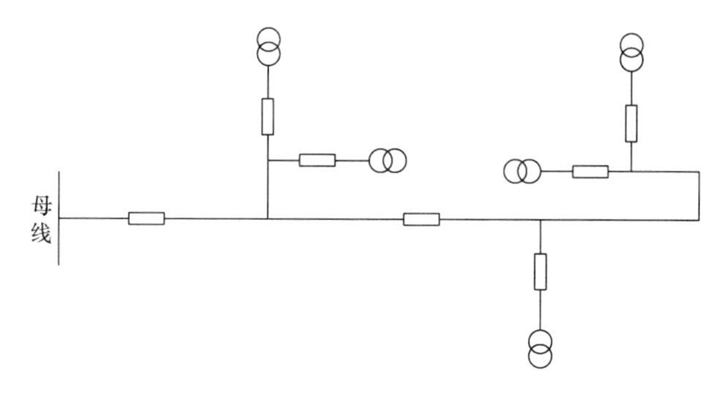

图 2-1 多分段单辐射接线模式

主干线一般可分为 3 段，根据用户数量或线路长度在分段内可适度增加分段开关，缩短故障停电范围，但分段总数量不应超过 6 段。多分段单辐射接线模式适用于在周边没有其他电源点，且对供电可靠性要求较低，目前暂不具备与其他线路联络条件的区域，如城市非重要负荷架空线和郊区季节性用户。

多分段单辐射接线的优点是比较经济，配电线路和开关数量少、投资小，新增负荷接入也比较方便，且由于不存在线路故障后的负荷转移，可以不考虑线路的备用容量，即每条主干线线路负载率 100%。但其缺点也很明显，主要是故障影响范围较大，供电可靠性较差，无法满足“$N-1$”要求。

当线路故障后，故障段之前的分段开关断开，故障段之前的区域恢复供电，故障段及故障段之后区域将停电；当电源故障时，整条线路停电。

2.1.2 多分段单联络接线模式

多分段单联络接线模式有两个电源，可以取自同一变电站的不同母线段或不同变电站，如图 2-2 所示。

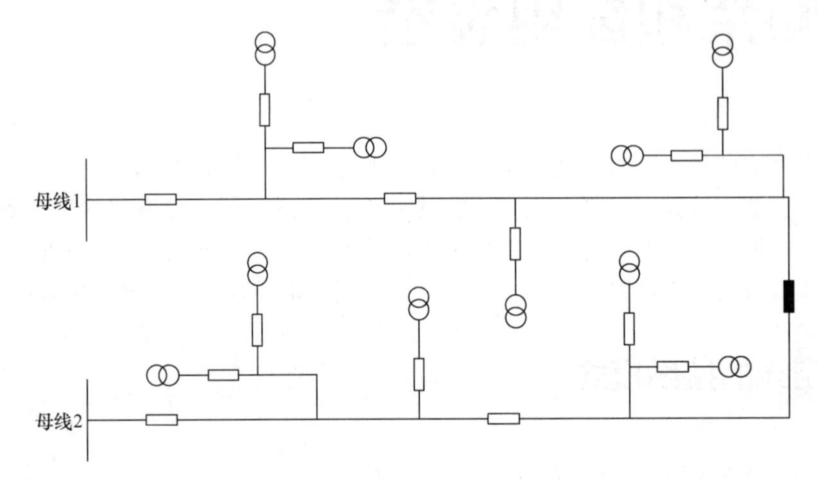

图 2-2 多分段单联络接线模式

多分段单联络接线模式适用于周边电源数量有限，且线路负载率低于 50%，不具备多联络条件的区域。运行方式一般采用开环。

这种接线模式的最大优点是可靠性比单辐射接线大大提高，接线方式清晰、运行比较灵活。线路故障或电源故障时，在线路负载率允许的条件下，通过开关操作可以使非故障段恢复供电。但由于考虑了线路的备用容量，线路最大负载率为 50%，即正常运行时，每条线路最大负荷只能达到该架空线允许载流量的 1/2，线路投资相比多分段单辐射接线大幅增加。

当线路故障后，故障段前后分段开关断开，联络开关闭合，故障段前后部分均恢复供电，故障段停电检修；当一条线路的电源出现故障时，母线侧开关断开，联络开关闭合，从另一条线路送电，使相应供电线路达到满载运行。

2.1.3 多分段多联络接线模式

在周边电源数量充足，10kV 架空线宜采用环网结构、开环运行，可通过柱上负荷开关将线路多分段、适度联络，可提高线路的利用率和负荷转移能力。如图 2-3 和图 2-4 所示，分别为两分段两联络接线模式与三分段三联络接线模式。

架空线联络点的数量根据周边电源情况和线路负载大小确定，一般不超过 3 个联络点，联络点应设置于主干线上，且每个分段一般设置 1 个联络点。这种接线模式可应用于城网大部分地区，联络线可以就近引接，但相互联络的两回线路需来源于不同变电站或同一变电站的不同母线。

这种接线模式每条线路应留有 1/3 或 1/4 的备用容量。与多分段单联络接线模式相比，多分段多联络接线模式提高了线路负载率（两分段两联络负载率 66.7%，三分段三联络负载率 75%），但由于需要在线路间建立联络线，增加了线路投资。

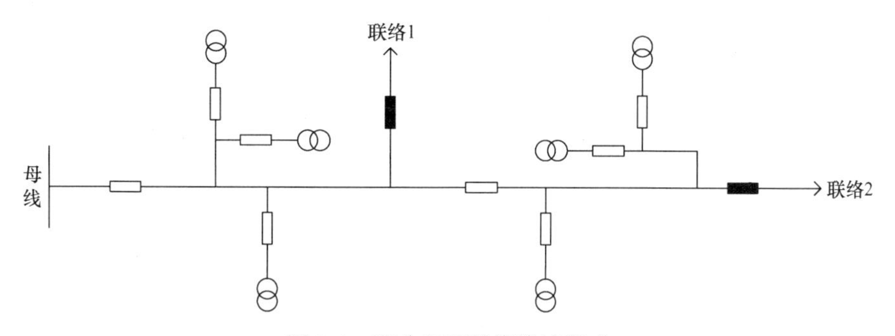

图 2-3　两分段两联络接线模式

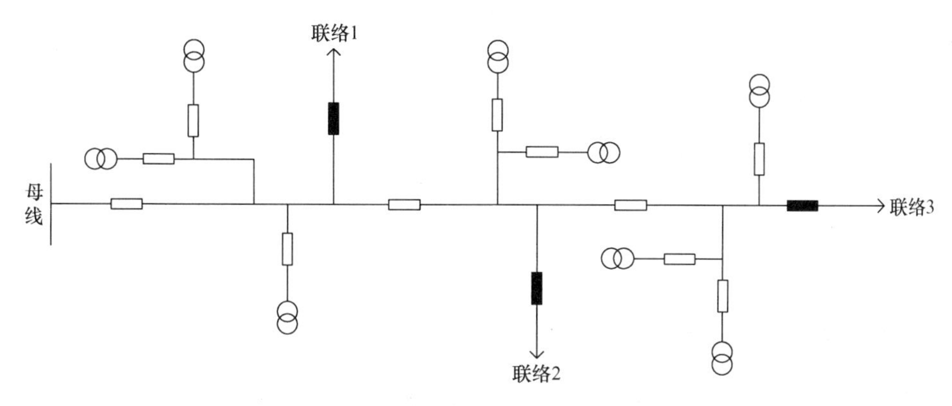

图 2-4　三分段三联络接线模式

当线路故障后，故障段前后分段开关断开，故障段检修，非故障段闭合相应联络开关，恢复供电。

2.2　电缆线路的接线模式

2.2.1　双（对）射接线模式

自一座变电站（或中压开关站）的不同中压母线引出双回线路；或自同一供电区域的不同变电站引出双回线路，形成双射接线模式，如图 2-5 所示。

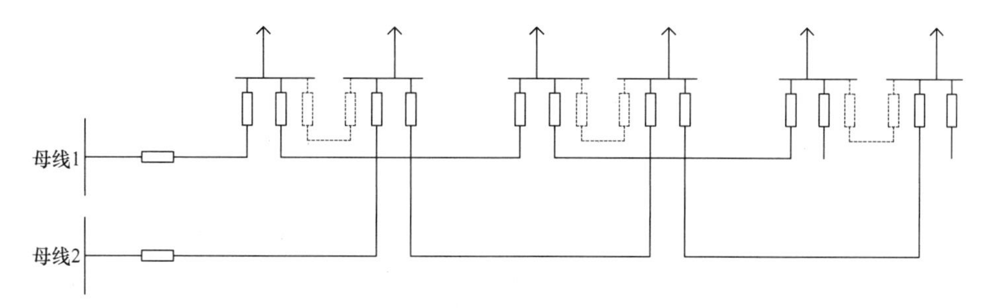

图 2-5　双射接线模式

自不同方向电源的两座变电站（或中压开关站）的中压母线馈出单回线路组成对射接线模式，一般由双射接线改造形成，如图 2-6 所示。

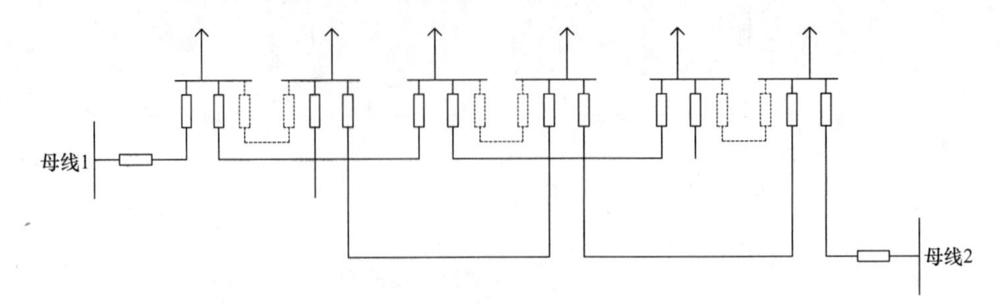

图 2-6　对射接线模式

双（对）射接线模式适用于双电源用户较为集中的区域，可作为双环网接线的初期建设，有条件且必要时，双（对）射接线模式可过渡到双环网接线模式。接入双（对）射的环网柜的两段母线之间可配置联络开关，如图中虚线所示。

双（对）射接线模式本质上是由两个独立的单射网并行组成，比单射网更容易为用户提供双路电源供电，由于不考虑故障备用，主干线正常运行时的负载率可达到 100%。但该接线模式不满足“$N-1$”要求。

2.2.2　单环网接线模式

自同一供电区域两座变电站的中压母线（或一座变电站的不同中压母线）、或两座中压开关站的中压母线（或一座中压开关站的不同中压母线）馈出单回线路构成单环网，一般开环运行，如图 2-7 所示。

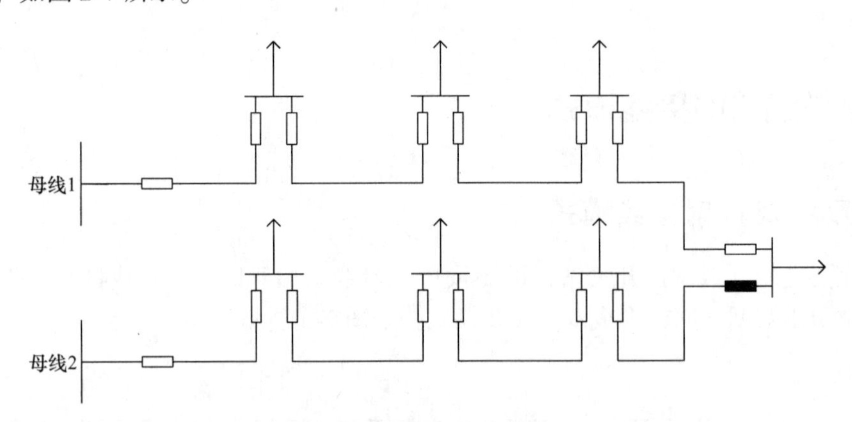

图 2-7　单环网接线模式

单环网尚未形成时，可与现有架空线路暂时拉手。电缆单环网接线模式适用于单电源用户较为集中、对供电可靠性要求较高的区域。

该接线模式与架空线的多分段单联络接线相似，优点是供电可靠性较高，满足“$N-1$”要求，运行比较灵活；缺点是线路负载率较低，正常运行时每条主干线的线路负载率为 50%。

当故障发生在线路上，断开线路前后两端分段开关，闭合联络开关，全线恢复供电，不影响用户供电；当故障发生在用户侧，断开用户两侧分段开关，闭合联络开关，非故障区域恢复供电；当故障发生在电源侧，母线侧开关断开，联络开关闭合，恢复线路供电。

2.2.3 双环网接线模式

自同一供电区域的两座变电站（或两座中压开关站）的不同中压母线各馈出一回线路，构成双环网接线模式，如图2-8所示。接入双环网的环网柜的两段母线之间可以配置联络开关，如图中虚线所示。

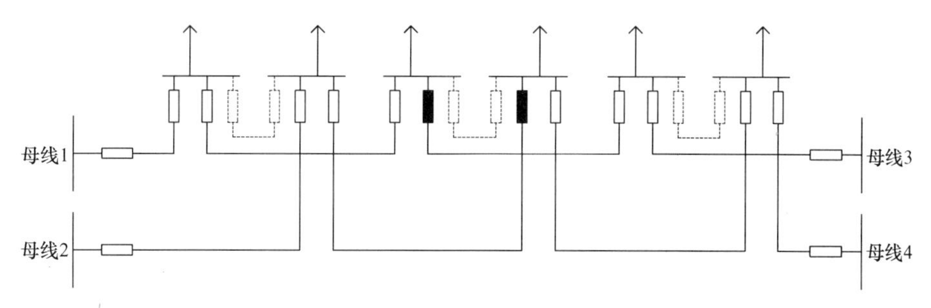

图2-8　双环网接线模式

双环网适用于双电源用户较为集中且供电可靠性要求较高的区域，如城市核心区，重要负荷密集区域等。根据负荷性质、负荷容量及发展可一步到位，亦可初期按双（对）射接线模式建设，再逐步过渡至双环网接线模式。

该接线模式可以使客户同时得到两个方向的电源，满足从上一级10kV线路到客户侧10kV配电变压器的整个网络的“$N-1$”要求，满足中压线“$N-2$”要求，供电可靠性很高，缺点是投资很大。

故障处理与单环网相似。在故障恢复期间，同一闭环发生二次故障时，断开故障段分段开关，利用手动联络开关，恢复非故障区域的供电。

2.2.4 “$N-1$”主备接线模式

所谓“$N-1$”主备接线模式，就是指N条电缆线路连成电缆环网，其中有1条线路作为公共的备用线路，正常时空载运行，其他线路都可以满载运行，如图2-9和图2-10所示。

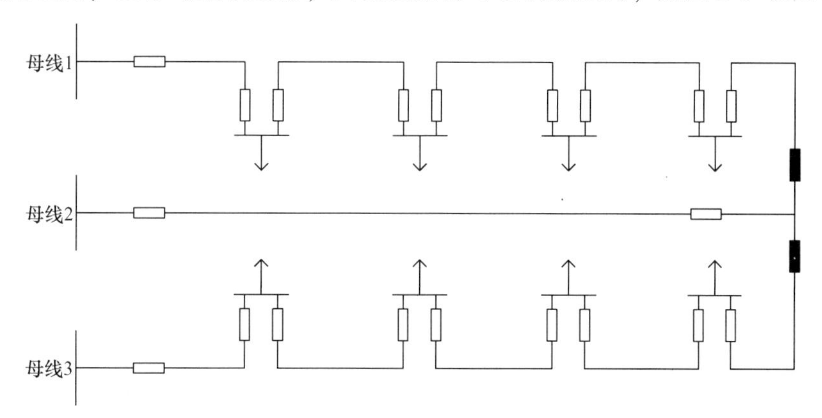

图2-9　“3－1”主备接线模式

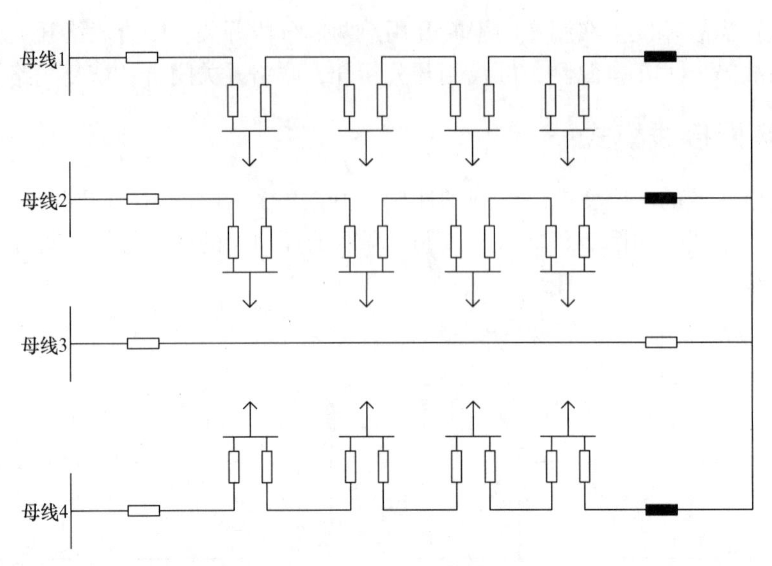

图 2-10 “4－1”主备接线模式

该种模式随着“N”值的不同，其接线的运行灵活性、可靠性和线路的平均负载率均有所不同，一般以“3－1”和“4－1”模式比较理想，总的线路利用率分别为 66.7% 和 75%，“5－1”以上的模式接线比较复杂，操作也比较繁琐，同时联络线的长度较长，投资较大，线路载流量的利用率提高已不明显。

“$N-1$”主备接线模式的优点是供电可靠性较高，线路的理论利用率也较高，缺点是投资较大。该方式适用于负荷发展已经饱和、网络按最终规模一次规划建成的地区。

若有某一条运行线路出现故障，则可以通过线路切换将备用线路投入运行，不影响非故障区域供电。

为了提高备用线路的利用率，有末端环网“3－1”接线模式，如图 2-11 所示。这种接线模式正常运行时每条线路各承担 2/3 线路负荷，并将三条线路中的一条（如线路 2）按负

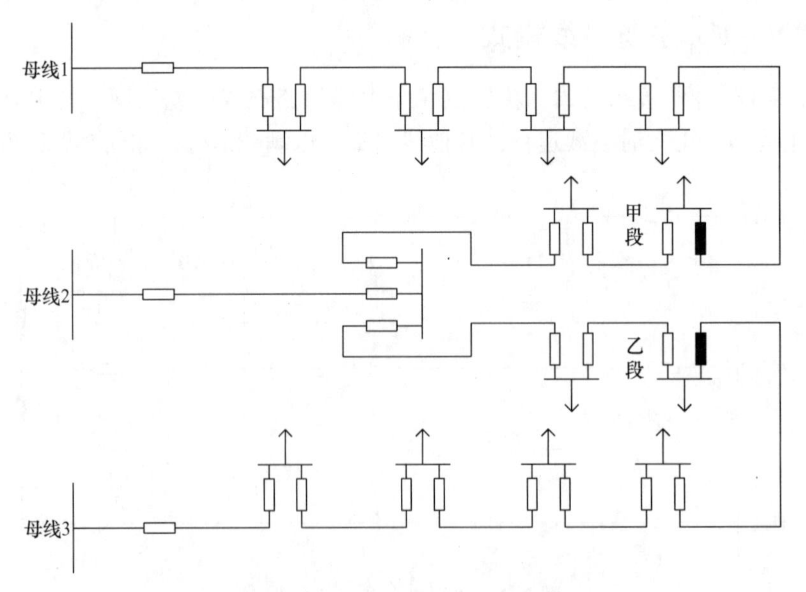

图 2-11 末端环网“3－1”接线模式

荷均匀地分为甲、乙两段，并与其余两条线路在末端进行环网，分别设立环网开环点。

该接线模式的特点在于通过合理调整环网网架，每条线路都无需走回头路进行环网，而改在不同电源线路间进行末端环网，从而避免了较长的专用联络电缆。另外，该方式避免了两条线路满载而一条线路空载的运行情况。缺点是故障时线路之间的负荷转移较复杂，并且只适合于“3－1”主备模式。若条件具备，末端环网“3－1”接线模式不失为一种较好的电缆配网接线模式。

2.2.5 单开闭所接线模式

从同一变电站的不同母线或不同变电站引出主干线连接至开闭所，再从开闭所引出电缆线路带负荷，构成单开闭所接线模式，如图2-12所示。在该模式中开闭所具有两回进线，出线采用辐射状接线方式供电，也可以形成小闭环结构，进一步提高可靠性。

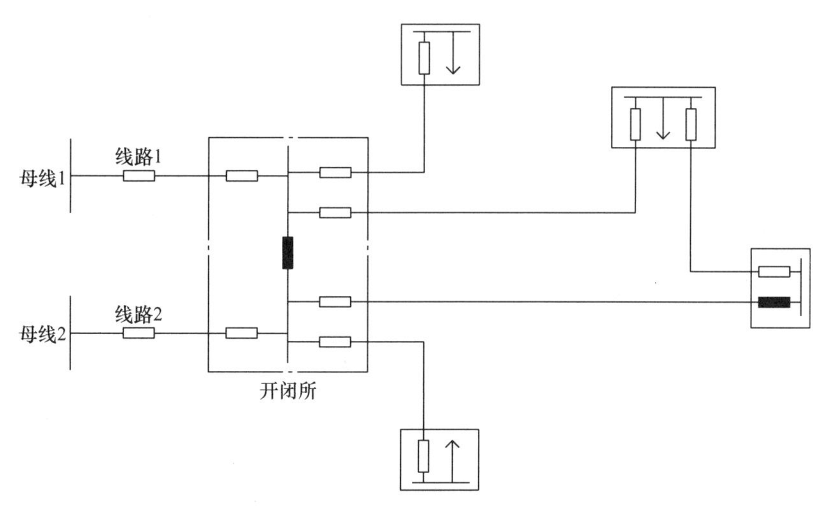

图2-12　不同母线出线连接开闭所接线模式

单开闭所接线模式常用于电源侧10kV出线间隔少、扩建难度大或者负荷距电源较远、数量多且相对集中，但每个用户的负荷较小的地区，如成片开发的工业区、商业区、居住区等城市新区，或改造的城市旧区。

该模式可以有效地解决变电站出线间隔和路径缺乏问题，在故障状态下或检修时便于大规模的负荷转移；但是为了满足“$N-1$”准则，当开闭所两回进线中的一回进线出现故障时，另一回进线应能承担全部负荷，这样正常运行时，每回进线负载率为50%。开闭所的容量可按一回进线的安全允许容量来选择。在开闭所出线为放射状时，开闭所的出线均可满载运行。

这种接线模式在两个进线电源正常运行方式下可以分开同时运行，联络开关处于断开状态，某一条进线故障时，联络开关闭合，非故障进线承担所有负荷。

在负荷水平相对较高的区域应用开闭所，为了增大开闭所供电容量可以采用开闭所公共备用线路接线模式，如图2-13所示。每座10kV开闭所由上一级变电站送来三路电源，开闭所主接线为单母分段，其中一路进线同时进入10kV一段和二段（线路2），是开闭所的公用备用路线，正常时不带负荷，还有两路进线分别进入一段、二段，正常运行时负荷率可达

100%，每段10kV母线出线可达6~8路，为用户供电。

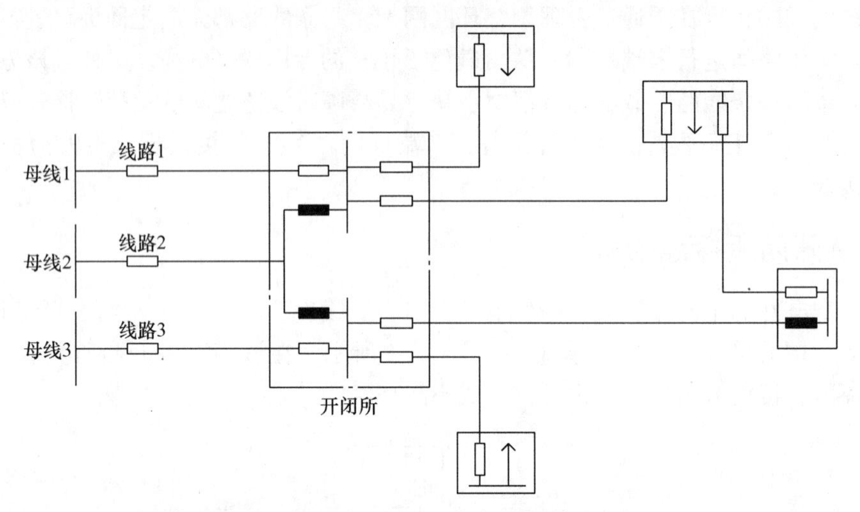

图2-13　开闭所公共备用线路接线模式

2.2.6　多开闭所环网接线模式

多开闭所环网接线（三座开闭所）模式如图2-14所示，来自同一变电站不同母线或不同变电站的3条主干线，分别连接3个开闭所，每个开闭所之间均设有联络开关。正常运行时，开闭所的联络开关均断开运行。

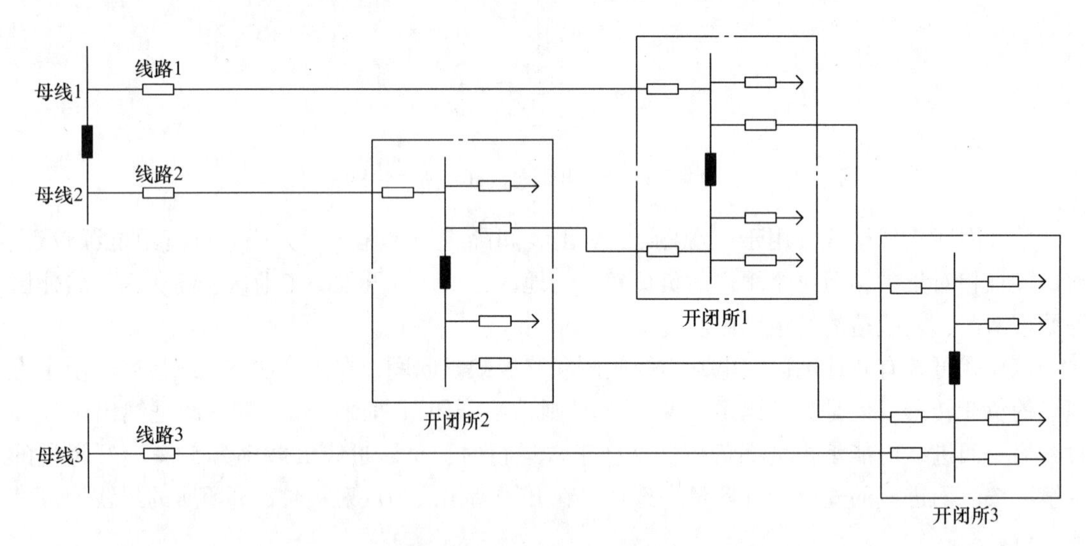

图2-14　不同母线环网接线（三座开闭所）模式

该模式的主要特点是提高了线路的负载率，正常运行时，每条主干线负载率为66.7%，相比不同母线出线连接开闭所接线模式，负载率有所提高。同理，开闭所的容量为每条主干线容量的2/3。开闭所出线可采用辐射状接线或环网接线方式。

正常运行时，开闭所内的联络开关断开；当一条主干线出线故障时，将其所供开闭所的两个联络开关闭合，使故障线路所带的负荷平均分配到另外两条主干线。

2.2.7 开闭所双环网接线模式

自同一供电区域的两座变电站（或两座中压开关站）的不同中压母线各馈出一回线路，同一变电站两条线路连接一个开闭所，每个开闭所均设有一个联络开关。利用不同开闭所的出线构成开闭所双环网接线模式，如图2-15所示。

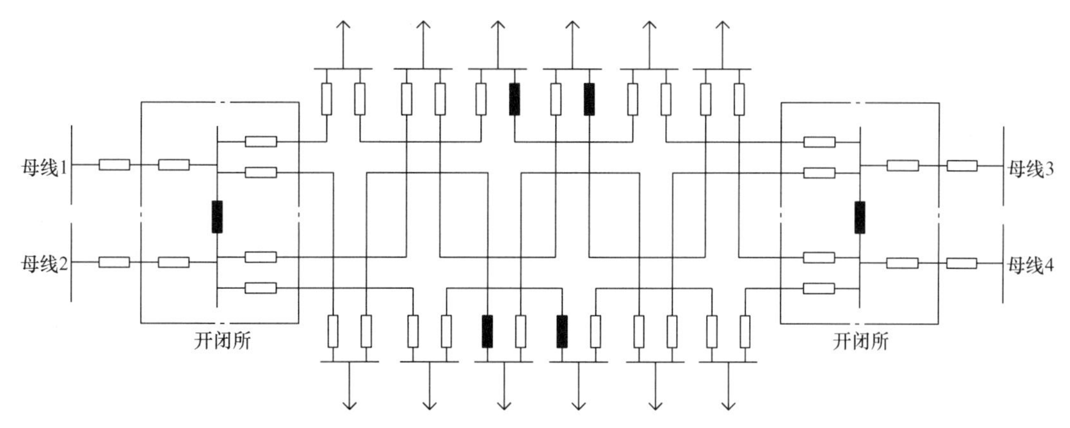

图2-15　开闭所双环网接线模式

该接线模式与电缆双环网接线的特点、故障处理相似。与电缆双环网接线模式相比，开闭所双环网接线模式出线更多，适合负荷数量多但每个用户的负荷较小的地区；当某一条母线，如母线1发生故障，通过线路上联络开关的闭合，可以将负荷分别转移到母线3和母线4上，同时也可以通过开闭所的联络开关，将负荷转移至母线2，可靠性更高。

2.3 典型配电设备

2.3.1 一次设备

配电网一次设备是用来接收、传输和分配电能的电气装置，主要包括配电变压器、断路器、隔离开关、熔断器、负荷开关等。

1. 配电变压器

配电变压器（简称配变）是指在配电系统中将6~20kV的电压变成适合用户生产和生活用的三相380V或单相220V电压并向终端用户供电的电力变压器，其容量不超过2500kV·A，如图2-16所示。配电变压器一般安装位置多靠近负荷中心，正常环境下宜采用柱上安装或露天落地安装；工厂、车间、市郊生活区的配电变压器，根据具体情况可安装在室内。

图2-16　配电变压器

2. 断路器

断路器是能够关合、承载和开断正常回路条件下的电流，并能关合、在规定的时间内承载和开断异常回路条件（包括短路条件）下电流的开关装置。断路器在电力系统中起着重要的控制和保护作用，在电路发生故障时，利用断路器开断故障电流，可以避免事故范围的扩大。根据断路器中所采用灭弧介质的不同，通常将其分为多油断路器、少油断路器、真空断路器、固体产气断路器等，目前10kV配电网中常用真空断路器，如图2-17所示。

3. 隔离开关

隔离开关（也称刀开关）是在分位置时，触头间有符合规定要求的绝缘距离和明显的断开标志；在合位置时，能承载正常回路条件下的电流及在规定时间内异常条件（例如短路）下的电流的开关设备，如图2-18所示。隔离开关没有灭弧能力，只能在没有负荷电流的情况下分、合电路，因此一般在断路器前后两面各安装一组隔离开关，送电操作时，先合隔离开关，后合断路器；断电操作时，先断开断路器，后断开隔离开关。其主要功能是在断开时可以形成可见的明显开断点并建立可靠的绝缘间隙，保证停电检修工作人员的人身安全。

图2-17 真空断路器

图2-18 隔离开关

隔离开关配置在主接线上，主要安装在高压配电线路的出线杆、联络点、分段处，以及不同单位维护的线路的分界点处。

4. 负荷开关

负荷开关是一种功能介于断路器和隔离开关之间的设备。负荷开关具有简单的灭弧装置，能通断一定的负荷电流和过负荷电流，但不能断开短路电流。负荷开关一般在10～35kV供电系统中应用，可作为独立的设备使用，也可安装于环网柜等设备中，可手动或电动操作。负荷开关主要有产气式负荷开关、压气式负荷开关、SF_6式负荷开关及真空式负荷开关等，图2-19a、b分别为压气式负荷开关和真空式负荷开关。

5. 熔断器

熔断器是指当电流超过规定值时，以本身产生的热量自动将熔断件熔断，断开电路的一种装置。熔断器广泛应用于高低压配电系统、控制系统和用电设备中，作为短路和过电流的保护器，是应用最普遍的保护器件之一。用在低压配电时，熔断器与刀开关配合可代替自动开关；用在中压配电时，可以与负荷开关配合代替高压断路器；也常在配电变压器上与负荷开关配合使用。跌落式熔断器（或称跌落式开关）是广泛应用在户外3～10kV配电网络中的一种开关设备，如图2-20所示。

熔断器开断电路的过程可大致分为3个阶段来描述：弧前阶段，过电流开始到熔断件熔

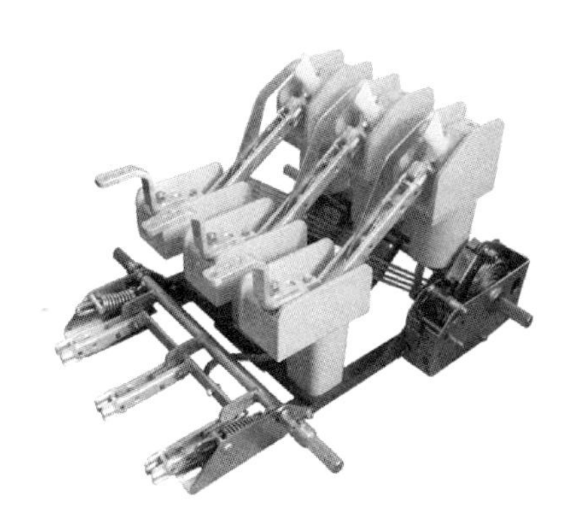

a) 压气式负荷开关

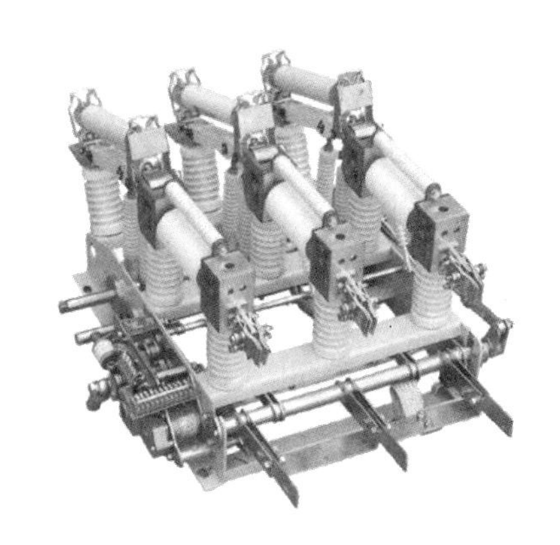

b) 真空式负荷开关

图 2-19　负荷开关

化；燃弧初期阶段，熔断件熔化到产生电弧；燃弧阶段，持续燃弧到电弧熄灭。

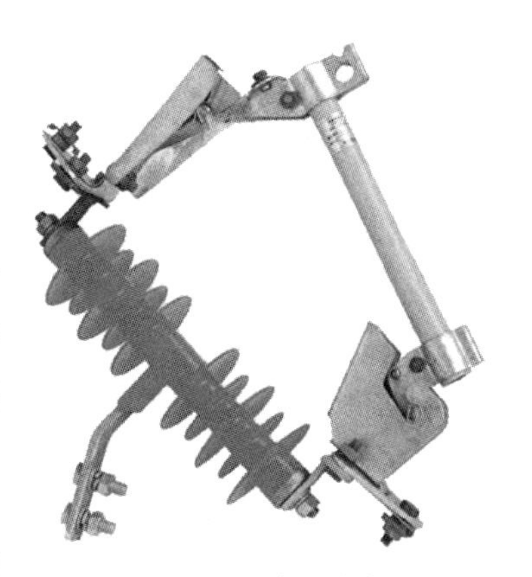

图 2-20　跌落式熔断器

2.3.2　组合设备

组合配电装置是将前面讨论的配电设备，按照一定的接线方式有机地组合而成的集成化配电装置。其优点是结构紧凑、占地少、维护检修方便，大大地减少现场的安装工作量，并缩短施工工期。

1. 开闭所

开闭所是指不进行电压变换而用开关设备实现线路开闭的配电所，位于配电网变电站的下一级，是变电站 10kV 母线的延伸，如图 2-21 所示。一般设有中压配电进出线（一般从开闭所出线的电缆型号比主干线电缆型号小一些）及对功率进行再分配的配电装置。开闭所一般两进多出（常用 6 ~ 12 路电缆出线），只是根据不同的要求，进出线路可以分别设置断路器或负荷开关。

图 2-21　开闭所

开闭所是母线和开关的组合体，特点是电源进线侧和出线侧电压相同。开闭所可以将母线分段，事故时缩小事故范围，提高供电的可靠性、灵活性。当负荷离变电站较远、采用直供方式需要比较长的线路时，可在这些负荷附近建设一个开闭所，然后由开闭所出线来保证这些负荷的正常供电。开闭所承担着重新分配10kV出线的功能，减少了高压变电所的10kV出线间隔和出线走廊，从而降低故障的发生概率，另外开闭所可用作配电线路间的联络枢纽，还可为重要用户提供双电源供电。

开闭所常见接线方式如图2-22所示。

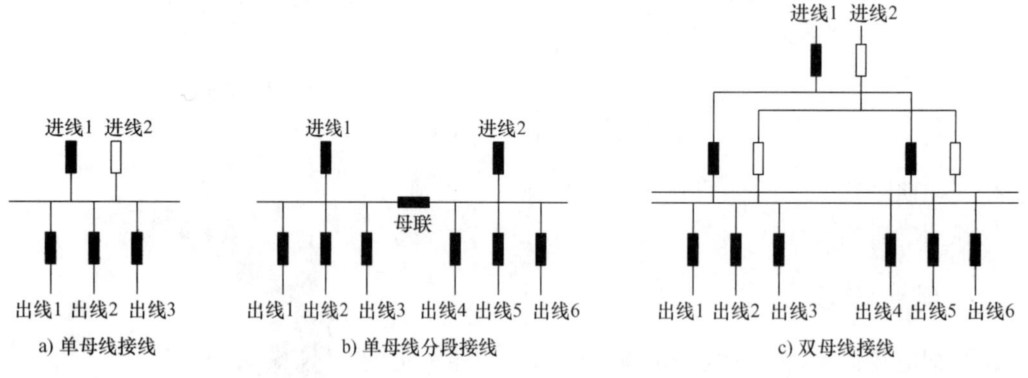

图2-22　开闭所常见接线方式

2. 环网柜

在电缆线路中，为提高供电可靠性，使用户可以从两个方向获得电源，通常采用环网供电方式，其所使用的高压开关柜一般习惯上称为环网柜，如图2-23所示。环网柜是将一组高压开关设备安装在金属或非金属绝缘柜体内的电气设备，其中主要开关元件为负荷开关、断路器或负荷开关加熔断器组合，具有结构简单、全绝缘、体积小、可扩展、安装方便、价格低、供电安全等优点，广泛使用于城市住宅小区、高层建筑、大型公共建筑、工厂企业等负荷中心的配电站以及箱式变电站中。

图2-23　环网柜

在环网柜中，每个负荷开关柜或组合电器都可做成单独的柜子，或者在一个柜箱内集成几个负荷开关和组合电器柜。由环网柜组成的电缆环网供电系统一次接线图如图 2-24 所示。

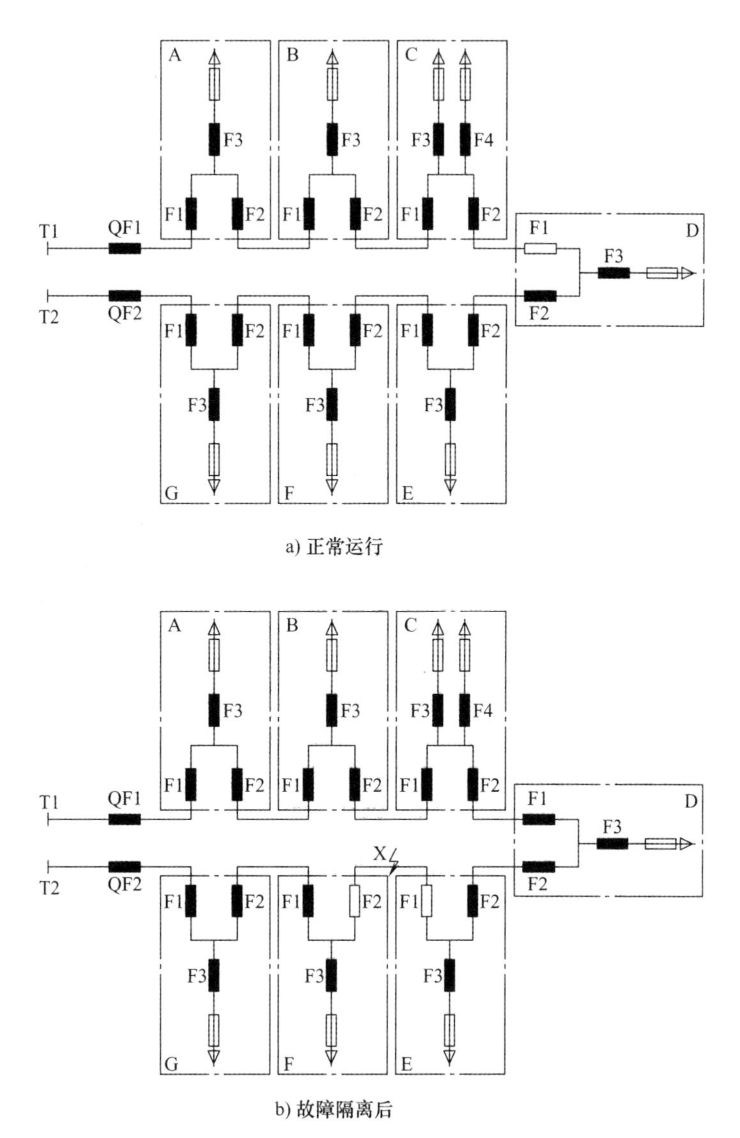

a) 正常运行

b) 故障隔离后

图 2-24　环网供电系统一次接线图

3. 箱式变压器

箱式变压器（简称箱变）将传统变压器集中设计在箱式壳体中，具有体积小、重量轻、噪声小、损耗少、可靠性高等优点，广泛应用于住宅小区、商业中心、机场、厂矿、企业、医院、学校等场所，如图 2-25 所示。

箱式变压器不仅是变压器，它相当于一个小型变电站（属于配电站），直接向用户提供电源。它主要由高压室、变压器室和低压室组成。高压室是指电源侧，一般是 10kV 进线，其内有高压母线、负荷开关、熔断器、计量装置、避雷器等；变压器放在变压器室中，是箱

图 2-25　箱式变压器

式变压器的主要设备；低压室内有低压母线、低压断路器、计量装置、避雷器等，再从低压母线上引出线路对用户供电。

第3章 配电自动化系统

3.1 配电自动化系统组成及功能

3.1.1 配电自动化系统的组成

配电自动化系统可以分为主站层、子站层和终端层，主要由配电主站、配电子站（可选）、配电终端和通信通道等部分组成。配电主站通过信息交互总线与外部系统交互，通过通信网络与配电子站或直接与终端交互，配电子站通过通信网络与配电终端交互，其整体结构示意图如图3-1所示。

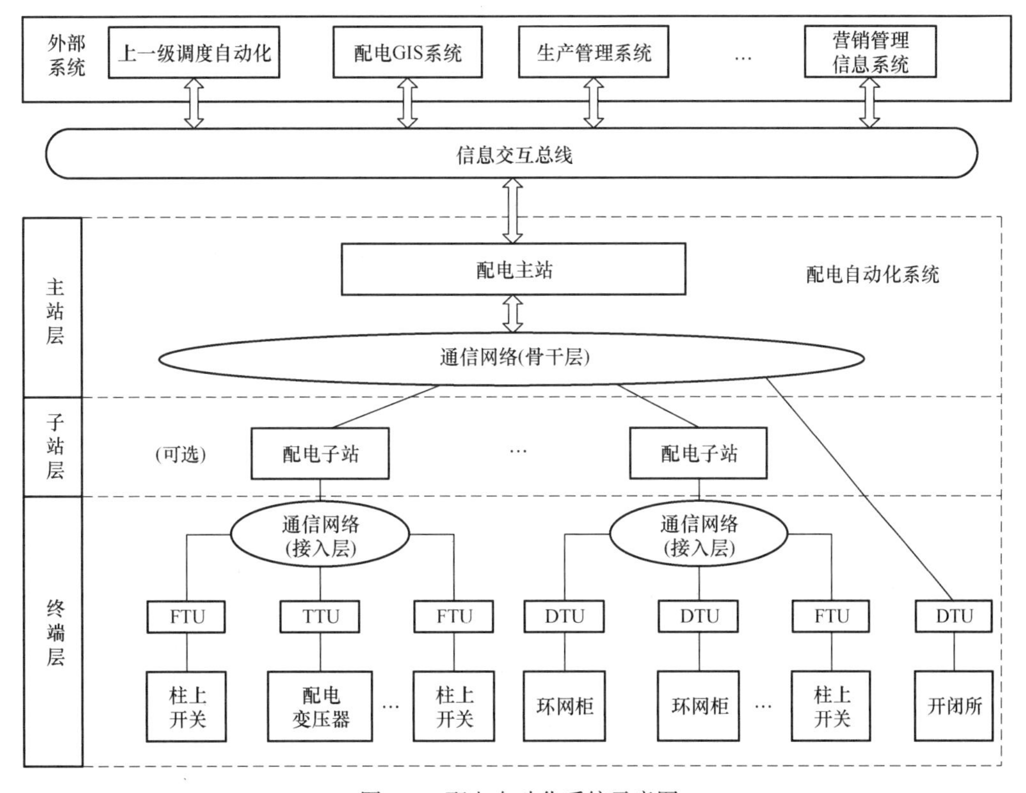

图3-1 配电自动化系统示意图

其中，配电主站实现数据采集、处理、存储、人机联系和各种应用功能；配电子站是主站和终端之间的中间层设备，根据配电自动化系统分层结构的具体情况选用，一般用于通信汇集，也可以根据需要实现区域监控功能，所以按功能可分为通信汇集型子站和监控功能型子站；配电终端是安装在一次设备运行现场的自动化装置，根据具体应用对象选择不同的类型，如柱上开关一般选择馈线终端设备（FTU），配电变压器一般选择配变终端设备（TTU），环网柜和开闭所一般选择站所终端设备（DTU）；通信网络是连接配电主站、配电子站和配电终端，实现信息传输的通信信道。

配电自动化系统根据配电终端接入规模或通信通道的组织架构，可选用两层（即主站层—终端层）或三层（即主站层—子站层—终端层）结构，图 3-1 是典型的三层结构，而两层结构则在此基础上去掉子站层即可。

3.1.2 配电自动化系统类型及功能

我国地域辽阔，人口较多，各区域的人口密度、经济发展水平都有较大差异，导致所在区域的电网规模、用电负荷、电力设备数量及容量也都存在较大差异。因此，各地区的配电自动化系统不可能根据同一种系统模式来建设，各供电企业应按照自身实际情况和需求，选择合适的配电自动化系统。按照电网的规模、特点和用电负荷情况，可以将配电自动化系统分为 5 种类型：简易型系统、小型系统、中型系统、大型系统及智能型系统。

（1）简易型系统

简易型系统是一种基于就地监测和控制技术的馈线自动化系统。这种系统对主站没有要求，可以通过采用重合器或者配电自动开关之间的逻辑配合（如时序），就地实现配电网的故障隔离和恢复供电，适用于网架结构为单辐射或者单联络的配电系统。

（2）小型系统

小型系统是利用多种通信手段（如光纤、载波、无线公网/专网等），以实现遥信和遥测功能为主，并对具备电动操作机构和通信条件的系统进行遥控的实时监控系统。该系统设有主站，根据配电终端数量或通信方式的需要选择是否增设子站。其主站配置简单，但具备基本的配电 SCADA 功能，可以实现对配电线路、设备的数据采集和监视，并在“三遥”的基础上，具备小范围的馈线自动化功能。小型配电自动化系统的结构如图 3-2 所示，配电主站通过通信网、配电子站与配电终端相连，或直接与配电终端相连，配电子站也是通过通信网与配电终端相连，系统中配有就地型馈线自动化区域。小型系统主要适用于实时信息接入量小于 10 万点⊖且具备通信条件的地区，如小型城市。

（3）中型系统

中型系统具备完整的配电 SCADA 功能，可以实现大范围的集中馈线自动化功能。在配电主站和配电终端配合下，系统可以实现配电网中故障区段的快速识别、定位、隔离和非故障区段的自动恢复供电，能与上级调度自动化系统、配电生产管理系统和配电地理信息系统实现信息互联，为配电网生产和调度提供全面的服务。其中，基于主站的馈线自动化系统一般需要采用可靠性较高、性能较好的通信手段，如光纤等。中型配电自动化系统的结构如图 3-3 所示，配电主站与上级调度自动化系统相连，通过安全隔离与配电 GIS 应用系统相连，通过通信网络、配电子站与配电终端相连，或直接与配电终端相连，配电子站通过

⊖ 如一个控制器有 200 个 IO 变量，系统中接入 500 个控制器，即有 10 万点，接入 5000 个，则有 100 万点。

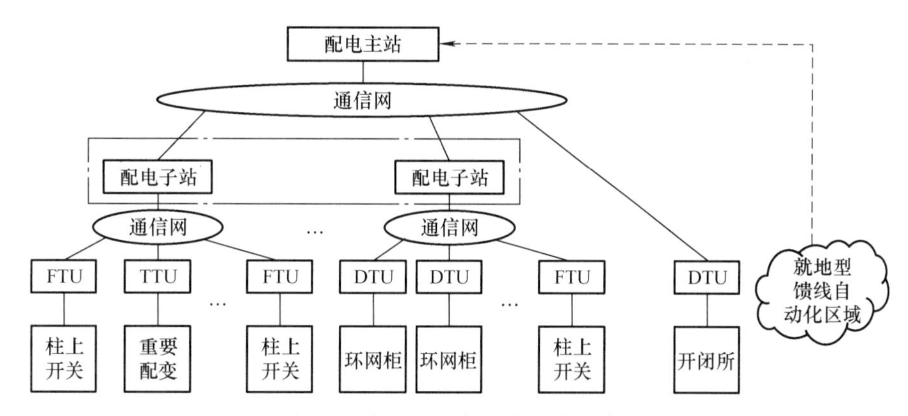

图3-2 小型配电自动化系统示意图

通信网与配电终端相连，系统中配有就地型馈线自动化区域。中型系统一般适用于实时信息接入量在10万到50万点且对供电性能要求较高的地区，如地级城市等。

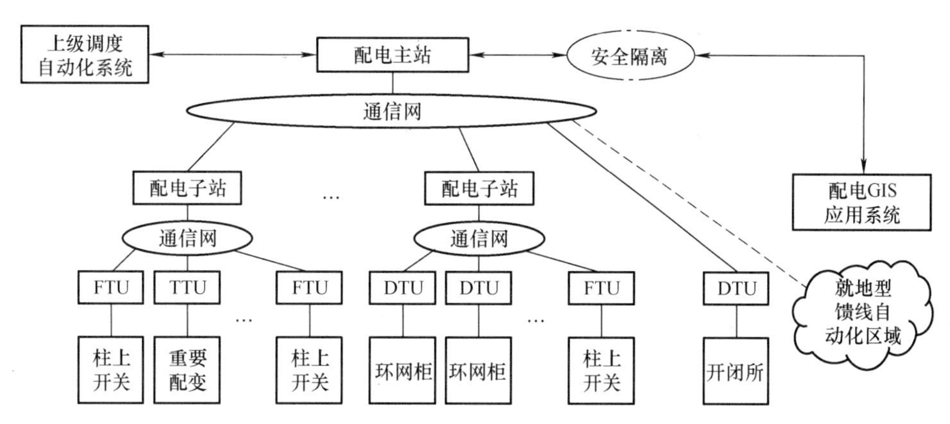

图3-3 中型配电自动化系统示意图

（4）大型系统

大型系统通过信息交换总线或综合数据平台与企业内各配电相关系统实现互联，其主站系统配置更为完整，可以整合配电信息，外延业务流程，实现部分智能化应用，支持配电生产、调度、运行及用电等业务的闭环管理，从而为配电网安全和经济指标的分析及辅助决策提供服务。大型配电自动化系统如图3-4所示，管理信息大区接收到外部系统的信息，通过安全隔离与生产控制大区进行交互，生产控制大区与配电主站连接，配电主站通过通信网络、配电子站与配电终端相连，或直接与配电终端相连，配电子站通过通信网与配电子站相连，系统中配有就地型馈线自动化区域。大型系统主要适用于实时信息接入量大于50万点的配电网架比较成熟的地区，如直辖市和省会城市等。

（5）智能型系统

智能型系统是在中型系统或大型系统的基础上，扩展分布式电源、储能装置、微电网的接入功能，并且结合计算机高级应用软件实现高级配电自动化、与智能用电系统互动、配电网经济运行和协同调度等功能。智能型配电自动化系统如图3-5所示，适用于已开展或拟开展分布式电源、微电网等方面建设的地区。

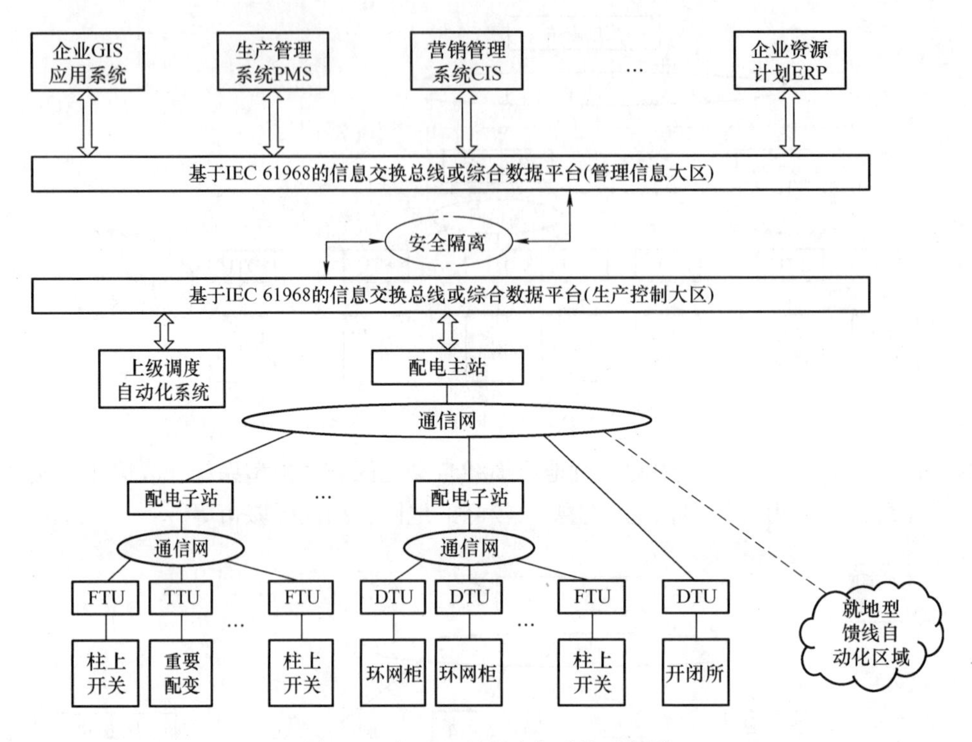

图 3-4　大型配电自动化系统示意图

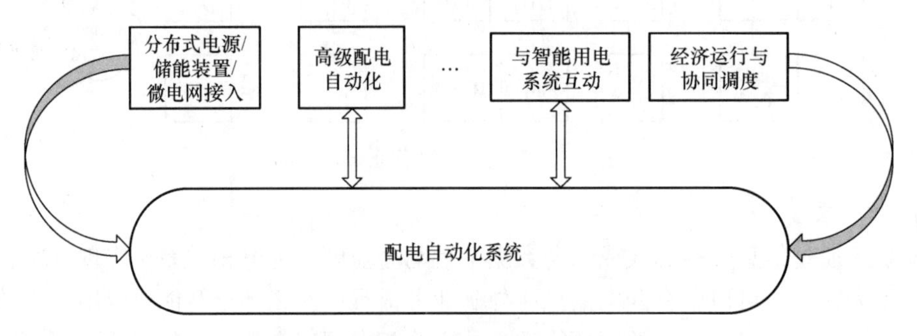

图 3-5　智能型配电自动化系统示意图

3.1.3　配电自动化系统的设计原则

配电自动化系统的设计以实现本地区所需功能为主要目标，重点结合本地区的配电网特点。在设计建造过程中，应严格遵循国家标准、行业标准及相关技术规范的要求，相关设备与装置应通过国家、行业等指定机构的技术检测，确保整个建造过程的标准性，同时考虑经济性，充分利用现有信息系统和通信设备。设计的配电自动化系统应能够稳定运行，数据采集可靠，具有数据备份与恢复等功能。此外，还应符合通用性和可扩展性要求，能够满足未来几年电力负荷和用户需求的增长；同时注意减少功能冗余和交叉，选择模块化、少维护、低功耗的设备等。

3.2 配电自动化主站与子站系统

3.2.1 配电自动化主站系统

配电自动化主站系统，即配电主站，是配电自动化系统的核心部分，相当于配电自动化系统的“大脑”。配电自动化主站系统利用现代电子技术、通信技术、计算机及网络技术，主要实现配电网实时运行数据的采集、处理、监视与控制等基本功能，以及对配电网进行分析、计算与决策应用等扩展功能，并且能与其他应用系统进行信息交互，为配电网调度指挥和生产管理提供技术支撑。

1. 配电自动化主站系统的结构

配电自动化主站系统主要由计算机硬件和系统软件组成。计算机硬件设备主要包括服务器、工作站、存储设备、安全防护设备以及交换机、路由器等网络设备。主站系统的典型硬件布置图如图3-6所示。配电自动化主站系统从应用上主要分为生产控制大区、公网数据采集安全接入区、管理信息大区3部分。生产控制大区主要包括高级应用服务器、SCADA数据采集服务器、各类工作站、监控屏幕和GPS等；公网数据采集安全接入区主要包括公网数据采集服务器及相关辅助设备；管理信息大区主要包括常规Web服务器及相关辅助设备。

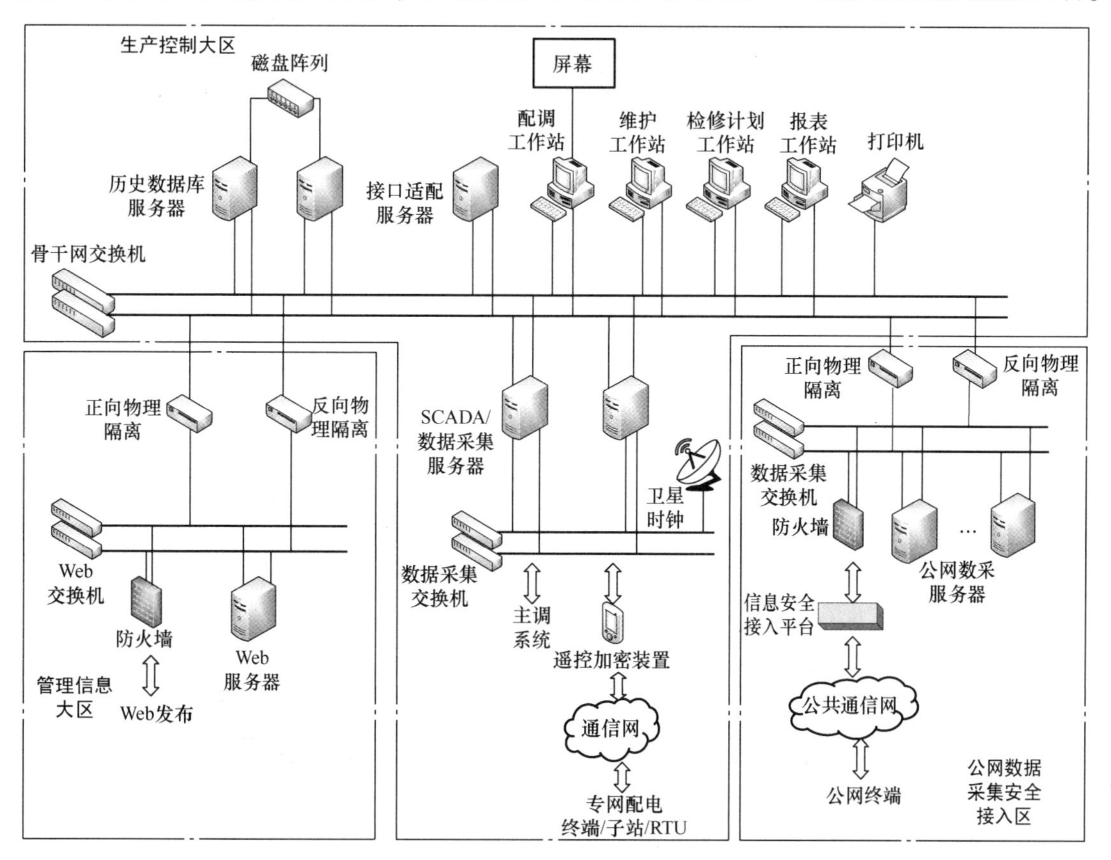

图3-6 配电自动化主站系统硬件布置图

其中，生产控制大区的信息安全要求最高，与其他大区直接需要实现物理隔离，与子站和配电终端之间需要实现纵向的加密认证。

系统软件按各自的功能可分为操作系统、支撑平台和系统应用软件。操作系统是整个软件系统的基础。支撑平台包括系统数据总线和平台多项基本服务。应用软件包括配电SCADA等基本功能以及电网分析应用、智能化应用等扩展功能，支持通过信息交互总线实现与其他相关系统的信息交互。配电自动化主站系统功能组成结构图如图 3-7 所示，配电主站通过信息交互总线与外部系统连接，从而完成配电主站的各项功能。

2. 配电自动化主站系统的功能

主站系统的功能可以分为公共平台服务、配电 SCADA、馈线故障处理、配电网分析应用（也称高级应用）和智能化功能。

（1）公共平台服务

公共平台服务是指建立在计算机操作系统基础之上的基本平台和服务模块，包括数据库管理、数据备份与恢复、多态多应用服务、权限管理、告警服务、报表管理、人机界面、系统运行状态管理、系统配置管理、Web 发布、系统互联等功能。

（2）配电 SCADA

配电 SCADA 通过人机交互，实现配电网的运行监视和远方控制，为配电网的生产指挥和调度提供服务，一般包括数据采集、数据处理、数据记录、操作与控制、网络拓扑着色、事故/历史断面回放、信息分流及分区、授时和时间同步、打印等功能。

（3）馈线故障处理

馈线故障处理是指与配电终端/子站配合，实现故障的快速定位、自动隔离和非故障区域的自动恢复供电。

（4）配电网分析应用

配电网分析应用是指配电网络拓扑分析、状态估计、潮流计算、合环分析、负荷转供、负荷预测、网络重构等功能。

（5）智能化功能

智能化功能是指配电网的自愈（快速仿真、预警分析），包括网络重构、配电网运行与操作仿真、配电网调度运行支持应用、分布式电源/储能接入、配电网自愈、经济运行等功能。

上述功能又可以分为基本功能和扩展功能，其中，基本功能是配电自动化系统建设时必须实现的功能，如配电 SCADA、馈线自动化与调度自动化、系统互联等；而扩展功能则根据需要选择实现，如配电网分析应用及智能化功能。详细功能分类见附录 B 表 B-1。

3. 配电自动化主站系统的建设原则

配电自动化主站系统是实现配电网运行、调度、管理等各项应用需求的主要载体，在建设过程中，应遵循相关国际和国内标准，使用标准化的软硬件平台、通信协议以及应用程序接口，采用开放式体系结构，提供开放式环境，并根据各地区的配电网规模、实际需求和应用基础等情况合理配置软件功能。系统中的软硬件应具有可靠的质量保证，关键设备进行冗余配置，保证单点故障不会引起系统功能丧失和数据丢失，系统可以隔离故障点且能快速恢复。系统中软硬件应灵活配置，增减模块不能影响其他模块的正常运行，人机界面的设计应

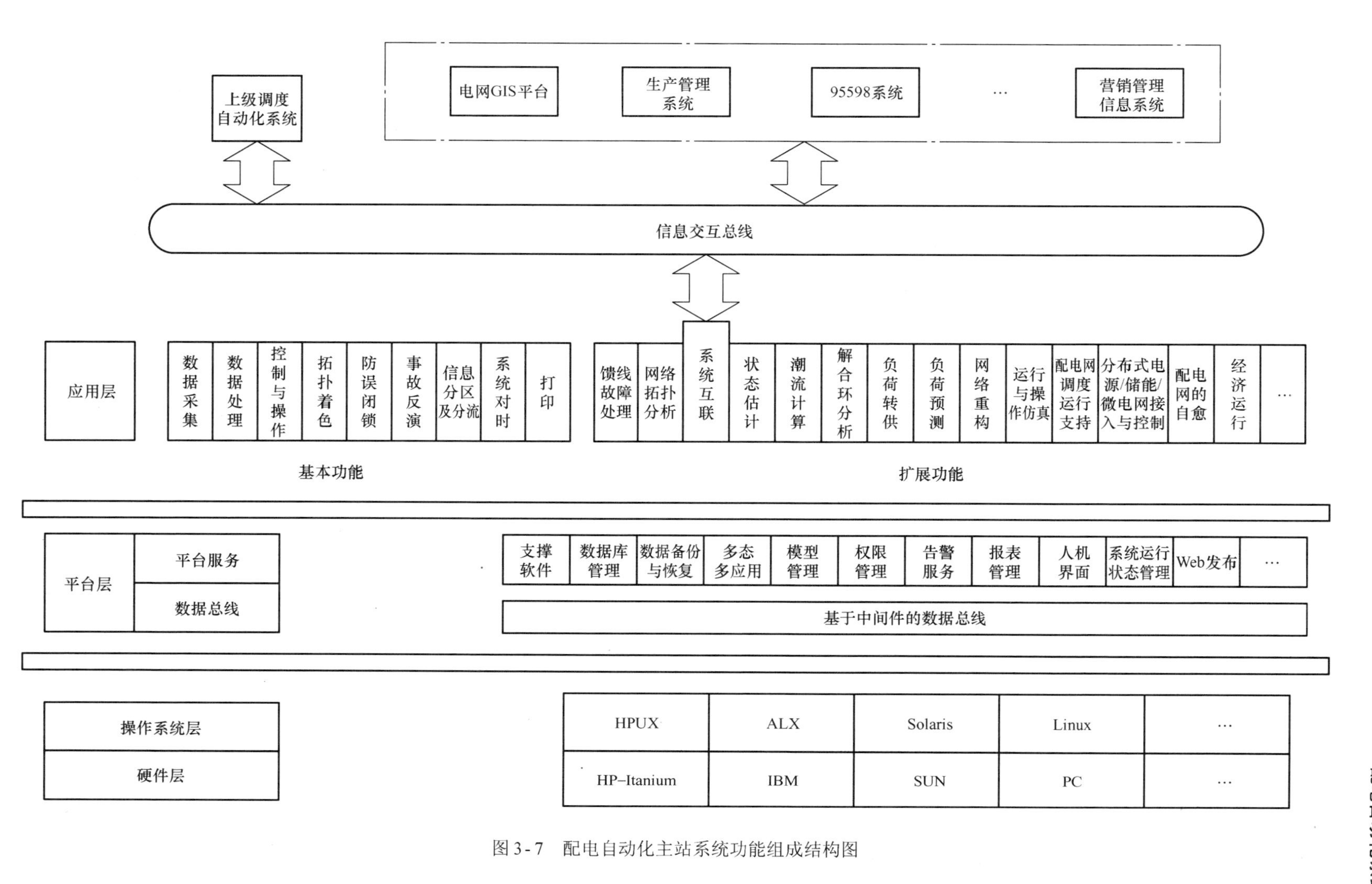

图3-7 配电自动化主站系统功能组成结构图

友好，软硬件均应便于维护。系统应具备权限管理机制、数据备份等功能，从而确保数据的安全性。设计过程中还应考虑系统的可扩展性，如系统容量、节点、功能的扩展。系统架构应先进，具有一定的前瞻性，系统硬件应选择符合行业应用方向的主流产品，系统支撑和应用软件也应符合行业应用方向，从而满足智能电网的发展要求。

3.2.2 配电自动化子站系统

配电自动化子站系统是为优化系统结构层次、提高信息传输效率、便于配电通信系统组网而设置的中间层，它可以实现信息汇集和处理、通信监视等功能。根据需要，它也可以实现区域配电网故障处理功能。配电自动化子站系统可以分为通信汇集型子站和监控功能型子站。其中，通信汇集型子站负责所辖区域内配电终端的数据汇集与转发，监控功能型子站负责所辖区域内配电终端的数据采集处理、控制及应用。

1. 配电自动化子站系统的结构

配电自动化子站一般设置在通信和运行条件满足要求的变电站或大型开关站内，其结构相对简单。按功能划分为通信汇集型子站和监控功能型子站，主要包括子站服务器、网络交换机（或 EPON 设备光线路终端）等。监控功能型子站的结构如图 3-8 所示，通过光纤网络传递信息，借助网络交换机和通信转换器实现主机、辅机与配电主站、终端的信息交互。

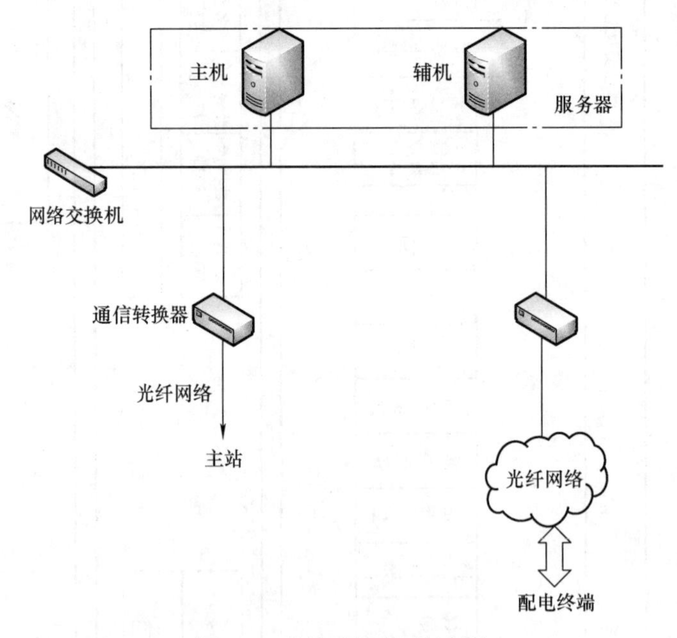

图 3-8 监控功能型子站结构

2. 配电自动化子站系统的功能

通信汇集型子站的功能主要包括：终端数据的汇集、处理与转发；远程通信；终端的通信异常监视与上报；远程维护和自诊断。监控功能型子站除具备通信汇集型子站的功能外，还包括在所辖区域内的配电线路发生故障时，具备故障区域自动判断、隔离及非故障区域恢复供电的能力，并将处理情况上传至配电主站，具有信息存储和人机交互等功能。

3. 配电自动化子站系统的配置原则

配电自动化子站的功能又可分为基本功能和选配功能，其中子站的选配功能数量较少，包括远方维护、后备电源。对于监控功能型子站来说，非故障区段恢复供电和打印制表也属于选配功能，其他功能均为基本功能，如数据汇集、控制功能、数据传输、通信监视等。配电子站的功能分类详情见附录B表B-2。当系统规模较小时，配电自动化系统应优先考虑配电终端直接接入配电主站，确实需要配电子站的情况，应根据配电自动化系统的实际需求、配电网结构、通信等条件选择配电子站。

3.3 配电自动化终端

配电自动化终端是安装在10kV及以上配电网的各种远方监控、控制单元的总称，主要包括馈线终端（FTU）、站所终端（DTU）、配电变压器终端（TTU）等。配电自动化终端与配电自动化主站通信，提供配电系统运行管理及控制所需的数据信息，并执行主站发出的对配电设备的控制、调节命令，各类终端在配电自动化系统的应用如图3-9所示。

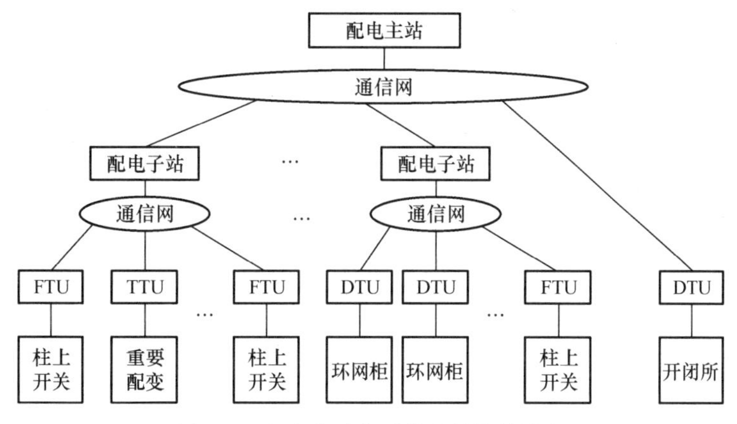

图3-9 配电自动化系统中的终端设备

3.3.1 馈线远方终端

馈线远方终端（FTU）是安装在配电网馈线回路的柱上和开关柜等处，并具有遥信、遥测、遥控和馈线自动化功能的配电自动化终端。FTU是实现馈线自动化的最重要的智能设备，其典型的系统框图如图3-10所示。

1. 馈线远方终端的结构

馈线远方终端一般由一个或多个馈线终端单元、外置接口电路板、蓄电池、充电器、机箱外壳以及各种附件组成。

（1）馈线终端单元

馈线终端单元完成馈线远方终端的主要功能，如模拟和数字信号测量、逻辑计算、控制输出和通信处理等。馈线终端单元的硬件包括交流量采集回路、数字量输入回路、数字量输出回路、通信接口及人机界面、CPU等部分，有时还加入DSP芯片以追求高性能的滤波和数字信号处理能力，如图3-11所示。

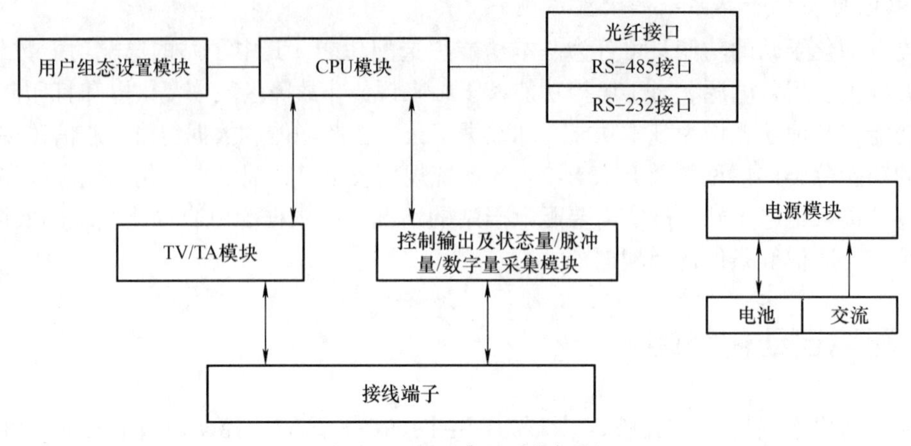

图 3-10　FTU 典型系统框图

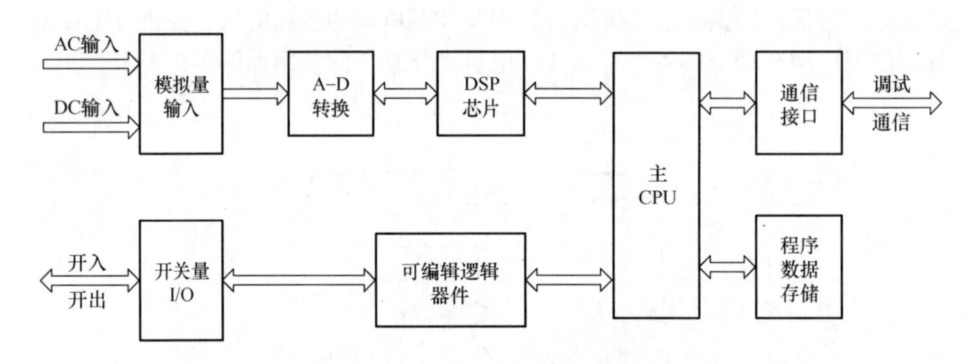

图 3-11　馈线终端单元的硬件框图

（2）蓄电池

蓄电池作为 FTU 所有供电电源的后备电源，具备充放电管理、低压警告、欠电压切除（交流电源恢复正常时，应具备自恢复功能）等功能。蓄电池的容量选择要依据 FTU 自身的功耗和系统要求的停电工作时间而定，一般应保证停电后能分合闸操作 3 次，维持终端及通信模块至少运行 8h。

（3）充电器

充电器完成交流降压、整流及隔离、蓄电池充放电管理、多电源自动切换、蓄电池容量监视等功能。充电器的功能可以采用专用集成电路来完成，亦可采用合适的单片机来完成。鉴于不同蓄电池充放电曲线各不相同，为达到蓄电池的最佳管理，有些馈线终端单元内已经集成了充电器功能。

（4）机箱外壳

机箱外壳宜采用耐腐蚀的材料制成，以保护大多安装在户外的馈线终端能经受外部环境的腐蚀。机箱设计时应考虑一定的隔热措施，以保证馈线终端能够在 -40～70℃环境温度下正常工作。

FTU 的各种附件包括就地远方控制把手、分合闸按钮、跳合位置指示灯、除湿和加热器等。

2. 馈线远方终端的功能

（1）遥测功能

馈线远方终端应能远程测量、采集并传送线路的运行参数，包括各种电气量和负荷潮流等。当FTU能够提供较大的电流动态输入范围时，它也能够采集故障信息，用于完成继电保护功能和判断故障区段。FTU按一条线路需要测量的电流和电压进行交流采样，经数字滤波及运算后得到要求的各运行参数，数据保存在有备用电源的存储器内，掉电不会丢失，也可能对数条线路进行遥测。FTU一般还应对电源电压及蓄电池剩余容量进行监视。

（2）遥信功能

馈线远方终端应能采集并传送保护动作情况、开关状态、通信是否正常和储能完成情况等重要信息。

（3）遥控功能

馈线远方终端应能接收并执行远方命令，包括控制开关合闸和跳闸，以及启动储能过程等。

（4）统计功能和对时功能

馈线远方终端应能对开关的动作次数和动作时间及累计切断电流的情况进行监视。FTU应能接收主站的对时命令，或接收网络、北斗或GPS等对时命令，以便与系统时钟保持一致。

（5）事件顺序记录功能（Sequence of Event，SOE）

在电网发生事故时，馈线远方终端应能以比较高的时间精度记录下列一些数据：发生位置变化的各断路器的编号、变位时刻；动作保护名称；故障参数；保护动作时刻等。

（6）故障检测功能

馈线远方终端应能记录故障电流、电压、发生时间、持续时间等信息，当采用双电源供电时，FTU还需要测量故障电流方向，以便分析故障并确定故障区段。

（7）定值远方修改和召唤定值功能

为了能够在故障发生时及时地启动事故记录等过程，必须对馈线远方终端进行整定，并且整定值应能随着配电网运行方式的改变而自适应切换。当地和远方均可进行参数设置、维护、调试。

（8）自检和自恢复功能

馈线远方终端应具有自检测功能，并在设备自身故障时及时告警。FTU应具有可靠的自恢复功能，当受干扰造成死机时，通过监视定时器使系统重新复位，以恢复正常运行。

（9）通信功能

除了需提供一个通信接口与远方主站通信外，馈线远方终端应能提供接口与周边各种通信传输设备相连，以最快的速度代发和传输附近其他现场智能装置的相关数据，完成通信转发功能。

（10）远方控制闭锁与手动操作功能

在检修线路或开关时，相应的馈线远方终端具有远方控制闭锁功能，以确保操作的安全性，避免误操作造成的恶性事故。同时，馈线远方终端应能提供手动操作功能，当通信通道出现故障时能进行手动操作，避免直接操作杆上开关。

（11）故障录波功能

在线路发生故障时，远方馈线终端应能够将故障前后若干周波波形数据与对应时刻存储到专用存储区。

除上述必备功能外，馈线远方终端还可具有过负荷保护、小电流接地系统的单相接地故障检测、故障方向检测等选配功能。

3. 馈线远方终端的应用

馈线远方终端一般安装在配电网馈线回路的柱上，称为柱上FTU。柱上FTU在一条线路的情况下监控的是单一的柱上开关；在同杆架设两条线路的情况下也可监控两路开关。当监控两条线路时，除了要求馈线终端单元有更多的模拟量输入、开关量输入以及控制量/数字量输出容量外，其余与监控一条线路时的功能要求完全一样。一般的馈线终端单元都是按监控一条线路来设计，在遇到同杆架设两条线路的情况时，也可以同时装设两台馈线终端单元来解决这一问题。两台馈线终端单元可以有各自的通信端口与主站系统通信。为了节省投资，一般用级联的方法相连，两台馈线终端单元一主一从，只有主馈线终端单元能直接与主站系统通信。

用于现场的FTU按功能实现可以分为3种类型。有监测功能的FTU：FTU只具有运行参数采集功能，采集馈线的电流、电压、有功、无功、电量、停电时间等，通过通信网络传送到相关子站；有监控功能的FTU：在采集单元的功能上增加了控制功能；有综合的保护和监控功能的FTU：将馈线的微机保护集成到监控单元中。

3.3.2 站所远方终端

站所远方终端（DTU）是安装在配电网馈线回路的开关站、配电室、环网柜、箱式变电站等处，具有遥信、遥测、遥控和馈线自动化功能的配电网自动化终端。DTU与FTU基本结构和功能相似，主要区别在于安装位置与性能要求。

站所远方终端按照结构形式一般可分为组屏式、遮蔽立式、遮蔽壁挂式站所终端。其中，组屏式站所终端通过标准屏柜方式，安装在配电网馈线回路的开关站和配电室等处；遮蔽立式站所终端通过机柜与开关并列方式，安装在配电网馈线回路的环网柜和箱式变电站内部。

环网柜DTU一般安装在环网柜内。环网柜一般都为两路进线，多路出线，环网柜站所终端单元至少需要监控4条线路，因此要求DTU有充足输入/输出回路容量和数据存储容量。而环网柜本身的空间很小，在一个环网柜内同时安装多个终端单元，用一个主站所终端单元带多个从站所终端单元的方法是不可取的。实际一般采用柜式结构，多个带CPU的站所终端单元板插到机柜的插槽中，采用CAN总线方式实现互联，如图3-12所示。

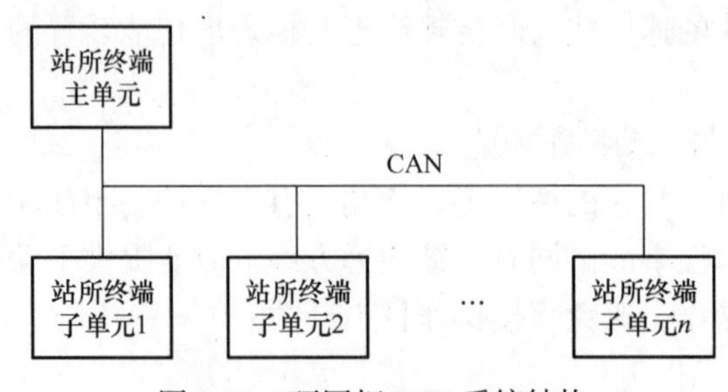

图3-12　环网柜DTU系统结构

开闭所DTU所要监控的开关和线路的数量较多，因此对模拟量输入、开关量输入以及控制量/数字量输出的容量要求更大，但相对于环网柜馈线终端单元，其对体积大小的要求不是很严格。对于DTU监控单元的实现，一般是采用几个监控单元组合并相互协调来实现，每个单元分别监视一条或几条馈线，同时各单元间通过通信网络互联实现数据转发和共享，如图3-13所示。这种方案的优点在于系统可以分散安装，各监控单元功能独立，接线相对简单，便于系统扩充和运行维护。

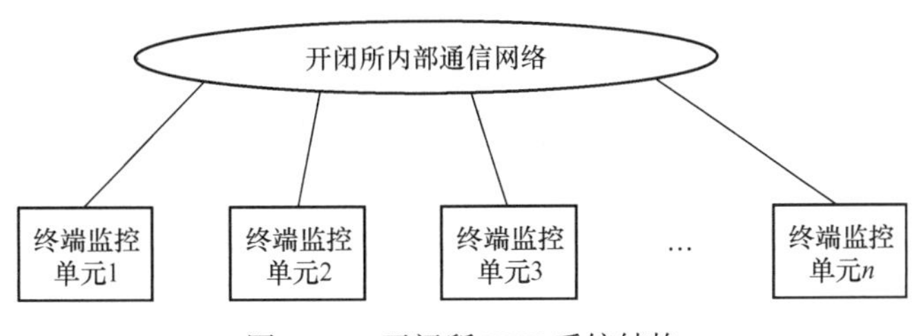

图3-13 开闭所DTU系统结构

3.3.3 配电变压器远方终端

配电变压器远方终端（TTU）是用于配电变压器的各种运行参数的监测、测量的配电自动化终端。TTU能与其他后台设备通信，提供配电系统运行控制及管理所需的数据，其典型系统框图如图3-14所示。

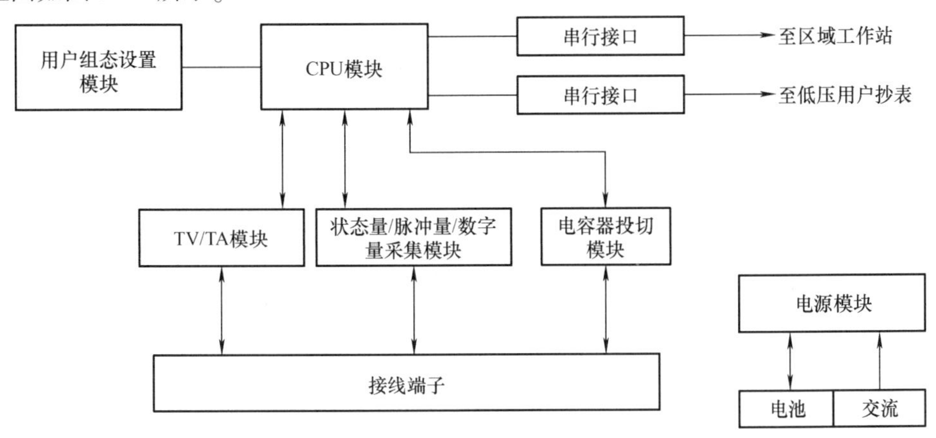

图3-14 TTU典型系统框图

1. 配电变压器远方终端的功能

(1) 实时监控功能

配变远方终端应能实时监测配电变压器的各种运行参数，实现电压、电流、零序电压、零序电流、有功功率、无功功率、功率因数、频率等的测量和计算。

(2) 历史数据处理功能

配变远方终端应能定时记录配电变压器的三相电压、三相电流值、有功功率、无功功率、功率因数、电网频率、三相绕组温度等数据，存储历史数据，完成终端数据统计功能。

(3) 谐波计算及监测功能

配变远方终端应能完成3～13次谐波分量的计算和三相不平衡度的分析计算。

（4）数据通信和传输功能

配变远方终端应具备整点数据信息实时上传、支持实时召唤以及越限信息实时上传的功能，能进行远方参数设置和对时。

（5）告警功能

当发生越限、断相、失压、三相不平衡、停电时，配变远方终端应能及时告警。

（6）人机交互功能

配变远方终端应提供人机交互平台，能够显示数据、设置参数和调试设备。

（7）自诊断及自恢复功能

配变远方终端应具有自检测功能，在设备自身故障时及时报警，并具有可靠的自恢复功能，能够重新复位，系统恢复正常。

除上述必备功能外，配变远方终端还具备控制无功补偿设备、支持有载调压和故障检测等选配功能。

其中，无功补偿功能是与其他配电终端相比 TTU 特有的功能。在配电自动化系统中，配电变压器有着重要地位，它既是配电网的终端又是用户的最前端，起着承上启下的作用。配变终端 TTU 是针对配电变压器研制的自动化装置。当需要对无功补偿设备进行控制时，终端应具备相应的投切触头和通信接口，以接收主站下发的命令进行无功补偿投切。

2. 配电变压器远方终端 TTU 与其他终端的比较

配电变压器终端的引入，是提高配电网安全和经济运行的有力工具。TTU 不需要像 FTU 那样进行实时数据采集和计算以快速识别馈线故障并进行故障隔离，因此其对电气量处理的实时性要求比 FTU 要低，它的数据可以离线计算。但作为一个独立的智能设备，TTU 也需要由模拟输入回路、遥信输入回路、遥控量输出回路以及核心的 CPU 芯片等组成。由于 TTU 直接安装在负荷点上，为了提供较详尽的谐波信息以便于电能质量的管理，TTU 设计的重点是能够定时高速采样，并将采样所得数据放入缓冲器中以便 CPU 离线计算。TTU 并不像户外安装的 FTU 和 DTU 那样需要提供一整套设备以独立安装在电线杆上或环网柜内，而是一般直接安装在电容器补偿柜上或与其他电能表一起安装在控制柜上。

第 4 章 配电自动化通信系统

4.1 配电自动化对通信系统的要求

配电自动化对通信系统的要求取决于配电自动化的规模、复杂程度和预期达到的自动化水平。总体上讲，配电自动化对通信系统的要求体现在以下几个方面。

4.1.1 通信速率要求

任何通信系统的带宽都是有限的，带宽越窄，通信速率越低。在建设通信系统时，不仅要满足目前的通信速率要求，还要考虑到今后的发展需求。一般600bit/s 或以上的通信速率就能够满足配电自动化的大部分功能要求，对于诸如“一遥”数据这样的功能，甚至低于300bit/s 的通信速率都能满足要求。

从配电自动化系统功能的角度分析，在配电自动化系统中，进线监视、10kV 开关站、配电站监控和馈线自动化对于通信速率的要求最高，公用配电变压器的巡检和负荷监测系统、远方抄表和计费自动化对于通信速率的要求较低；从配电自动化系统结构的角度分析，集结了大量数据的主干线对于通信速率的要求要远高于分支线对通信速率的要求。

在选择通信方式之前，应当先估算配电自动化系统所需的通信速率，且应考虑到最坏的情形，并根据需要恰当选择合适的通信方式和通信网络的组织形式。此外，在设计上应留有足够的频带，以满足今后发展的需要。

4.1.2 可靠性要求

1. 确保在电网停电或故障时不影响通信运行

要满足配电网调度自动化、故障区段隔离及恢复正常区域供电的能力，通信系统需要在停电的区域仍能保持正常运行，特别是采用电力线作为通信信息传输媒介的载波通信方式在这个问题上会面临许多困难。因此，必须考虑故障或断线对通信方式的影响。另一个必须考虑的问题是在停电区域中远方通信终端设备（如 FTU、智能电能表和负荷控制设备等）的供电问题，应当为它们提供后备电源或其他供电手段（如 UPS 和蓄电池等）。

2. 建立备用通信通道

配电自动化系统的主干通信线路集结了大量分散站点的信息，一旦主干通信线路故障，将会导致一大片区域的配电自动化设备失去监视和控制，因此提高主干通信线路的可靠性非常必要。

对于采用光纤通信系统构成的主干通道，可以采用光纤自愈环形结构组网（SDH 传输网或自愈环工业以太网）。在通道发生故障时，光纤自愈网不需要人为干预，能在很短的时间内从失效故障中恢复所携带的业务。

3. 抗干扰能力

配电自动化的通信系统中许多设备是在户外安装的。这意味着通信系统要经受长期不利的气候条件的考验，如阴雨、大雪、冰雹、大风和雷雨等。此外，长时间暴露在强烈的阳光下会加速一些材料的老化。因此，配电自动化的通信系统必须设计为在常规维护下就可以在上述恶劣情况中工作的系统。

配电自动化的通信系统在较强烈干扰下工作会对通信的可靠性产生很大的影响。电磁干扰有可能以射频的形式出现（如产生间隙放电、电晕等的电磁干扰），也会以工频的形式出现（如产生于变压器、谐波干扰等的电磁干扰）。雷电和故障以及涌流还会造成瞬时的极强烈的电磁干扰。对电磁干扰的容忍程度取决于要实现的配电自动化功能，例如，对于远方抄表系统，可以选择环境平静下来后的某个时刻去完成远方抄表任务，因此就不一定要让通信系统抵抗由于雷电和故障造成的瞬时的极强烈的电磁干扰；但若要完成隔离故障区段以及恢复正常供电区域的功能，就必须使通信系统在电力系统故障期间也能可靠工作。

4.1.3 灵活性要求

1. 通信设备便于操作与维护

配电自动化通信系统往往规模较大，而且通常采用多种通信方式相结合的方式。因此在设计上，通信设备的各项指标应符合国际、国家、行业标准，应考虑尽可能地简化这一复杂的通信系统的使用与维护。选择标准的通信设备和通信协议不仅能够提高系统的兼容性，而且可以为今后的扩展带来方便，也有助于降低使用与维护的费用。

2. 双向通信能力及可扩展性

配电自动化的大多数功能要求双向通信。先进的负荷控制系统可以根据需求对独立负荷或成组负荷进行动态控制。对于故障隔离和恢复正常区域供电的功能，必须能够向控制中心上报故障信息以便确定故障区段，同时控制中心能够向远方设备发布控制命令以隔离故障区段和恢复正常区域供电。当配电网规模扩大、终端设备数量增长或功能升级时，要求通信系统具备一定的扩展能力，能满足配电网发展的要求。

4.1.4 经济性要求

在满足配电自动化通信系统功能的基础上，需考虑投资运行费用来综合选择合适的通信方式，提升系统的经济性。在进行配电自动化的通信系统项目预算时，不仅要考虑通信系统网络和设备的造价，还要估算通信系统长期使用和维护的费用。配电自动化系统的客户大多不是通信与电子技术的专业人员，他们往往不熟悉通信设备，在对一种通信手段进行经济效益分析时，应将培训费用也考虑在内。

4.2 配电自动化通信技术

4.2.1 概述

配电自动化通信系统是指配电终端到配电主站之间按分层结构设计的通信系统，包括通信线路和多种通信设备，可以实现配电终端、子站和主站间的信息交互，具有信息传送、网络管理、安全防护等功能。一般情况下，配电自动化通信技术按通信介质可分为无线方式和有线方式，如图4-1所示。

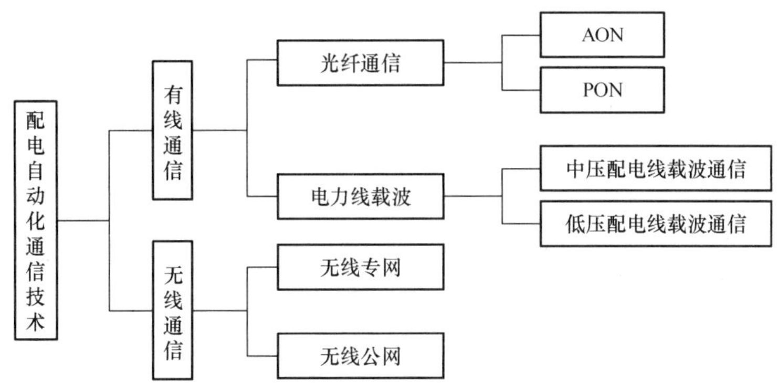

图4-1　配电自动化通信技术分类

结合配电网的实际情况，有线通信技术一般包括光纤通信和电力线载波通信两大类。光纤通信在保证高可靠性的同时具有传输速率高、干扰小的优点，但需要专门铺设光纤网络，投资成本较高。电力线载波以电力线路为传输通道，具有经济性好的优势，可以跟随配电线路实现对所有配电设备的监控，但是在传输速率、抗干扰性等方面存在约束。

无线通信技术铺设方便，结构简单，且具备停电通信能力。由于其成本低、维护难度低、范围广、灵活性高的特点，应用于智能配电网后可明显提升配电网的运行效率，保证数据传输的可靠性与安全性。无线通信技术包括无线公网和无线专网两大类，其覆盖范围广、传输距离远、经济性优，为智能配电网的建设提供了有利条件。

配电自动化系统的通信网以“区域分层集结、分区管理及集中组织方式”为指导原则进行网络规划与建设，根据配电自动化系统的典型结构，可将通信单元划分为终端设备、配电子站、配电主站三层，由此而引出两个层面的通信需求。第一层是配电主站跟配电子站之间的通信，其通信通道为骨干层通信网络，原则上应采用光纤传输网；第二层是配电终端与配电子站之间的通信，由于配电终端具有数量多、分布广、环境复杂等特点，单一的通信技术很难满足需要，通常采用多种方式相结合实现。

4.2.2　光纤通信技术

光纤通信是以光波作为信息载体，以光导纤维作为传输介质进行数据传输的通信手段。与其他通信技术相比，光纤通信在数据传输过程中具有损耗小、抗干扰强以及通信容量大的特点，且采用光纤通信可以实现灵活的组网方式。具体优点包括：传输频带宽，通信容量大；传输损耗小，适合长距离传输；体积小，可绕性强，铺设方便；抗电磁干扰性强；保密性好；抗腐蚀，抗酸碱，光缆可直埋地下等。同时，光纤通信存在一些缺点：强度差；连接相对困难；分路和耦合不方便；弯曲半径不宜太小。光纤通信系统的基本组成如图4-2所示。

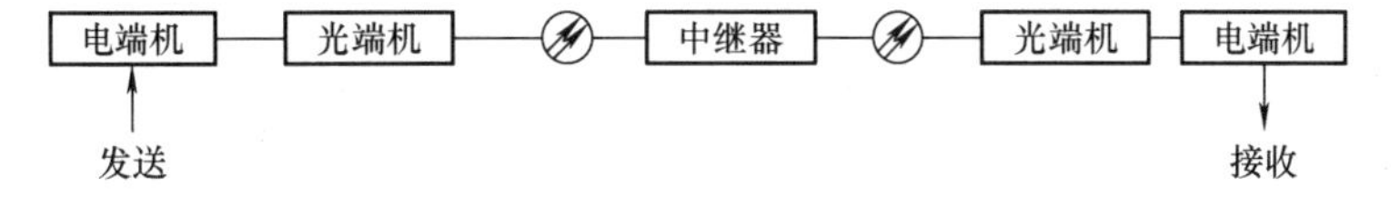

图4-2　光纤通信系统的基本组成

1）发送端电端机：完成对信息源的处理，如多路复用和复接分接等。

2）发送端光端机：由光源、驱动器和调制器组成，将来自电端机的电信号调制到光源发出的光束上，使光的强度随电信号的幅度（频率）变化而变化，然后再将已调制的光信号耦合到光纤或光缆进行传输。

3）接收端光端机：由光检测器和光放大器组成，将光纤或光缆传输来的光信号，经光检测器转变为电信号，再将这些微弱的电信号经放大电路放大到足够大的电平，送到接收端电端机。

4）接收端电端机：将来自光端机的电信号进行处理，恢复成原来的信息。

5）光纤或光缆：光纤构成光的传输通路。其功能是将发送端发出的已调制光信号，经过光纤的远距离传输，完成传送信息任务。

6）中继器：中继器由光检测器、光源和判决再生电路组成。其作用是补偿光信号在光纤中传输时受到的衰减。

7）光纤连接器、耦合器等无源器件：一条光纤线路可能存在多根光纤相连接的问题，可通过光纤连接器、耦合器等无源器件完成光纤间的连接、光纤与光端机的连接及耦合。

在配电自动化系统中，主站与子站、子站与终端设备之间均可使用光纤通信技术。其中，主站与子站之间通信多使用有源光网络（Active Optical Network，AON），而子站与终端之间通信多使用无源光网络（Passive Optical Network，PON）。

1. 主站与子站之间的光纤通信

（1）有源光网络

有源光网络（AON）是指借助光电转换设备、有源光电器件以及光纤等进行信息传输的网络。信息在传输过程中会经有源设备进行光信号—电信号—光信号的转换。目前有源光网络技术已经十分成熟，但是其部署成本要高于无源光网络。在配电自动化系统中，有源光网络主要用于主站和子站之间的通信。

（2）同步数字体系

同步数字体系（Synchronous Digital Hierarchy，SDH），是一种将复接、线路传输及交换功能融为一体，并由统一网管系统操作的综合信息传送网络，它不仅适用于光纤，也适用于微波和卫星传输。SDH可实现网络有效管理、实时业务监控、动态网络维护、不同厂商设备间的互通等多项功能，大大提高了网络资源利用率，降低了管理及维护费用，可实现灵活可靠和高效的网络运行与维护。

目前最常用的是基于SDH的有源光网络。SDH有源光网络是在统一的网管系统管理下，采用光纤信道实现多个节点间同步信息传输、复用、分插和交叉连接的网络。SDH有源光网络不仅适合于点对点传输，还适合于多点之间的网络传输，如链形网、环形网。SDH有源光网络的基本设备有交换设备、传输设备和接入设备。目前，由于SDH有源光网络成本高、体积大、对运行条件的要求高、不适应光纤宽带到户等原因，不太适合作为终端通信接入网，而主要用于主站与子站之间的通信。主站与子站通过SDH有源光网络进行的通信主要有单纤通信和二纤通信两种方式。

1）单纤通信。单纤通信方式如图4-3所示，主站与各子站均通过接入设备接入SDH有源光网络，各接入设备之间仅通过单根光纤实现信息传递。

2）二纤通信。二纤通信方式如图4-4所示，主站与各子站均通过接入设备接入SDH有

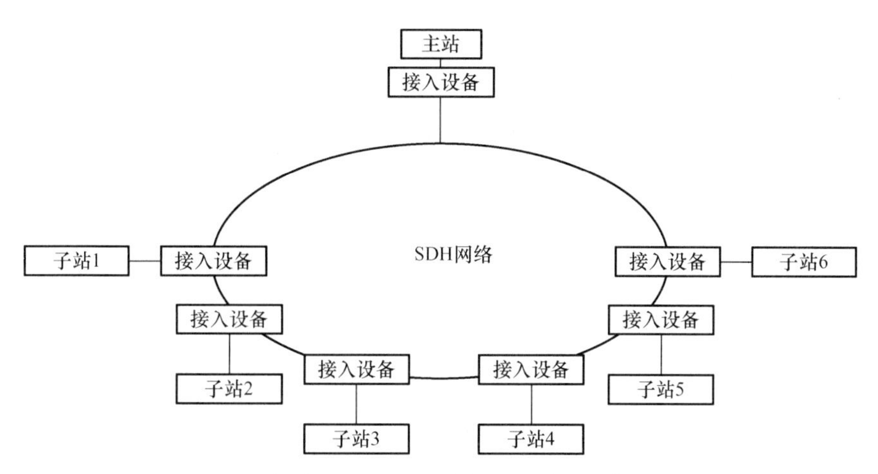

图 4-3　主站通过 SDH 网络与子站单纤通信示意图

源光网络，各接入设备之间通过两根光纤实现信息传递。两根光纤的 SDH 网络构成了光纤自愈环网，自愈环（Self-healing Ring，SHR）是指采用分插复用器（Add/Drop Multiplexer，ADM）组成环形网实现自愈的一种保护方式。二纤自愈环网根据环中节点之间通信信息的传送方向又可以分为二纤单向自愈环网和二纤双向自愈环网。

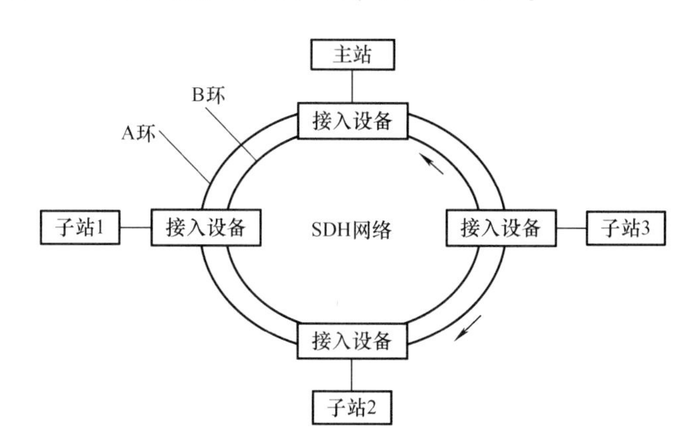

图 4-4　主站通过 SDH 网络与子站二纤通信示意图

① 二纤单向自愈环网。二纤单向自愈环网中，一根光纤用于传递业务信号，称为 S 光纤；另一根光纤传递相同的信号用于保护，称为 P 光纤，但接收端仅择优选择其中一路的信息，单向通道保护环使用“首端桥接，末端倒换”结构（即首端双发，末端选收）。

当发生故障时，如图 4-5 所示，在子站 1 与子站 2 的接入设备之间的光纤发生故障，则从子站 1 经 S 环光纤来的主环信息丢失，按通道择优准则，子站 2 接入设备的倒换开关将由 S 光纤转向 P 光纤，接收由子站 1 经 P 光纤传递的信息，如图 4-6 所示，从而使子站 1 与子站 2 之间的业务信息得以维持，信息不会丢失，故障排除后，开关会返回到原来位置。

② 二纤双向自愈环网。二纤双向自愈环网中，每个传输方向用一根光纤，且每根光纤上将一半容量分配给业务通路，另一半容量分配给保护通路。如图 4-7 所示，正常情况下从子站 1 向子站 2 传递的信息沿 S_1/P_2 光纤按逆时针方向传输，而从子站 2 向子站 1 传递的信息则沿 S_2/P_1 光纤按顺时针方向传输。

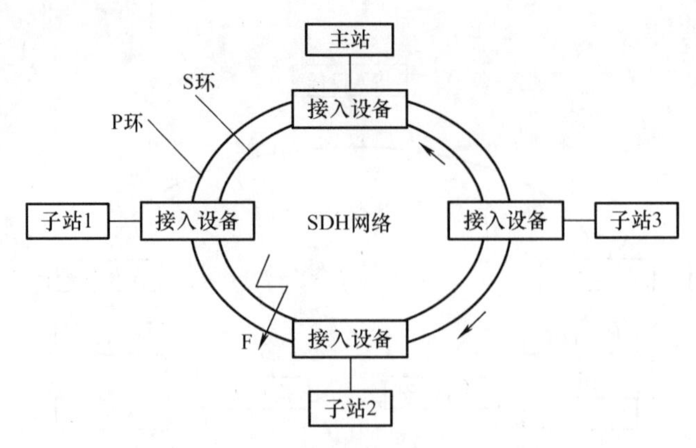

图 4-5　二纤单向通信故障示意图

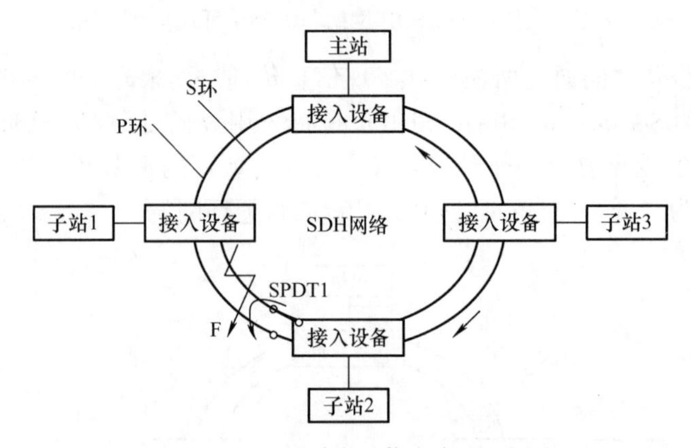

图 4-6　二纤单向通信自愈原理图

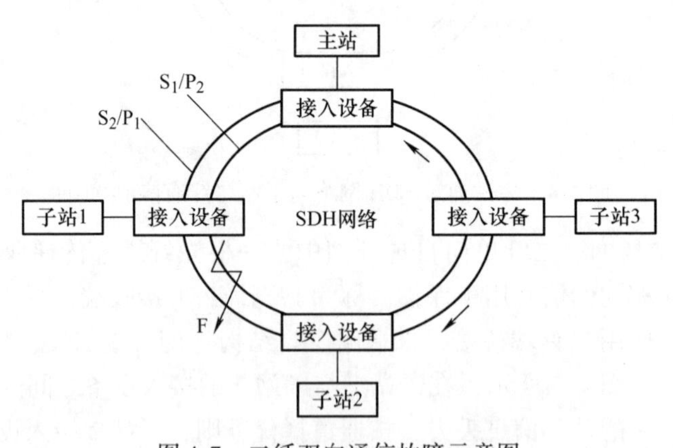

图 4-7　二纤双向通信故障示意图

当发生故障时，如图 4-7 所示，在子站 1 与子站 2 的接入设备之间的两根光纤同时被切断，子站 1 与子站 2 的接入设备的倒换开关将 S_1/P_2光纤与 S_2/P_1光纤连通，如图 4-8 所示。在子站 1 将从子站 2 沿 S_2/P_1光纤传递的业务信号转移到 S_1/P_2光纤的保护时隙，沿 S_1/P_2光纤传送到子站 1，在子站 2 将从子站 1 沿 S_1/P_2光纤传递的业务信号转移到 S_2/P_1光纤的保护时隙，沿 S_2/P_1光纤传送到子站 2，从而维持信息传递。

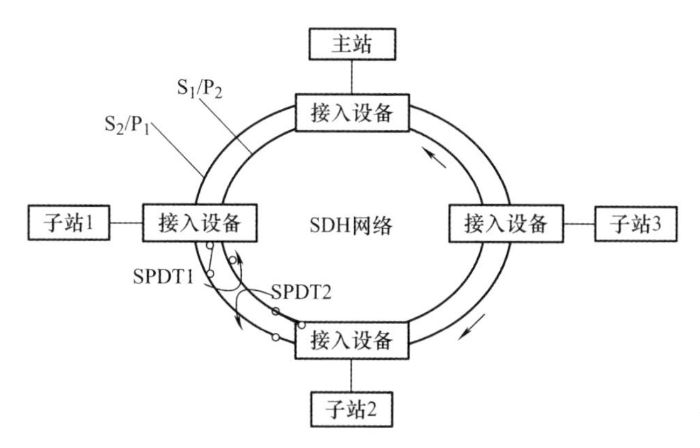

图4-8　二纤双向通信自愈原理图

2. 子站与终端设备之间的光纤通信

（1）以太网无源光网络

以太网无源光网络（Ethernet Passive Optical Network，EPON）是使用以太网作为数据链路层的无源光网络技术。其中，无源光网络（PON）技术是一种点到多点（P2MP）的光纤接入技术，由网络侧的光线路终端（Optical Line Terminal，OLT）、用户侧的光网络单元（Optical Network Unit，ONU）以及无源光纤分支器（Passive Optical Splitter，POS）组成。PON的结构可以有星形、总线型和环形等。PON技术在OLT和ONU之间没有任何有源的电子设备，而只使用无源光器件，所以可以有效避免电磁干扰对通信设备的影响，具有较高的可靠性；PON技术在光分支节点不需要节点设备，仅需要一个简单的分光器（Optical Splitter），从而具有节省光缆资源、节省机房投资、共享带宽资源、综合建网成本低等优点。

分光器是一种无源器件，又称光分路器，它不需要外部能量，只要有输入光即可。分光器由入射和出射狭缝、反射镜和色散元件组成。分光器的功能是分发下行数据，并集中上行数据。分光器带有一个上行光接口，若干个下行光接口。各个下行光接口出来的光信号强度可以相同，也可以不同。光信号在上行光接口和下行光接口之间传递时，光信号强度/光功率会有衰减。

EPON综合了PON技术和以太网技术的优点，具有成本低、可靠性高、带宽高、扩展性强、覆盖范围大和维护简单等优点。EPON系统主要由OLT、ONU和光分配网络（Optical Distribution Network，ODN）组成，如图4-9所示。其中，OLT是整个网络/节点的核心和主导部分，完成ONU注册和管理、全网的同步和管理以及协议的转换、与上级网络之间的通

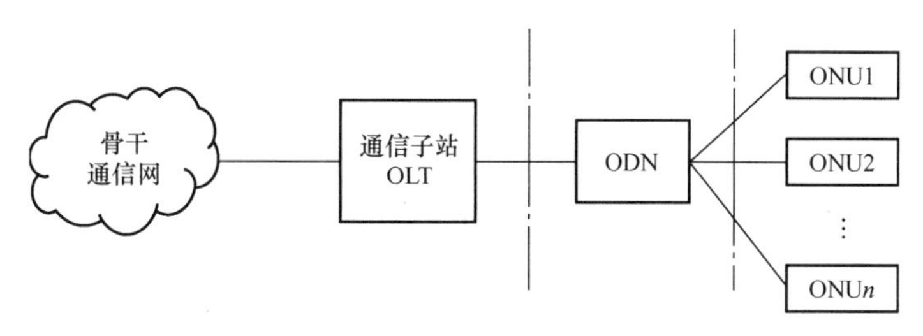

图4-9　EPON系统组成示意图

信功能，是区域骨干网和本地接入网之间的接口，为 EPON 网络提供多业务接入平台，一般配置在变电站内；ODN 是整个网络传输信号的载体，由多个分光器及光纤组成；ONU 作为用户端设备配置在配电终端处，在整个网络中属于从属部分，完成与 OLT 之间的正常通信并为终端用户提供不同的应用端口。

EPON 技术的缺点：传输距离和 OLT 带载 ONU 节点数的限制；保护通道上节点数的限制；分光器需要专门设计安装的空间；不同型号 EPON 产品的兼容性问题等。

（2）EPON 在子站与终端设备间通信的应用

EPON 系统通过不同的组网方式适应不同的子站与终端设备的通信要求，主要有基于多级分光的组网方式、以太无源光网络多路分光的组网方式。

1）基于多级分光的组网方式。多级分光组网方式，也称为级联分光组网方式或者线型分光组网方式，结构如图 4-10 所示，SDH 设备和 OLT 位于变电站内，采用多个非均分的 1∶2 分光器和均分 1∶2 分光器串接搭配进行组网，再借助光纤实现与 ONU 的通信；采用单纤波分复用技术（下行 1490nm，上行 1310nm），仅需一根主干光纤和一个 OLT，传输距离可达 20km。在 ONU 侧通过多级分光路分送给最多 32 个终端，因此可大大降低 OLT 和主干光纤的成本压力。此方案适合呈带状或链状分布的 10kV 线路。工程上建议分级数不要超过 10 级，避免因光衰太大影响链路后端设备的接入。

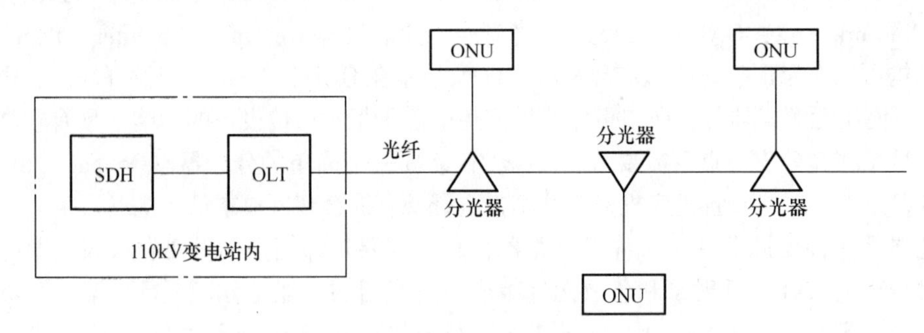

图 4-10　多级分光的组网方式

2）以太无源光网络多路分光的组网方式。多路分光的组网方式，也可称为一级分光组网方式或者星型分光组网方式，结构如图 4-11 所示，SDH 设备、OLT 及多路分光器均位于变电站内，在 OLT 侧配置 1∶n 类型的分光器，直接输出至多路终端进行通信。此种组网方式灵活，覆盖半径大，布放多芯光缆时仅需放置分纤器而不使用分光器，传输距离较远。此方案适合一个子站对应多个终端的系统，即业务需求密集的网络，如小区、酒店、商场等。

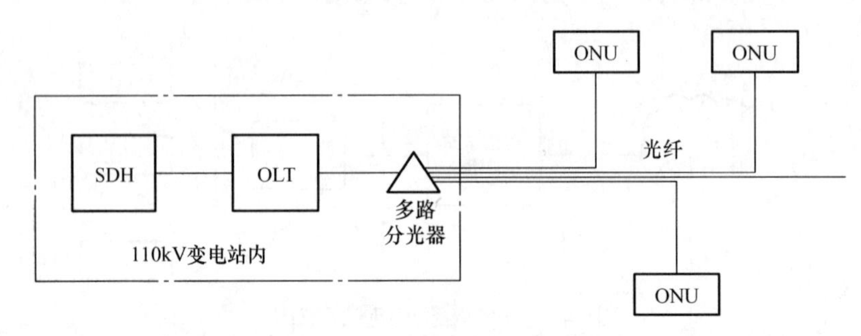

图 4-11　以太无源光网络多路分光的组网方式

（3）SDH/PDH 混合组网方式

SDH/PDH 混合组网方式是电力通信专网比较传统的通信方式，结合有源光纤网络实现子站与终端之间的通信，在骨干网络上应用广泛。SDH/PDH 混合组网方式结构如图 4-12 所示，SDH 设备、交换机和光端机均位于变电站内，在每个站点也配置光端机，通过光纤实现变电站内部的光端机与站点光端机的通信。该技术成熟，运行稳定，但对运行环境要求较高，相较无源光网络成本也高。

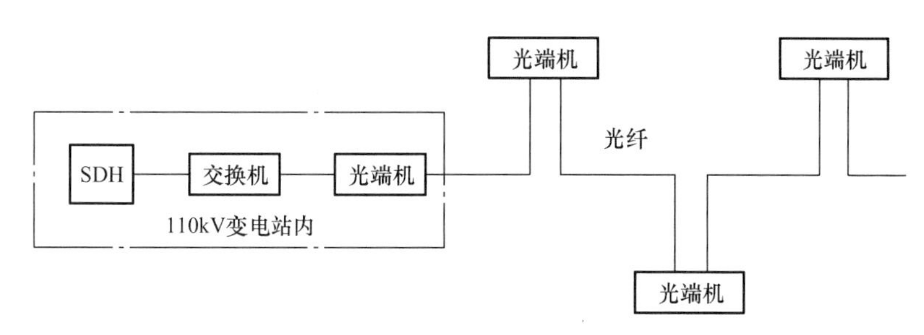

图 4-12　SDH/PDH 混合组网方式

4.2.3　配电线载波通信

电力线载波（Power Line Carrier，PLC）通信是利用电力线路作为信息传输媒介进行数据传输的一种特殊通信方式。电力线载波通信将信息调制在高频载波信号上，通过已建成的电力线路进行传输。这种通信方式可以沿着电力电路传输到电力系统的各个环节而不必架设专用线路。

根据传输线路不同，PLC 可以分为输电线载波通信（TLC）、配电线载波通信（DLC）和低压配电线载波通信（又称为入户线载波通信）。对于输电线载波通信，载波频率一般为 40～500kHz；对于配电线载波通信，载波频率为 3～500kHz；对于低压配电线载波通信，载波频率一般为 50～150kHz。调制方式一般可采用幅度调制（AM）、单边带调制（SSB）、频率调制（FM）或移频键控（FSK）。

配电线载波通信相较于其他配电自动化通信技术具有便于管理的特点，其可以完全为电力公司所控制，沟通电力公司所关心的任何测控点。但配电线载波通信系统的数据传输速率较低，容易受到干扰、非线性失真和信道间交叉调制的影响。

1. 配电线载波通信耦合方式

载波信号耦合是实现电力线载波通信的重要环节，其作用是将高频载波信号注入电力线，或从电力线提取出高频载波信号。利用电力电缆的屏蔽层传输数字信息，耦合方式有两种，即卡接式电感耦合方式和注入式电感耦合方式。

（1）卡接式电感耦合方式

卡接式电感耦合方式利用电磁感应原理，将高频载波信号耦合到电力电缆及电缆屏蔽层中，实现载波信号的传输，适用于纯电力电缆和两端是电缆的混合线路，其原理如图 4-13 所示。卡接式电感耦合方式的优点主要包括：安装安全，不需要停电；安装简便，电感耦合器不需要与电缆屏蔽层直接连接，套于电缆外即可；体积小、重量轻。但这种耦合方式耦合衰减比较大，数据传输距离一般不超过 5km。当电力线数据传输装置采用此种耦合方式时，每个节点只需要一台电感耦合器。

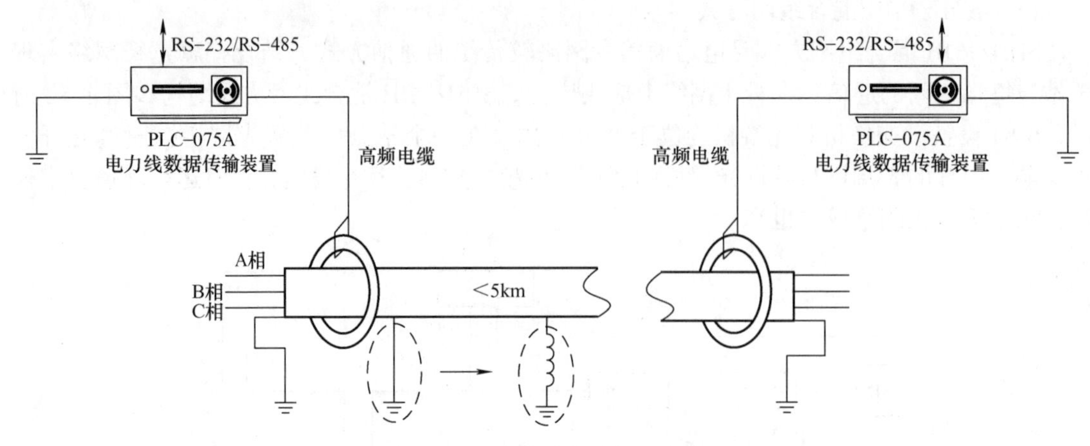

图 4-13　卡接式电感耦合方式

（2）注入式电感耦合方式

注入式电感耦合方式的电感耦合器直接接于电力电缆的屏蔽层，适用于纯电缆线路，如图 4-14 所示，一次侧一个接头接电力电缆的屏蔽层，另一个接头接地。与卡接式电感耦合方式不同，注入式电感耦合方式的衰减较小，信号传输距离一般大于 5km。但这种耦合方式下电感耦合器的安装需要改变电缆的接地方式，一般情况下需要停电安装，有些地区使用的开关柜有地线接线层时，可以不停电安装。当电力线数据传输装置采用此种耦合方式时，每个节点只需要一台电感耦合器。

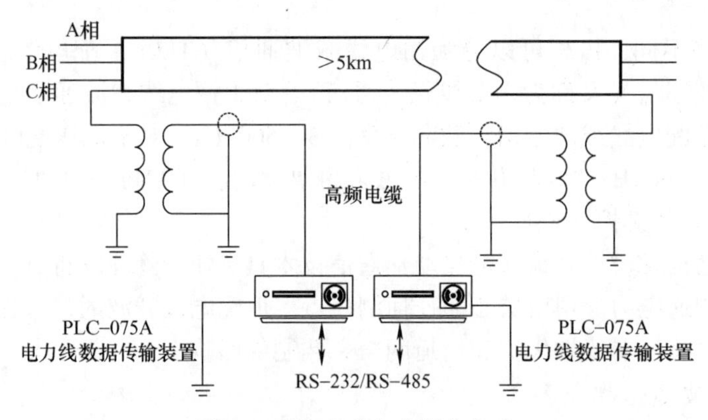

图 4-14　注入式电感耦合方式

2. 配电线载波组网方式

在中压电力线路载波通信中，一般直接按照线路的物理结构来组建网络拓扑结构。其中载波耦合方式可以选用卡接式电感耦合方式或注入式电感耦合方式。

（1）辐射接线模式载波组网通信

在供电可靠性要求不高的地区常采用辐射供电接线，如电缆双射、对射接线模式，一个变电站有多条电缆出线，为不同用户供电。对于这种接线模式，载波组网通信的典型设计如图 4-15 所示。在变电站配置子站，每条出线电缆安装一台耦合设备，多个耦合设备连接到一个匹配网络上，再接到载波机上；在配电线路上，每个 FTU 安装一台耦合设备和载波机。

采用配电线路载波一点对多点的组网通信方式，其逻辑网络组网通信协议采用轮询方式，子站问，FTU 端答。

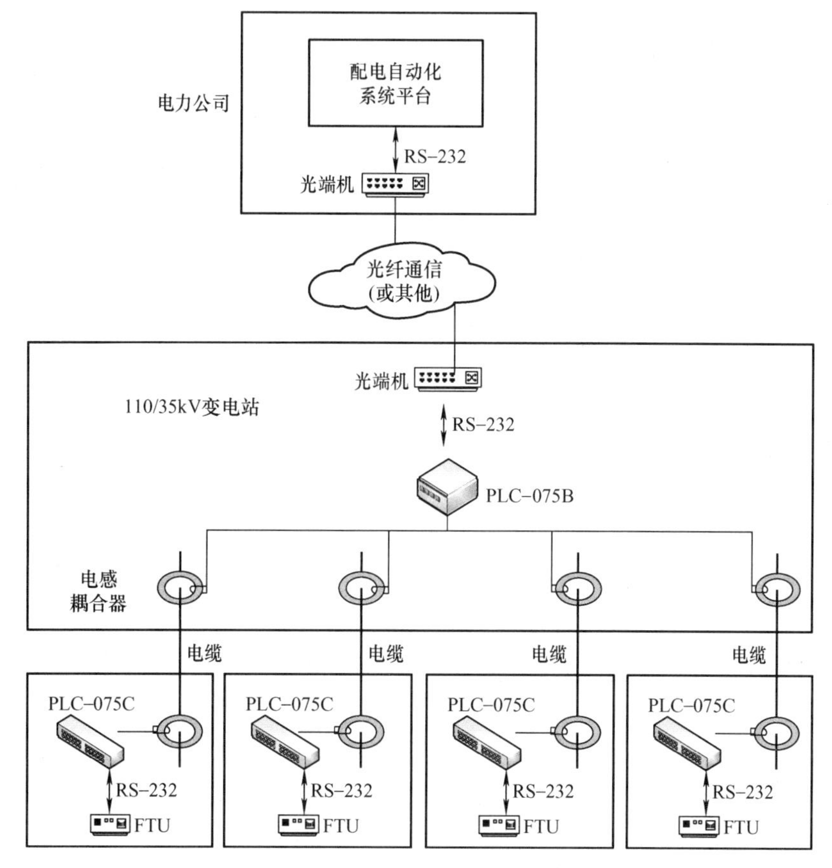

图 4-15　辐射接线模式下的载波组网通信方式

（2）环网接线模式载波组网通信

在负荷密集且对供电要求较高的地区，一般采用环网供电方式以保证供电可靠性，如电缆单环、双环接线，电力电缆分段接线模式等。一般情况下，工程设计时常利用载波信号的高频桥路耦合技术，将多级分段的电力电缆连接成一个完整的高频通道。如图 4-16 所示，载波组网可以灵活处理，在变电站或者开关站内配置子站载波机，FTU 侧配置终端载波机，其逻辑网络组网通信协议采用轮询方式，子站问，终端答。为了保证数据通信的实时性，整个环网可划分为两个逻辑网络，两个逻辑网络可以并行轮询，以减少轮询周期。

4.2.4　无线通信技术

无线通信技术是一种利用电磁波信号来实现信息交换的通信方式，其主要应用了电磁波能够在空间中进行自由传播的特点。在配网自动化系统中应用无线通信技术，具有安装方便、成本低、抗自然灾害能力强等特点，可以较好地弥补光纤通信施工困难、易受外力破坏、站点布局调整难等不足，是对光纤通信的补充，有利于提高配网通信系统的可靠性。

无线通信技术按照网络性质分为无线公网和无线专网。无线公网对用户的数量没有限

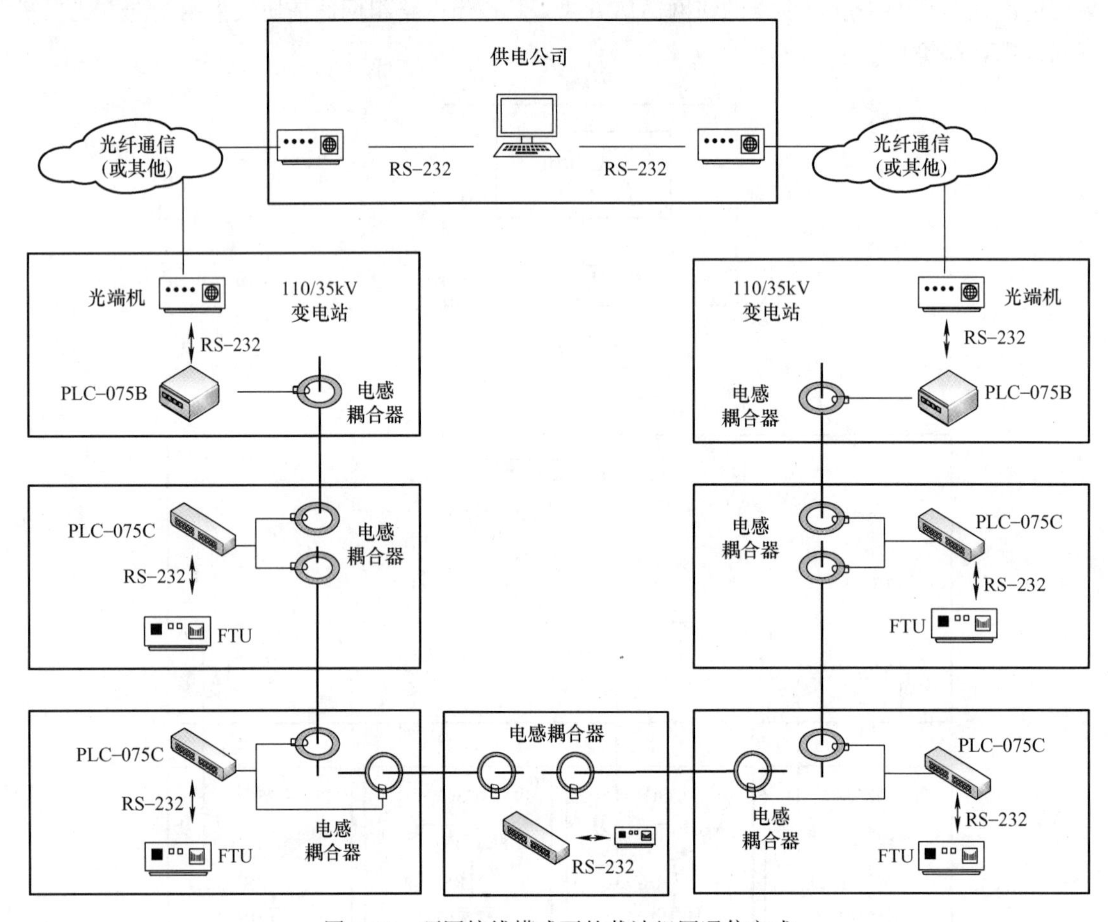

图 4-16　环网接线模式下的载波组网通信方式

制，用户使用公网时不需要建网维护，具有建设周期短、网络成本低等优点，但是电力系统和公众用户共用网络，缺乏有效的安全保障。而无线专网具有容量大、安全、建设方式简单、实施周期短、见效快等优点，由于专网专用，其业务质量、带宽保证、安全隔离和覆盖范围能够完全满足配电自动化的业务需求。

1. 无线公网通信

无线公网通信是指使用由电信部门建设、维护和管理，由面向社会开放的通信系统和设备所提供的公共通信服务。无线公网通信技术在配电网自动化系统中的应用，是指配电网自动化终端通过无线通信模块接入到无线公网中，实现与主站系统信息交互的通信方式。

随着移动通信方式的不断革新以及我国配电网自动化建设需求的不断变化，智能配电网中无线公网通信方式从通用分组无线业务（General Packet Radio Service，GPRS）、码多分址（Code Division Multiple Access，CDMA）、3G 到 4G 不断发展，目前正积极探索 5G 在智能配电领域的泛在物联应用。GPRS 属于 2.5G 中的数据传输方式，它采用无线分组技术的电路交换数据传送方式，能提供端到端的、广域的无线 IP 连接，客户能够在端到端分组方式下发送和接收数据，具有按需计费、快速传输、灵活切换的优点。CDMA 是在数字技术的分支——扩频通信技术上发展起来的一种无线通信技术，具有频谱利用率高、话音质量好、保密性强、容量大等特点。3G是指在CDMA技术基础上发展起来的第三代移动通信技术，其主要优点是能极大地增加系统容量、提高通信质量和数据传输速率。

随着智能配电网的建设和能源互联网的发展，配电自动化、高级量测、用户互动等智能化应用的深化，对配电侧信息通信的要求越来越高，对配电网电力通信系统的安全性、可靠性、实时性、泛在性、宽带化都提出了新的需求。第四代移动通信技术4G凭借高传输速率成为配电网无线公网通信技术的主流，可适应智能化业务需求，促进了配电通信的网络化、宽带化和IP化。目前，国家电网公司正积极推进泛在电力物联网5G通信技术的发展。测试数据和结果表明，5G网络的高可靠性、低时延性完全满足配电网同步相量测量装置（Phasor Measurement Unit，PMU）测点多、频次高、时延小、数据复杂等要求，对推进智能分布式配电自动化、助力泛在电力物联网的建设具有关键作用。

无线公网通信在配电网中的应用模式主要包括基于专线的应用模式和基于无线虚拟专用网络（Virtual Private Network，VPN）的应用模式。

（1）基于专线的应用模式

基于专线的应用模式如图4-17所示。配电网自动化终端通过无线链路接入到无线公网中，在主站端，运营商通过专线收集汇总配电终端的数据信息，经路由器和防火墙进入配电自动化主站。这种应用模式具有安全性高、经济性好等特点，是目前应用最多的一种模式，但是在该模式下通信的IP地址资源和无线资源等仍由运营商管理，可控性较差。

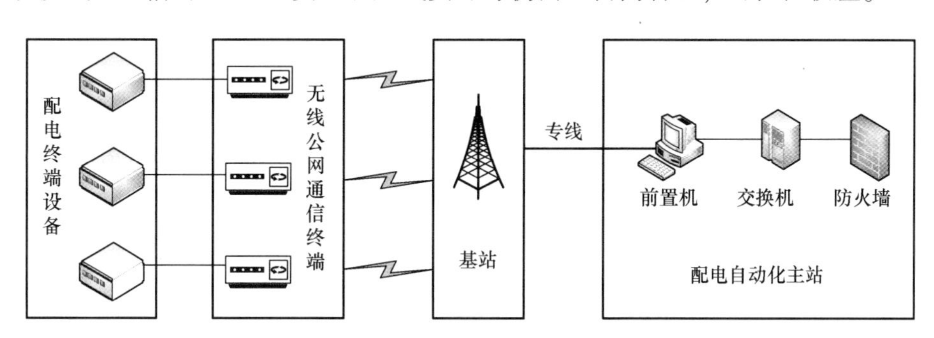

图4-17 基于专线的应用模式

（2）基于无线VPN的应用模式

基于无线VPN的应用模式如图4-18所示。这种应用模式需要建立专门的无线公网中心，在无线公用网络基础之上组成专用的无线VPN。主站系统需要配置的设备包括负责接入认证的远程认证拨号用户服务（RADIUS）服务器、负责IP资源分配的动态主机设置协议（DHCP）、负责管理接入域的APN代理等。此模式建设成本较高，适用于系统规模和投资力度比较大的配电网。

2. 无线专网通信

无线专网通信指对专门的客户提供无线通信服务的技术，具有较高的业务安全和网络稳定性，相对于有线网络建设难度大、无线公网可控性差等问题，无线专网具备安全、可靠、泛在、经济、灵活等优势，将成为配电网自动化系统重要的支撑手段。

（1）Wi-Fi技术

Wi-Fi（Wireless Fidelity）是一个创建于IEEE 802.11标准的局域网技术。与蓝牙一样，Wi-Fi属于在办公室和家庭中使用的短距离无线技术，其主要特点是速度快，可靠性高，在

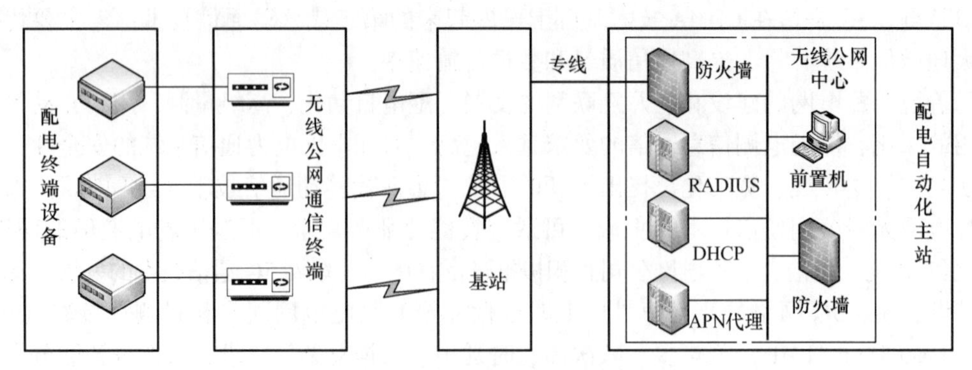

图 4-18　基于无线 VPN 的应用模式

开放区域通信距离可达 305m，在封闭区域通信距离为 76 ~ 122m，可以方便地与以太网整合，组网成本更低。我国目前运用最为普遍的一种 Wi-Fi 标准是 IEEE 802.11b 无线网络传输标准，运用波段为 2.4GHz，其最高带宽速度可达到 11Mbit/s。在信号被干扰或者信号不强的情况下，其带宽可调整为 5.5Mbit/s、2Mbit/s 和 1Mbit/s，因为带宽会依据实际情况进行自动变化，因此 Wi-Fi 可以对网络的稳定和安全给予充分的保证。在配电网中部署支持 Wi-Fi 的监控摄影机，电力工作人员可以便捷地对必要区域实施监控系统作业和查看系统参数，尤其适用于一些无人值守区域，提高配电网供电的可靠性和安全性。同时，也可以便捷调整对电力设施和场所的无线覆盖，如增减及变更监控点，随时满足配电网安全生产需求。

（2）WiMAX

全球微波接入互操作性（World Interoperability for Microwave Access，WiMAX）是一项无线城域网接入技术，可以将其看作 Wi-Fi 技术的升级版本。普通的 Wi-Fi 的信息传输距离大概只有约 100m，在一些特定的环境如在偏远山区架设配电网，难以实现配电网信息的及时采集和处理，因此信息传输距离长达 50km 的 WiMax 技术在智能配电网中显示出更好的应用前景，更远的信息传输距离意味着更少的基站数量，也就代表着更少的建造和维护成本。除信息传输距离更远外，WiMAX 技术还拥有更快的信息传递速率和多样化的服务种类，如 WiMAX 技术最快的接入速度高达 70Mbit/s，这种速度是传统无线技术所无法企及的；WiMAX 技术的安全性和拓展性更高，可以提高数据传递、音频服务乃至视频服务等多种多媒体服务内容。总体来说，WiMAX 在配电网通信中的应用具有覆盖范围大、传输速度高、可靠性高、实时性好、成本低、易维护等诸多优点，但由于频谱资源、技术标准及信息安全性等因素应用暂时受限。

4.3　配电自动化系统的安全防护

4.3.1　配电自动化系统安全风险分析

随着外部信息安全形势的变化，以及“互联网 +”新型信息通信技术的应用和能源互联网建设的深入推进，针对配电自动化系统的安全风险，一方面呈现出向配用电系统现场用户侧开放环境泛化演进的趋势；另一方面呈现出综合利用配电终端、网络、配电主站甚至管理等多个层面的漏洞实施特种攻击的趋势。因此，配电自动化系统的安全防护面临着严峻的挑战。目前，配电自动化系统的安全风险主要包括主站安全风险、通道安全风险、终端安全风险三个方面。

1. 主站安全风险

攻击者通过无线公网通道，仿冒配电终端入侵安全接入区的采集服务器，存在被恶意人员误操作、服务器被入侵等风险。系统存在通过移动存储介质、运维电脑终端等进行跨网复制数据实现升级维护的跨网入侵风险。

2. 通道安全风险

无线通道易被非法接入，通信易受干扰或堵塞，存在被入侵风险；光纤通道直接连接生产控制大区，但光纤与终端连接入口的物理防护薄弱，缺少接入控制和隔离措施，可能被利用向配电系统主站和调度监控系统发起攻击，影响主网配电系统。

3. 终端安全风险

部分采用无线公网通信的配电终端存在弱口令风险，易被非法入侵；部分配电终端安全机制可被关闭，接受伪造的控制指令，进行分合闸操作。

4.3.2 配电自动化系统信息安全防护设计

1. 总体防护策略

遵循《电力监控系统安全防护规定》（国家发改委2014年第14号令）要求，在总体安全防护架构中采用“安全分区、网络专用、横向隔离、纵向认证”的基本防护策略，同时加强配电自动化系统网络的安全监测，以及时发现和处理网络攻击或异常行为。配电自动化系统信息安全防护架构如图4-19所示。

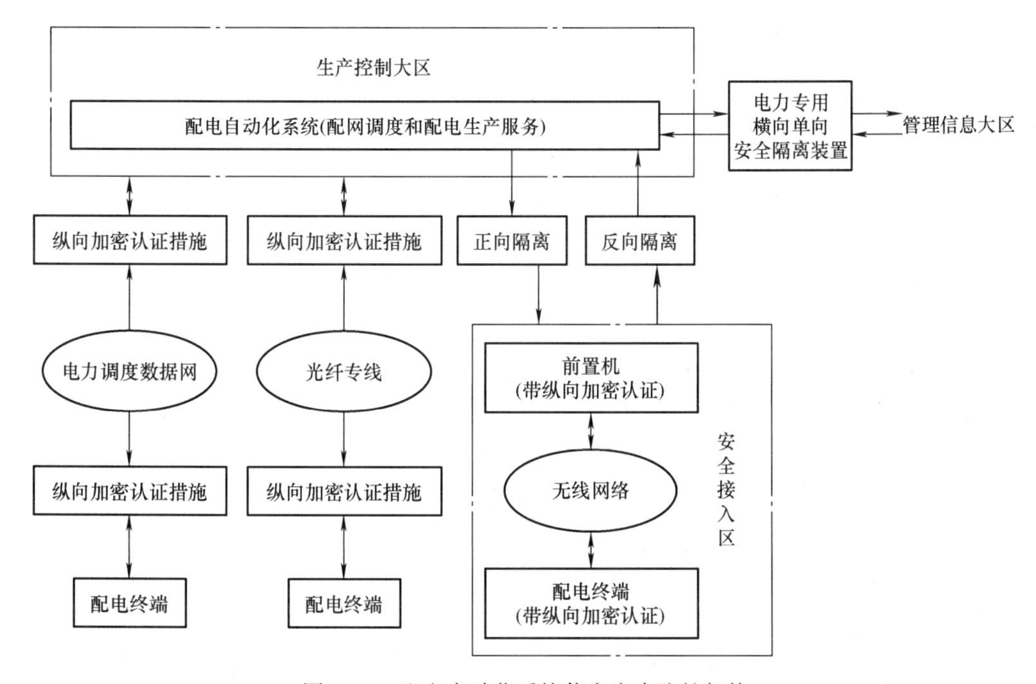

图4-19　配电自动化系统信息安全防护架构

（1）安全分区

按照发改委14号令文件安全分区要求，电力监控系统划分为生产控制大区和管理信息大区。生产控制大区部署实时控制系统、具有实时控制功能的业务模块以及未来有实时控制功能的业务系统；管理信息大区部署其他管理业务系统。

（2）网络专用

配电自动化系统生产控制大区采用EPON技术进行通信，如果生产控制大区内部在与其配电终端通信时需使用无线网络，应设立安全接入区，并采用电力专用横向单向安全隔离装置，实现与生产控制大区之间的隔离。

（3）横向隔离

配电自动化系统各安全区之间采用不同强度的安全设备进行隔离。在生产控制大区与管理信息大区之间设置经国家相关部门检测认证的电力专用横向单向安全隔离装置。

（4）纵向认证

配电自动化系统在生产控制大区与广域网的纵向连接处采用纵向加密认证措施，实现双向身份认证和数据加密。

（5）安全监测

配电自动化系统采用网络安全监测技术，对配电自动化系统内的相关主机、网络设备、安全设备的运行状态、安全事件等信息以及网络流量进行采集和分析，实现配电自动化系统网络安全威胁的实时监测与审计，安全监测记录应保存至少六个月。

2. *详细防护要求设计*

按照发改委14号令文件开展配电自动化系统安全防护，可以从多方面落实信息安全防护相关的最新要求。

（1）主站安全防护方面

对于新建配电主站服务器，采用经国家指定部门认证的安全加固的操作系统，并采取用户名、强口令等严格的访问控制措施。对于已建的配电主站服务器，按照发改委14号令要求增加相应的安全措施。配电自动化主站系统应采用基于专用数字证书的身份认证、基于安全标签的访问控制，特别是调度员在进行遥控操作时应采用电子钥匙（或指纹电子钥匙）实现。此外，配电自动化系统主站应当逐步推广以密码硬件为核心的可信计算技术，使计算环境和网络环境安全可信，免疫未知恶意代码破坏，应对高级别的恶意攻击。

（2）终端安全防护方面

配电终端应优先采用微型纵向加密认证装置，不具备条件的应配置安全模块，对来自主站系统的控制命令和参数设置指令采取安全鉴别和数据完整性验证措施。配电终端与主站之间的业务数据应采用基于国产对称密码算法的加密措施，实现主站和终端间的数据的保密性。此外，应使用专用运维终端进行现场运维，禁止配电终端远程运维。

（3）横向边界安全防护方面

在配电自动化生产控制大区与管理信息大区之间应部署经国家指定部门检测认证的电力专用横向单向隔离装置。当生产控制大区内配电自动化系统安全防护措施未达到标准要求时，应采用电力专用横向单向安全隔离装置实现与调度自动化等其他业务系统的安全隔离。

（4）纵向通信安全防护方面

无论采用何种通信方式，应使用基于非对称密码算法的认证技术和基于对称密码算法的加密技术进行安全防护，实现配电终端与配电主站的双向身份认证、数据加密和报文完整性保护。当采用EPON等技术时应使用独立纤芯或波长；当采用公用无线网络时，应启用公网自身提供的安全措施。

（5）安全接入区防护方面

配电自动化系统主站（生产控制大区）与其终端在纵向通信中使用无线网络进行通信时，应设立安全接入区。在安全接入区内，应部署网络安全监测技术手段，实现接入区内所有主机、网络设备、安全设备的安全事件采集，同时应对配电终端通信报文进行深度包检测，并具备配电自动化系统主站安全监测数据的报送接口，实现网络安全监测分析。

4.3.3 配电自动化信息安全典型实现方式

无论采用何种远程通信方式，配电自动化系统都应该支持基于非对称密钥技术的单向认证功能，主站下发的遥控命令应带有基于调度证书的数字签名，子站或终端应进行安全改造，安装主站公钥和验签模块，实现子站终端对主站的身份鉴别，能够鉴别主站的数字签名。

信息安全典型实现方式主要包括：

（1）针对满足软件安全改造条件的终端，采用软件鉴签方式实现安全防护

针对配电网系统子站数量大、控制命令间隔时间长等特点，必须采用基于非对称密钥技术的单向认证措施，实现远方控制命令的有效鉴别及加密传输。子站仅上传遥信、遥测数据，入侵者不可能通过上行数据注入病毒、穿越调度端前置机进入调度网络。主站采用硬件实现，子站终端采用软件实现。

（2）针对不具备软件升级改造的终端，采用外接安全通信模块实现安全防护

针对现场配电终端不具备安全改造条件的情况，采用安全通信模块作为配电自动化系统终端的通信中间件。通过外接安全通信模块的方式，除了实现对通信的安全防护之外，还需要加强对安全通信模块的安全加固。对于未实施安全改造的终端，应禁止执行远程控制和参数设置指令。

（3）针对未来新上终端，采取在终端内部集成安全加密芯片的方式实现安全防护

通过在配电终端上内置安全套件，加装支持国密算法的安全芯片和安全专控软件，实现与配电终端的集成；通过在安全套件中嵌入数字证书，实现对监测终端的高强度身份认证；利用安全套件的安全芯片，实现对关键数据的加密存储以及传输，检测终端信息的安全性、完整性和不可抵赖性。

（4）安全接入认证

在主站前置子系统前部署配电网安全接入网关，对前置子系统下发的报文进行签名。

4.4 典型实践案例

4.4.1 系统总体构成

配电自动化系统采用“主站+通信汇集型子站+配电终端”三层构架，通信方式采用以光纤通信为主、无线专网为辅的建设模式。系统架构如图4-20所示。

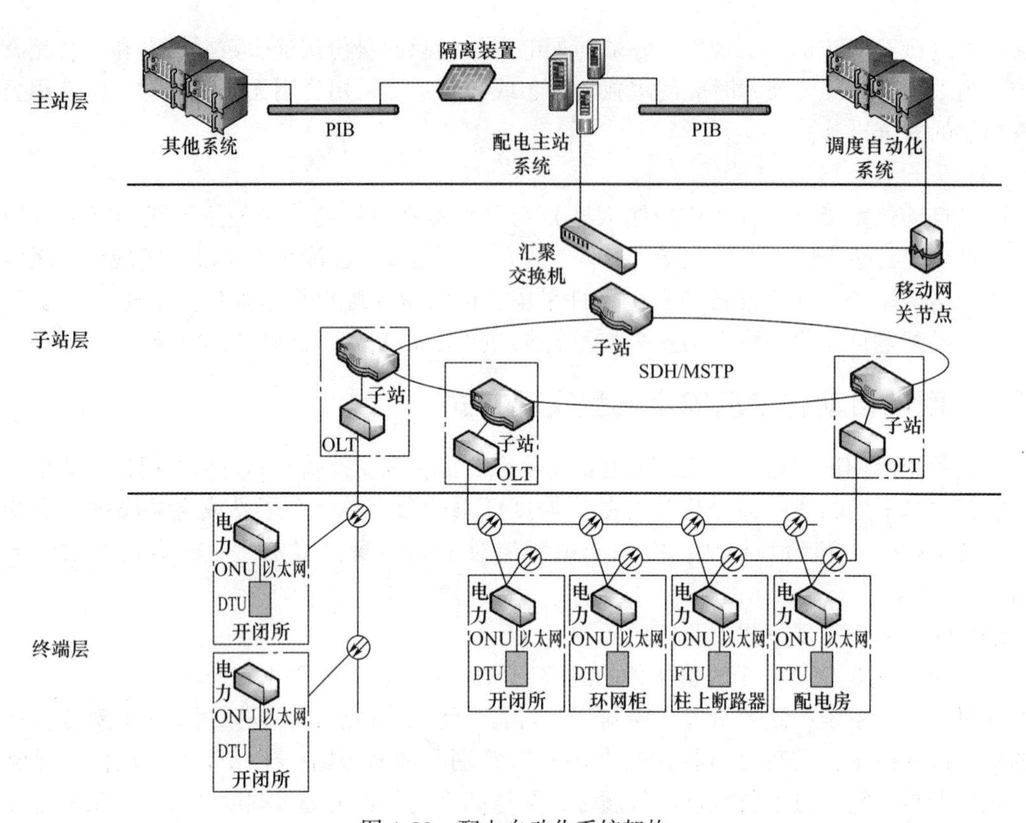

图 4-20　配电自动化系统架构

PIB—信息交互总线　DTU—站所远方终端　FTU—馈线远方终端　TTU—配电变压器远方终端
SDH/MSTP—基于 SDH 的多业务传送平台　ONU—光网络单元　OLT—光线路终端

4.4.2　关键技术

1. 实用化的馈线自动化技术

馈线自动化作为配电自动化系统的核心功能，可迅速完成故障的定位、隔离和负荷转供，是提高配电网供电可靠性的关键性技术。

馈线自动化具有如下特点：

1）采用馈线组（通过联络开关连接在一起的馈线）工作模式，对不同馈线组可设定全自动、半自动、手动不同工作方式。

2）馈线自动化功能适应“三遥”“二遥”相结合的建设模式，如果故障发生区段两侧有“二遥”开关，程序会根据线路拓扑和设备属性寻找到最近的“三遥”开关并予以提醒。

3）馈线自动化采用了主站集中式与就地分布式相结合的配合模式，对于分支线故障，就地配电自动化终端控制分支断路器自动完成故障隔离，此时主站启动馈线自动化程序，通过事故告警推送提醒调度员故障发生地点。

2. 配电自动化系统信息交互技术

配电网生产涉及地理信息系统、生产管理系统、用电信息采集系统、调度自动化系统等，如何将各系统数据进行有效整合，提高配电网生产的信息化水平，更好地指挥配电网的运维和检修工作是配电自动化系统建设的重点。

该系统依据“源端唯一、全局共享”的原则，采用松耦合方式建设了基于 IEC 61968 的信息交换总线。通过信息交换总线，从上级调度自动化系统导入高压电网信息，从地理信息系统和生产管理系统导入中压配电网信息，从用电信息采集系统导入低压电网信息，并在配电自动化系统中完成模型拼接工作，构建完整的配电网分析应用模型。目前各系统数据已经实现共享，系统的图模也摆脱了传统的由自动化人员绘制的方式，采用由地理信息系统导入的模式，极大地提高了生产效率。

3. 以光纤通信为主、无线专网为辅的通信技术

通信系统作为配电自动化系统信息的承载体，直接关系到系统运行的可靠性。该系统采用了“光纤通信为主、无线专网为辅”的通信模式。

光纤通信采用以太网无源光网络，无线专网采用多载波无线信息本地环路，通过建设基站的方式将无线信号辐射到试点区域。EPON 技术在该系统得到成功应用，其采用光线路终端、分光器、光网络单元三层结构，光线路终端与光网络单元之间仅有光纤、分光器等光无源器件，无需租用机房、无需配备电源。分光器为物理器件，在光裕度充足的情况下可随时从分光口接入新的终端设备，能灵活适应配电网频繁的建设和改造。

4. 配电自动化安全防护技术

该系统的安全防护算法预先通过主站下发公用密钥给终端设备，主站采用非对称加密算法的私有密钥对主站系统下发的控制指令进行加密后传输，终端设备收到报文后，用预装的公用密钥对报文进行解密对比和报文时间戳比较，无误后才执行控制命令。整个控制过程避免了明文传输，有效降低了配电网设备被恶意操作的风险，系统可靠性得到了整体提高。

第5章 馈线自动化

5.1 馈线自动化概述

5.1.1 馈线自动化的分类

馈线自动化（Feeder Automation，FA）作为实现配电自动化的一个重要环节，是指变电站出线到用户用电设备之间的馈电线路自动化。馈线自动化的内容可以归纳为两大方面：一是正常情况下的用户检测、数据测量和运行优化；二是事故状态下的故障检测、故障隔离、转移和恢复供电控制。

配电网络的构成有电缆和架空线路两种方式。电缆网络多采用具有远方操作功能的环网柜，对一次设备和通信系统的要求高，适合于经济发达的城区；对于大多数县级城市，配电网改造必须综合考虑资金和效果两个因素，采用以重合器、分段器和负荷开关为主的架空网络方案比较合适。其中，架空线路多分段模式是最常用的形式。线路主干线分段的数量取决于对供电可靠性要求的选择。理论上讲，分段越多，故障停电的范围越小，但同时实现自动化的方案也就越复杂。在多分段多联络模式下，要求系统对各分段的故障能够自动识别并且加以切除，最大限度缩短非故障区域的停电时间。

实现故障区段的自动隔离和非故障区段的供电恢复可以采取多种方式，取决于自动化装置的技术特点和整体方案，一般有就地控制和远方控制两种方式。就地控制以重合器和分段器之间的配合为主，不需要通信通道，通过对线路过电流或失压的检测以及对开关分合闸的逻辑控制实现故障区段的隔离和非故障区段的供电恢复；远方控制是基于FTU的馈线自动化，采用远方通信通道，具有数据采集和远方控制功能，该系统除一次设备外，还包括FTU、通信信道、电压/电流传感器、电源设备等。

5.1.2 馈线故障处理

随着通信技术的发展，馈线故障处理经历了从不分段、无联络阶段，到馈线分段、联络、无自动化阶段，最后到自动分段、馈线自动化阶段，其自动化水平和供电可靠性不断提高。

1. 不分段、无联络阶段

如图5-1所示，两条馈线均采用辐射接线，经断路器1的馈线上带有负荷1、负荷2、负荷3、负荷4，但此时馈线并没有分段，未装设分段开关，经断路器2的馈线上带有负荷5、负荷6、负荷7、负荷8，同样也未分段。负荷4和负荷8之间的馈线没有经过开关连接，处于无联络状态。

在图5-1中，当L_3区段即负荷3和负荷4之间发生故障，断路器1跳闸，由于馈线未分段，导致整条馈线L_0～L_4都处于停电状态，此时值班人员通过电话或其他方式告知配电控制中心故障情况。

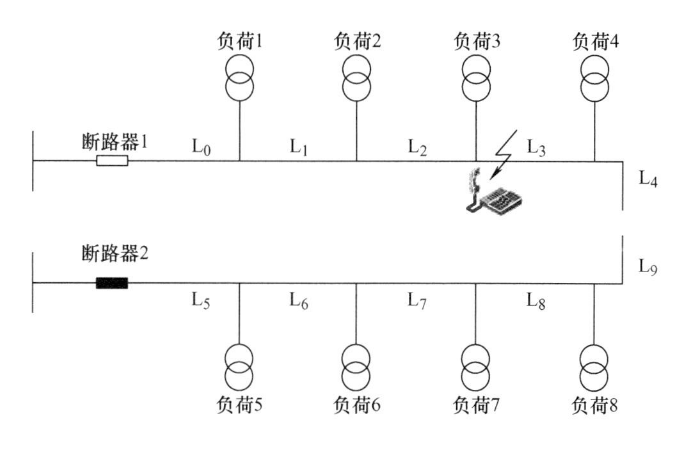

图5-1　故障上报阶段

配电控制中心得知馈线故障后，派出维修人员沿线巡检，从断路器1开始，沿馈线进行检查，经过约2h后检查到故障区段，接着经过约4～5h将故障维修完毕，即图5-2所示的巡检维修阶段。

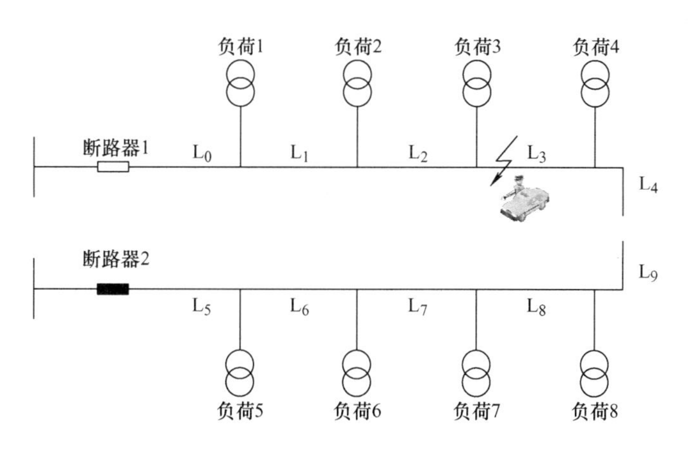

图5-2　巡检维修阶段

维修完毕后，再由维修人员将断路器手动合闸，于是L_0～L_4恢复供电，整个过程约需6～7h，如图5-3所示。

由于馈线没有分段，所以只要断路器1出线的任何一处故障，都会导致全线停电。尽管故障出现在负荷3和负荷4之间，但负荷1和负荷2也会停电，负荷1、2、3、4均要在故障修复后才能恢复供电。可见该模式在故障发生后，造成停电面积大。另外，由于无联络，负荷3和负荷4之间的故障恢复供电只能等待断路器1合闸，没有其他途径，因此造成停电时间很长。

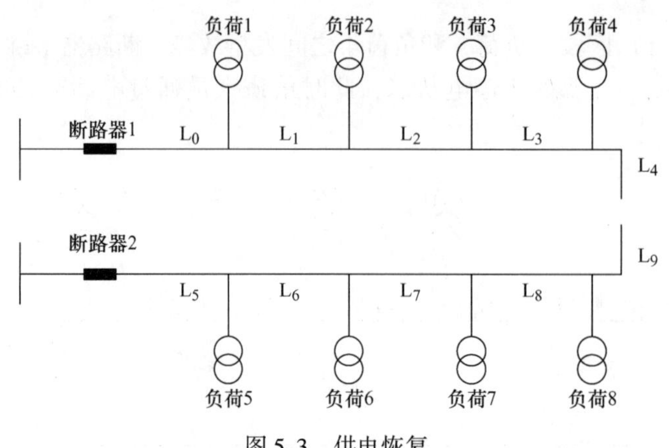

图 5-3　供电恢复

2. 馈线分段、联络、无自动化阶段

图 5-4 为此阶段的配电网结构，与第一阶段不同的是，两条馈线采用多分段单联络模式，在断路器 1 所在的馈线上装设负荷开关 A、负荷开关 B、负荷开关 C，对应地也就将馈线分成了 L_0、L_1、L_2、L_3 共四段；另外，在区段 L_3 与 L_8 之间增设联络开关 D，形成环网“手拉手”的结构，正常运行时，联络开关 D 断开。

若负荷开关 B、负荷开关 C 之间的区段 L_2 发生故障，断路器 1 自动断开，L_0 ~ L_3 区段均处于停电状态，值班人员通过电话或其他方式将故障告知配电控制中心，即图 5-4 的故障上报阶段。

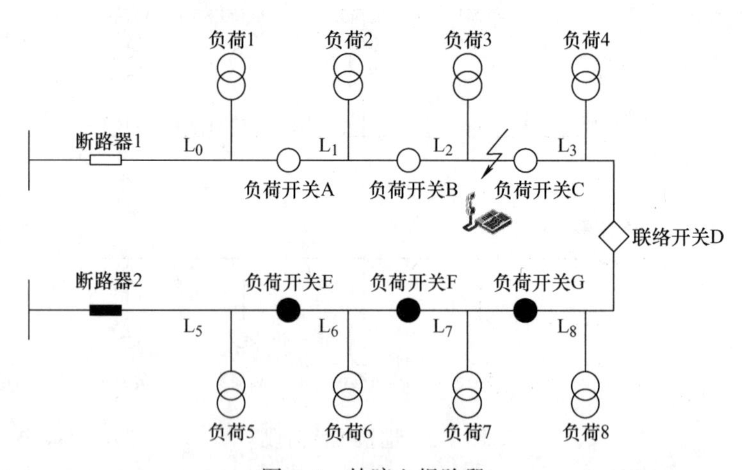

图 5-4　故障上报阶段

配电控制中心派出检修员沿线巡检，约经过 2h 查到故障后，将负荷开关 B 和 C 手动断开，将断路器 1 手动合闸，并将联络开关 D 手动合闸，由另一侧线路给负荷 4 供电，这样负荷 1、2、4 所在非故障区段恢复供电，故障区段被隔离以方便进行修复，如图 5-5 所示。

经过约 4 ~ 5h 后故障修复完毕，再将联络开关 D 断开，闭合负荷开关 B 和 C，恢复原来的供电状态，如图 5-6 所示。

与第一阶段不同的是，由于分段开关，负荷 1、负荷 2 不再需要等到故障完全修复才能恢复供电。一旦检查到故障后，就可以隔离故障，从而缩小了故障停电影响范围，但仍需要

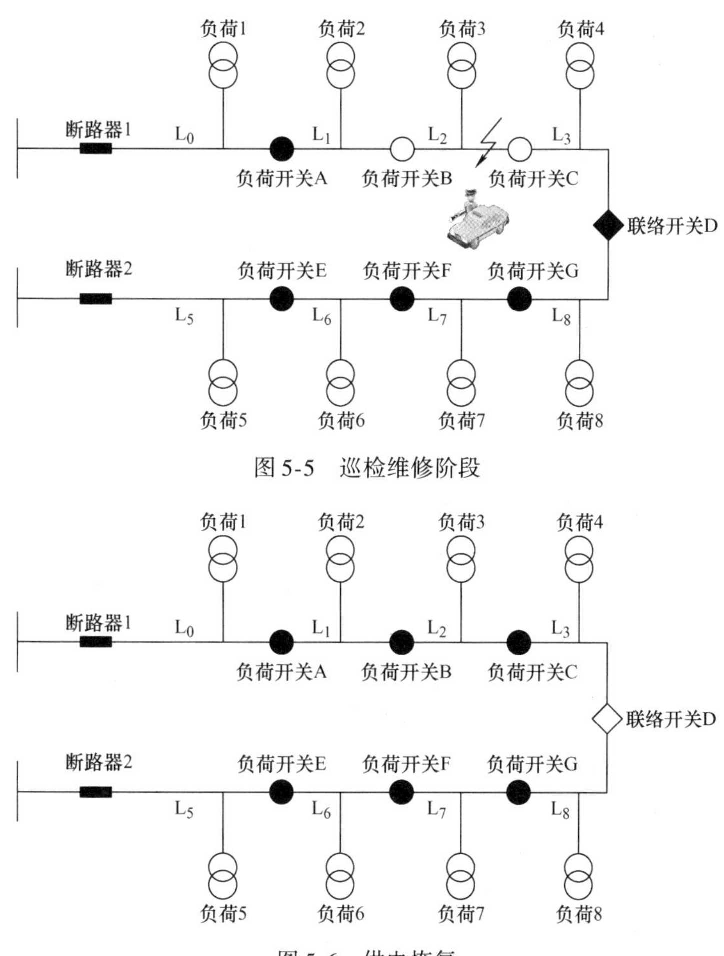

图 5-5　巡检维修阶段

图 5-6　供电恢复

进行巡检来确定故障的位置并隔离故障，负荷 1、2、4 恢复供电时间仍需要约 2h，主要为巡检时间。由于配电网结构较第一阶段有所改进，为单联络结构，所以一旦隔离故障后，可以通过闭合联络开关恢复负荷 4 的供电，缩短了其停电时间。而对于发生故障的区段内的负荷 3，只有在故障修复完毕后才能恢复供电，共需约 6h。

配电网在没有采用馈线自动化时，需要大量时间来定位故障，并且非故障区域也会受到故障区域的影响而长时间停电，其中馈线不分段情况下影响最大，但是这些问题都可以通过馈线自动化技术得到解决。当上述环形网采用馈线自动化技术后，一旦发生故障，信息经过通信信道上传到配电控制中心，由配电控制中心控制开关的分合，并根据线路采集信息确定故障的位置，省去了巡检的时间，可在极短的时间内隔离故障并恢复非故障区域的供电，大大减少停电面积和停电时间。

5.2　基于重合器和分段器的馈线自动化

采用配电网自动化开关设备的馈线自动化系统，不需要建设通信通道，利用开关设备的互相配合，实现隔离故障区域和恢复正常区域供电。

5.2.1 配电自动化的开关设备

1. 重合器

重合器（Recloser）是用于配电网自动化的一种智能化开关设备，是能够检测故障电流、在给定时间内断开故障电流并能进行给定次数重合的一种有“自具”能力的控制开关。所谓“自具”是指重合器本身具有故障电流检测和操作顺序控制与执行的能力，无需附加继电保护装置和另外的操作电源，也不需要与外界通信。

当线路发生短路故障时，重合器按顺序及时间间隔进行开断和重合操作。当遇到永久性故障时，重合器在完成预定的操作后，若重合失败，则闭锁在分闸状态，将故障区段隔开；当故障排除后，重合器需手动复位才能解除闭锁。如果是瞬时性故障，重合成功后，则终止后续的分、合闸动作，并经一定延时后恢复初始的整定状态，为下次故障的来临做好准备。重合器可按预先整定的动作顺序进行多次分、合循环操作。

2. 分段器

分段器（sectionalizer）通常与重合器或断路器配合使用，一般只在线路出现异常电流后动作，用以隔离故障线路区段，可以开断负荷电流、关合短路电流，不能开断短路电流。根据判断故障方式的不同，分段器可分为电压-时间型和过流脉冲计数型两类。

电压-时间型分段器凭借加压、失压的时间长短来控制其动作，失压后分闸，加压后合闸或闭锁。电压-时间型分段器有 X 时限和 Y 时限两项重要参数：X 时限表示分段器从电源侧加压开始到该分段器合闸的时延，也称为合闸时间；Y 时限又称为故障检测时间，是指分段器合闸后在未超过 Y 时限的时间内又失压，则该分段器分闸并被闭锁在分闸状态，等到下一次再加压时也不能自动闭合。

过流脉冲计数型分段器通常与前级的重合器或断路器配合使用，在一段时间内，记录前级开关开断故障电流的动作次数。在达到预定的记录次数后，在前级的重合器或断路器将线路从电网中短时切除的无电流间隙内，分段器分闸，达到隔离故障区段的目的；若前级开关未达到预定的动作次数，则分段器在一定的复位时间后会清零并恢复到整定的初始状态，为下一次故障作准备。当线路出现瞬时性故障电流时，分段器计数器的计数次数可以在一定时间后自动复位，将计数清除复位。

5.2.2 重合器与电压-时间型分段器配合

1. 辐射状网故障区段隔离

辐射状馈线采用重合器与电压-时间型分段器配合隔离故障的过程如图 5-7 所示。A 为重合器，整定为“一慢二快”，即第一次重合时间为 15s，第二次重合时间为 5s；B 和 D 为电压-时间型分段器，X 时限均整定为 7s；C 和 E 为电压-时间型分段器，X 时限均整定为 14s；所有分段器故障检测装置的 Y 时限均整定为 5s；分段器均设置在第一套功能（常闭状态的分段开关）。

假设 c 区段发生故障，重合器与各电压-时间型分段器配合隔离故障的过程如下：

1）辐射状网正常工作。

2）在 c 区段发生永久性故障后，重合器 A 跳闸，导致线路失电压，造成分段器 B、C、

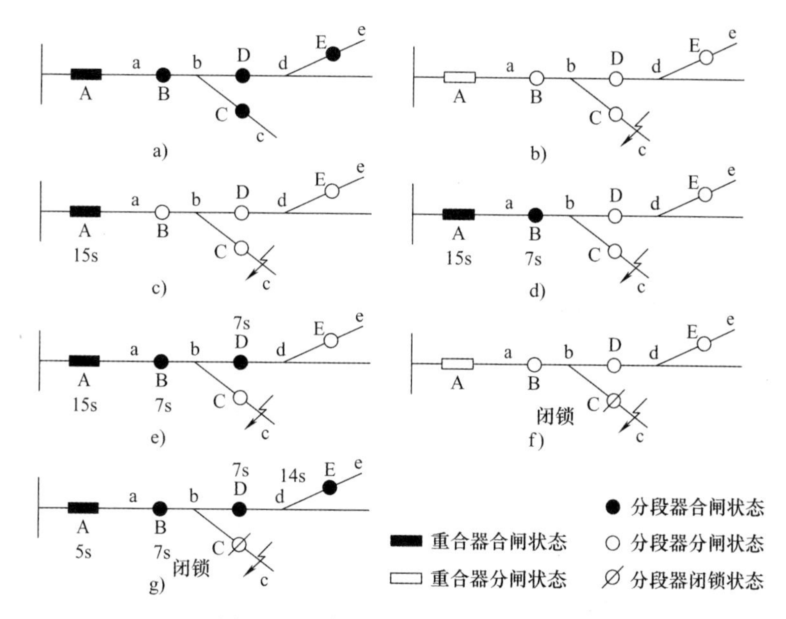

图5-7 辐射状网故障区段隔离过程

D和E均分闸。

3）事故跳闸15s后，重合器A第一次重合闸。

4）经过7s的X时限后，分段器B自动合闸，将电供至b区段。

5）又经过7s的X时限后，分段器D自动合闸，将电供至d区段。

6）分段器B合闸后，经过14s的X时限后，分段器C自动合闸。由于c区段存在永久性故障，再次导致重合器A跳闸，从而线路失电压，造成分段器B、C、D和E均分闸。由于分段器C合闸后未达到5s的Y时限就又失电压，该分段器闭锁在分闸状态，其他分段器不闭锁。

7）重合器A再次跳闸后，又经过5s进行第二次重合闸，分段器B、D和E依次自动合闸，而分段器C因闭锁保持分闸状态，从而隔离了故障区段c，恢复了健全区段供电。故障区段隔离时序如图5-8所示。

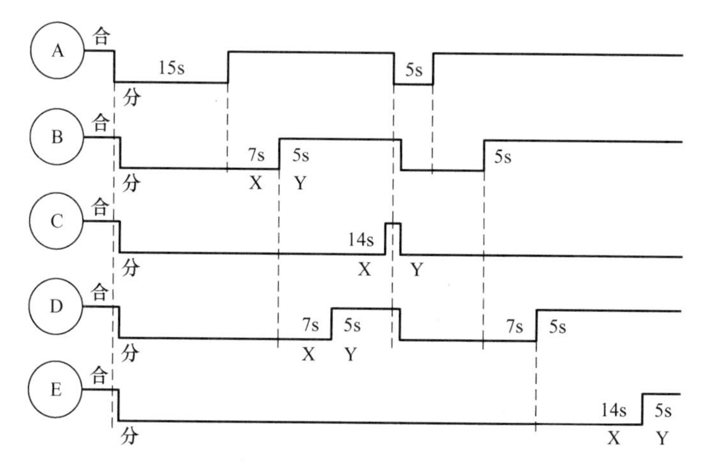

图5-8 故障区段隔离时序

2. 环状网络故障区段隔离

环状网开环运行时采用重合器与电压-时间型分段器配合隔离故障的过程如图5-9所示。A为重合器，整定为“一慢二快”，即第一次重合时间为15s；第二次重合时间为5s；B、C和D为电压-时间型分段器，X时限均整定为7s，Y时限均整定为5s；E也为电压-时间型分段器，其X_L时限整定为45s，Y时限整定为5s。

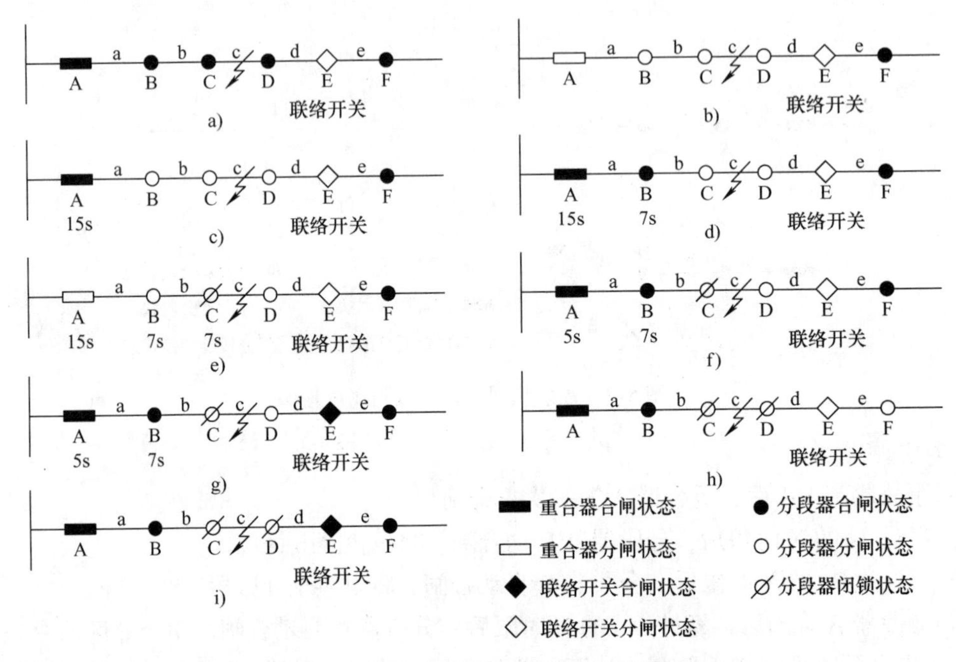

图5-9 环状网开环运行时故障区段隔离过程

假设c区段发生故障，重合器与各电压-时间型分段器配合隔离故障的过程如下：

1）开环运行的环状网正常工作。

2）在c区段发生永久性故障后，重合器A跳闸，导致联络开关E左侧线路失电压，造成分段器B、C和D均分闸，联络开关E启动X_L计时器。

3）事故跳闸15s后，重合器A第一次重合。

4）又经过7s的X时限后，分段器B自动合闸，将电供至b区段。

5）又经过7s的X时限后，分段器C自动合闸，此时由于c区段存在永久性故障，再次导致重合器A跳闸，从而线路失电压，造成分段器B和C均分闸。由于分段器C合闸后未达到5s的Y时限就又失电压，该分段器闭锁在分闸状态。

6）重合器A再次跳闸后，又经过5s进行第二次重合，7s后分段器B自动合闸，而分段器C因闭锁保持分闸状态。

7）重合器A第一次跳闸后，经过45s的X_L时限后，联络开关E自动合闸，将电供至d区段。

8）又经过7s的X时限后，分段器D自动合闸，此时由于c区段存在永久性故障，导致联络开关E右侧线路的重合器跳闸，从而右侧线路失电压，造成其上游的所有分段器均分闸。由于分段器D合闸后未达到5s的Y时限就又失电压，该分段器闭锁在分闸状态。

9）联络开关E及其右侧的分段器和重合器又依顺序合闸，而分段器D因闭锁保持分闸状态，从而隔离了故障区段，恢复了健全区段供电。

3. 重合器与电压-时间型分段器配合的整定方法

从重合器与分段器配合实现故障区段隔离的过程可以看出，为了避免误判故障区段，重合器与电压-时间型分段器的时限整定要确保同一时刻不能有两台及两台以上的分段器同时合闸，必须特别注意线路分叉处及其后面的分段器的整定。

（1）分段器的时限整定

分段器的Y时限一般可以统一整定为5s。下面讨论分段器的X时限的整定方法。

1）确定分段器合闸时间间隔，并以联络开关为界将配电网分割成若干以变电站出口重合器为根的树状（辐射状）配电子网络。

2）在各配电子网络中，以变电站出口重合器合闸为时间起点，分别对各个分段器标注其相对于变电站出口重合器合闸时刻的绝对合闸延时时间，并注意不能在任何时刻有两台及两台以上的分段器同时合闸。

3）某台分段器的X时限等于该分段器的绝对合闸延时时间减去其父节点分段器的绝对合闸延时时间。

（2）联络开关的时限整定

“手拉手”的环状配电网只有一台联络开关参与故障处理时，分别计算出与该联络开关紧邻的两侧区域故障时，从故障发生到与故障区域相连的分段器闭锁在分闸状态所需的延时时间T_L（左）和T_R（右），取其中较大的一个值记作T_{max}，则X_L时限的设置应大于T_{max}。这样整定的结果是允许故障后重合过程中可从任一侧按顺序依次合闸。

对于有多个营救策略的网格状配电网，即有m台联络开关L_1、L_2、…、L_m参与故障处理的情形，分别计算出与这些联络开关紧邻的两侧区域故障时，从故障发生到与故障区域相连的分段器闭锁在分闸状态所需的延时时间，取其中较大的一个值记作T_{max}，各联络开关的X_L时限的设置应大于T_{max}，据此先确定其中一台联络开关L_1的X_L时限为L（1），则其余各联络开关的X_L时限应同时满足

$$L(2)-L(1)>t(1,2), L(3)-L(1)>t(1,3), \cdots, L(m)-L(1)>t(1,m)$$
$$L(3)-L(2)>t(2,3), \cdots, L(m)-L(2)>t(2,m)$$
$$\cdots$$
$$L(m)-L(m-1)>t(m-1,m)$$

式中，$t(i, j)$表示从联络开关i合闸到将电送到联络开关j的延时时间。

上述整定方法具有以下优点：

1）确保开环运行方式，即不会出现两台联络开关同时合闸的现象。

2）可以事先确定营救策略的优先级，例如，L_1为第一方案，L_2为第二方案，…，L_m为第m方案。

3）第一方案失灵后可启动第二方案，第二方案失灵后可启动第三方案，以此类推。

4）在采用第二方案、第三方案或备用方案时，同样可确保开环运行方式，即不会出现两台联络开关同时合闸的现象。

实际工程中，考虑导线送电容量及供电安全等因素，一般仅允许一个电源最多带两条线路的负荷。为了确保安全可靠、不发生闭环，还可以假设变电站的某段10kV母线全部失电

压或者某座变电站全部失电压，甚至某些变电站同时全部失电压的情形对 X_L 整定值加以校验。下面以一个实际的配电网为例进行说明。

例 对于如图5-10所示的配电网，S_1、S_2 和 S_3 代表具有两次重合功能的变电站出口重合器，第一次重合时间为15s；第二次重合时间为5s；B、C、D、F、G和M代表线路上的电压-时间型分段器，均设置在第一套功能；E和H为联络开关，实心符号代表该开关处于合闸状态，空心符号代表该开关处于分闸状态。假设相邻两台分段器合闸时间间隔为7s，要求整定：

（1）点画线框内的网络中，各台分段开关的X时限及联络开关E的 X_L 时限。

（2）整个网络中，两台联络开关E、H均参与故障处理的情况下，分别整定联络开关E、H的 X_L 时限。

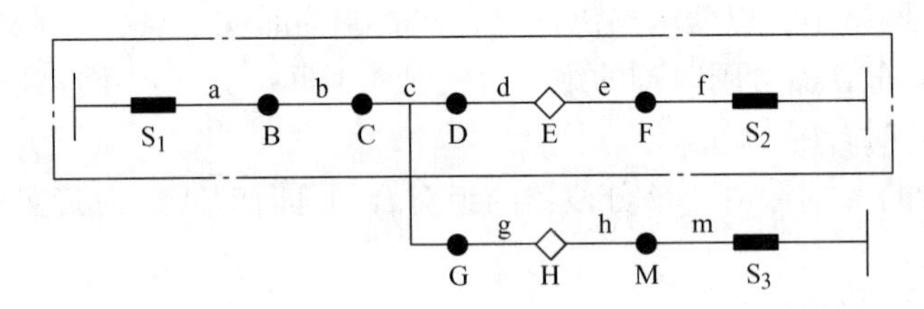

图5-10 配电网实例

解 （1）整定各台分段器的X时限及联络开关E的 X_L 时限

1）整定各台分段器的X时限。具体步骤如下：

第一步：先确定分段器合闸时间间隔为7s，并从联络开关处将配电网分割成三个辐射状配电子网络：S_1、B、C、D、G，S_2、F和 S_3、M。

第二步：对于配电子网络 S_1、B、C、D、G，其各台分段器的绝对合闸延时时间分别为 $X_a(B)=7s$，$X_a(C)=14s$，$X_a(D)=21s$，$X_a(G)=28s$；对于配电子网络 S_2、F，其分段器F的绝对合闸延时时间为 $X_a(F)=7s$；对于配电子网络 S_3、M，其分段器M的绝对合闸延时时间为 $X_a(M)=7s$。

第三步：某台分段器的X时限等于该分段器的绝对合闸延时时间减去其父节点分段器的绝对合闸延时时间，于是有

$X(B)=X_a(B)-0=7s$，$X(C)=X_a(C)-X_a(B)=14s-7s=7s$

$X(D)=X_a(D)-X_a(C)=21s-14s=7s$，$X(G)=X_a(G)-X_a(C)=28s-14s=14s$

$X(F)=X_a(F)-0=7s$，$X(M)=X_a(M)-0=7s$

2）整定联络开关E的 X_L 时限。整定方法为

$T_L=15s+7s+7s+7s=36s$，$T_R=15s+7s=22s$，则 $T_{max}=36s$，联络开关E的 X_L 时限可整定为45s。

（2）整定联络开关E、H的 X_L 时限

各台联络开关的整定过程如下：假设d区段故障，从故障发生到D分段器闭锁在分闸状态所需的延时时间为 $15s+7s+7s+7s=36s$；假设g区段故障，从故障发生到G分段器闭锁在分闸状态所需的延时时间为 $15s+7s+7s+14s=43s$；假设e区段故障，从故障发生到F分段器闭锁在分闸状态所需的延时时间为 $15s+7s=22s$；假设h区段故障，从故障发生到M分段器闭锁在分闸状态所需的延时时间为 $15s+7s=22s$。因此 $T_{max}=43s$，设

置联络开关E合闸为第一恢复方案，设置联络开关H合闸为第二恢复方案，则 $X_L(E) = L(E) = 50s > T_{max}$。从联络开关E合闸到将电送到联络开关H的延时时间 $t(E, H) = 7s + 14s = 21s$，因此，得

$$X_L(H) = L(H) = 80s > L(E) + t(E,H) = 71s。$$

5.2.3 重合器与过电流脉冲计数型分段器配合

1. 隔离永久性故障区段

辐射状馈线采用重合器与过电流脉冲计数型分段器配合隔离永久性故障区段的过程如图5-11所示。A为重合器；B和C为过电流脉冲计数型分段器，计数次数均整定为两次。

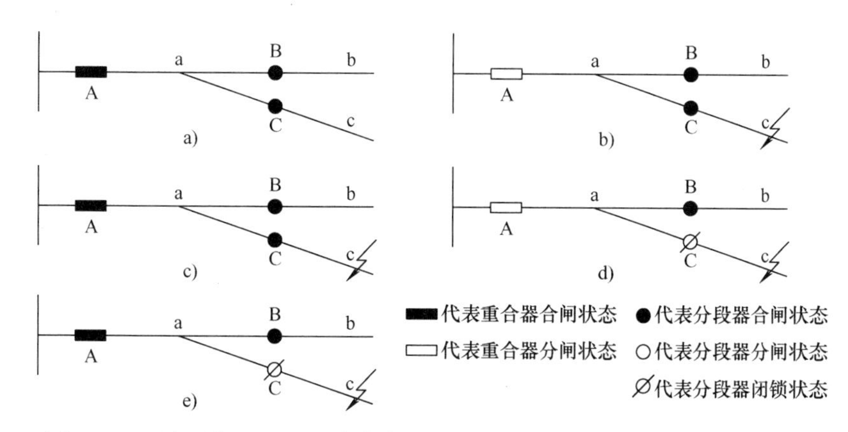

图5-11 重合器与过电流脉冲计数型分段器配合隔离永久性故障区段的过程

假设c区段发生永久性故障，重合器与过电流脉冲计数型分段器配合隔离故障的过程如下：

1）辐射状网正常工作。

2）在c区段发生永久性故障后，重合器A跳闸，分段器C计过电流一次，由于未达到整定值两次，因此不分闸而保持在合闸状态。

3）经一段延时后，重合器A第一次重合。

4）由于再次合闸到故障点处，重合器A再次跳闸，并且分段器C的过电流脉冲计数值达到整定值两次，因此分段器C在重合器A再次跳闸后的无电流时期分闸并闭锁。

5）又经过一段延时后，重合器A进行第二次重合，而分段器C保持在分闸状态，从而隔离了故障区段，恢复了健全区段的供电。

2. 隔离瞬时性故障区段

一个辐射状馈线采用重合器与过电流脉冲计数型分段器配合隔离瞬时性故障区段的过程如图5-12所示。A为重合器；B和C为过电流脉冲计数型分

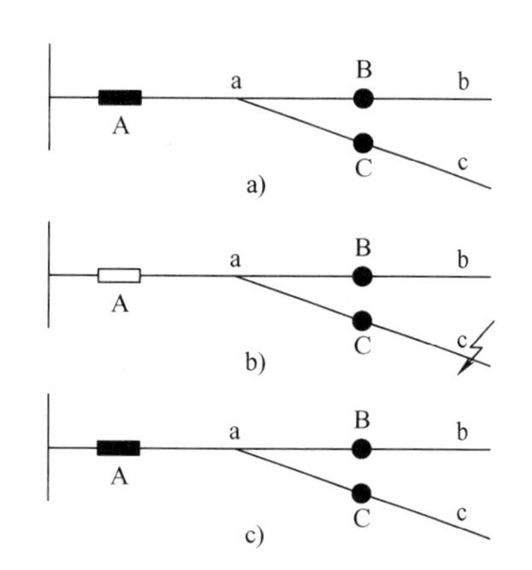

图5-12 重合器与过电流脉冲计数型分段器配合隔离暂时性故障区段的过程

段器，计数次数均整定为两次。

假设 c 区段发生瞬时性故障，重合器与过电流脉冲计数型分段器配合隔离故障的过程如下：

1）辐射状网正常工作。

2）在 c 区段发生瞬时性故障后，重合器 A 跳闸，分段器 C 计过电流一次，由于未达到整定值两次，因此不分闸而保持在合闸状态。

3）经一段延时后，瞬时性故障消失，重合器 A 重合成功恢复馈线供电，再经过一段整定时间后，分段器 C 的过电流计数值清除，又恢复到其初始状态。

5.2.4 基于重合器的馈线自动化系统的不足

1）采用重合器或断路器与电压-时间型分段器配合时，当线路故障时，分段器不立即分断，而要依靠重合器或位于变电站的出线断路器的保护跳闸，导致馈线失电压后，各分段器才能分断。采用重合器或断路器与过电流脉冲计数型分段器配合时，也要依靠重合器或位于变电站的出线断路器的保护跳闸，导致馈线失电压后，各分段器才能分断。为了隔离故障，重合器和分段器要进行多次分合操作，切断故障的时间较长，且对设备及负荷造成一定的冲击。当采用重合器与电压-时间型分段器配合隔离开环运行的环状网的故障区段时，要使联络开关另一侧的健全区段所有的开关都分闸一次，造成供电短时中断，扩大了事故的影响范围。

2）基于重合器的馈线自动化系统仅在线路发生故障时发挥作用，而不能在远方通过遥控完成正常的倒闸操作。

3）基于重合器的馈线自动化系统不能实时监视线路的负荷，无法掌握用户用电规律，也难于改进运行方式。当故障区段隔离后，在恢复健全区段供电，进行配电网络重构时，无法确定最优方案。

5.3 基于 FTU 的馈线自动化

5.3.1 概述

采用基于 FTU 的馈线自动化是目前馈线自动化的发展方向。它是通过安装配电终端监控设备，并建设可靠有效的通信网络将监控终端与配电网控制中心的 SCADA 系统相连，再配以相关的处理软件所构成的高性能系统。该系统在正常情况下，远方实时监视馈线分段开关与联络开关的状态和馈线电流、电压情况，并实现线路开关的远方合闸和分闸操作以优化配电网的运行方式，从而达到充分发挥现有设备容量和降低线损的目的；在故障时获取故障信息，并自动判别和隔离馈线故障区段以及恢复对非故障区段的供电，从而达到减小停电范围和缩短停电时间的目的。

典型的基于 FTU 馈线自动化系统的构成如图 5-13 所示。各 FTU 分别采集相应柱上开关的运行情况，如负荷、电压、功率和开关当前位置、储能完成情况等，并将上述信息经由通信网络发送至远方的配电子站，各 FTU 还可以接收配网自动化控制中心（主站）下达的命令进行相应的远方倒闸操作以优化配电网的运行方式。在故障发生时，各 FTU 记录下故障前及故障时的重要信息，如最大故障电流和故障的负荷电流、最大故障功率等，并将上述信息传至配电子站，经过计算机系统分析后确定故障区段和最佳供电恢复方案，最终以遥控方式隔离故障区段、恢复非故障区段供电。

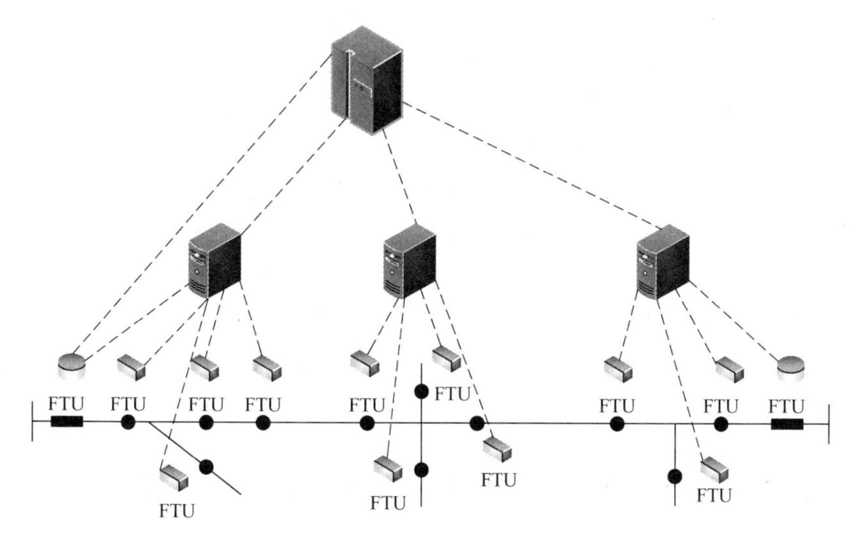

图5-13　基于FTU馈线自动化系统的构成

区域工作站是一个通道集中器和转发装置，它将众多分散的采集单元集中起来和控制中心联系，并将采集单元面向对象的通信规约转换成为标准的远动规约。

5.3.2　配电网故障判断与恢复

1. 配电网最小配电区域

如果一个配电线路区域的所有端点都是开关且没有内点（或所有内点都是T节点），则称该区域为最小配电区域，如图5-14所示。图5-15中每个点画线圈中均为最小配电区域。当线路发生故障时，最小配电区域是故障隔离的最小范围，没有内点的最小配电区域就是一条首尾都是开关的馈线段。

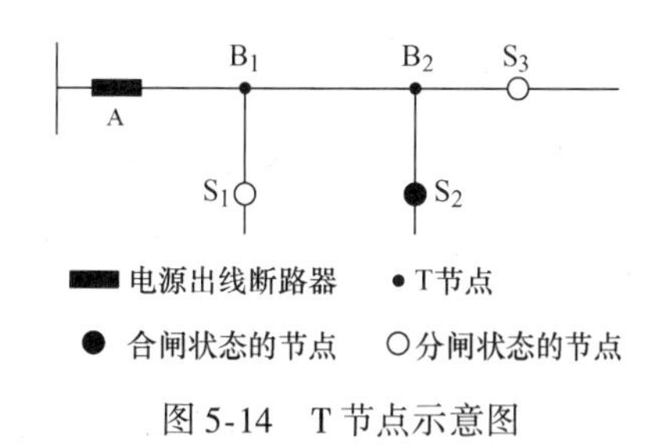

图5-14　T节点示意图

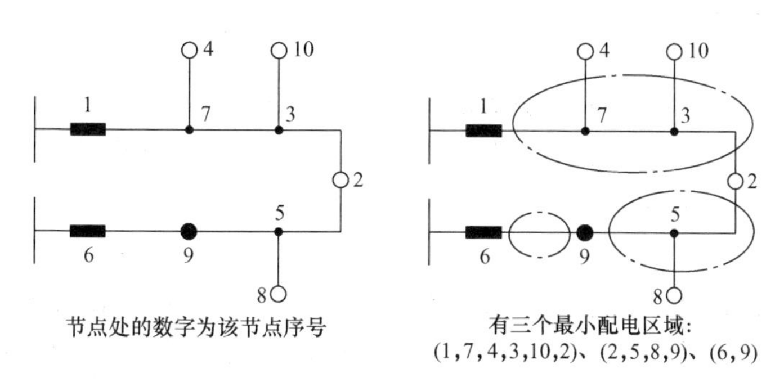

图5-15　最小配电区域示意图

2. 故障区域的判断和隔离

如果一个最小配电区域的始点经历了过电流，并且该区域的所有末点均未经历过电流，则该最小配电区域内有故障。判断出故障区域后，只需将该区域的端点断开即可。如图 5-16 所示的区域发生故障，2 和 5 为 T 节点，3、4、6 和 7 为负荷开关。故障发生后，图中始点负荷开关 4 经历了过电流，而末点负荷开关 3 和 6 未经历过电流，因此将负荷开关 4 断开即可隔离故障区域。

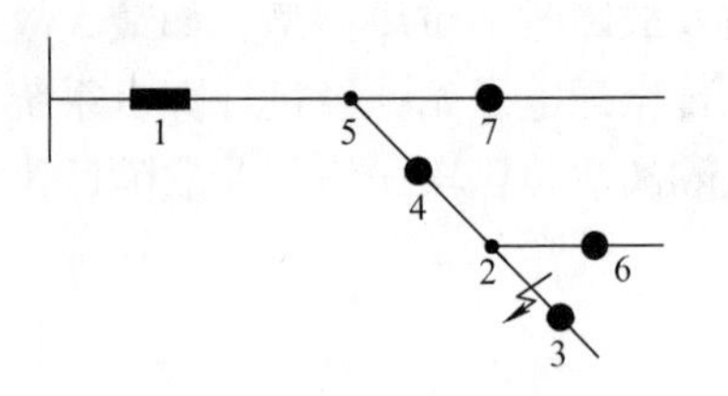

图 5-16 故障区域判断与隔离

图 5-17 为单电源供电与双电源供电情况下故障区域的判断与隔离实例。

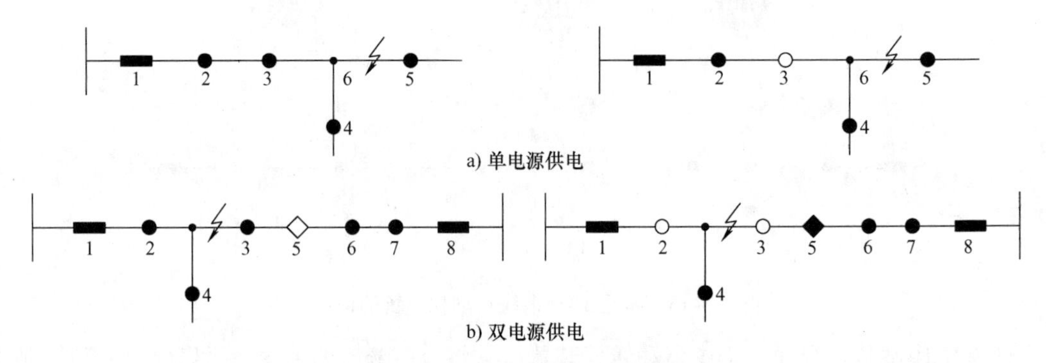

图 5-17 故障区域判断与隔离实例

3. 故障后健全区域优化恢复供电

配电网发生故障后，主站可以根据配电自动化设备上报的信息及时准确地判断故障区域，并将故障隔离在最小范围。

健全区域优化恢复供电，首先搜索出与受故障影响的健全区域相连的所有联络开关，分别闭合各台联络开关，就分别对应了一种健全区域的营救方案，然后应用计算机分别计算各个方案的可靠性，从中挑选出最佳方案。

5.3.3 两种馈线自动化的比较

馈线自动化的实现有基于重合器-分段器的就地控制方案和基于 FTU 和通信网络的远方控制方案，这两种系统目前均应用广泛，下面从结构、总体价格、主要设备、故障处理、应用场合等方面进行比较。

1. 结构

基于重合器-分段器的就地控制方案的系统结构简单，只适用于配电网络相对比较简单的系统，而且要求配电网运行方式相对固定。基于 FTU 和通信网络的远方控制方案的系统结构复杂，适于复杂配电网络。

2. 总体价格

基于重合器-分段器的就地控制方案的系统建设费用低，故障隔离和恢复供电由重合器和分段器配合完成，不需要主站控制，不需要建设通信网络，投资小，且不存在电源提取问题。基于 FTU 和通信网络的远方控制方案的系统建设费用高，需要高质量的通信信道及计算机系统，投资较大，工程涉及面广且复杂；在线路故障时，对监控终端电源要求较高，应能够将相应的信息及时传送到上级站，同时下发的命令也能迅速传送到终端。

3. 主要设备

基于重合器-分段器的就地控制方案的系统主要设备包括重合器、分段器。基于FTU和通信网络的远方控制方案的系统主要设备包括FFU、通信网络、区域工作站、配电自动化计算机系统。

4. 故障处理方式

基于重合器-分段器的就地控制仅在故障时起作用，正常运行时不能起监控作用，因而不能优化运行方式。调整运行方式后，需要到现场修改整定值。在故障定位和隔离过程中，重合器有多次跳合闸过程，不利于开关本体，对用户冲击大，可靠性低。同时，最终切断故障的时间过长，尤其是辐射型网络远方故障时更严重。重合器与电压型分段器配合时，对于永久性故障，重合器固定为两次跳合闸，故障最终隔离时间很长，尤其馈线较长时，末级开关完成合闸的时间将会长达几十秒，影响供电连续性，还会导致相关联的非故障区域短时停电。恢复健全区域供电时，基于重合器－分段器的就地控制无法采取安全和最佳措施。

基于FTU和通信网络的远方控制在故障时隔离故障区域，正常时监控配电网运行，可以优化配电网运行方式，实现安全经济运行，适应灵活的运行方式。由于引入了配电自动化主站系统，由计算机系统完成故障定位隔离，因此故障定位迅速，可以快速实现非故障区段的自动恢复供电。恢复健全区域供电时，可以采取安全和最佳措施。还可以和GIS、MIS等联网，实现全局信息化。

5. 应用场合

基于重合器-分段器的就地控制方案的系统适用于农网、负荷密度小的偏远地区，且供电途径少于两条的网络。基于FTU和通信网络的远方控制方案的系统适用于城网、负荷密度大的区域、重要工业园区、供电途径多的网格状配电网、其他对供电可靠性要求高的区域。

5.3.4 馈线自动化的电源问题

馈线自动化的各个环节在停电时，应拥有可靠的备用工作电源。

对于馈线自动化控制中心，可以为控制系统安装大容量的不间断供电电源（Uninterruptible Power Supply，UPS），以保证其在停电后仍能够长时间安全运行。

对于区域工作站，也应采用较大容量的UPS，保证其安全运行。

对于开闭所和小区变电站的RTU，可以采用双电源供电，并通过自动切换装置保证当缺少任一路供电时，其电源不间断。

对于FTU，电源获取采取以下方法：

1）操作电源和工作电源均取自馈线。这种方法不需要蓄电池，FTU的工作电源和柱上开关的操作电源均取自馈线。

2）操作电源和工作电源均取自蓄电池。FTU机箱安放一个较大容量的蓄电池，工作电源和开关的操作电源均从蓄电池获得，即使馈线停电，FTU和柱上开关都能工作。

3）操作电源取自馈线，工作电源取自蓄电池。FTU的工作电源取自蓄电池，柱上开关的操作电源和蓄电池的充电电源通过变压器从馈线上获得。

5.4 配电网故障处理关键技术

5.4.1 配电自动化存在的问题

馈线自动化在实际应用中还面临一些问题，主要包括：

1）馈线上的开关类型较多，既有全部采用负荷开关的情形，也有全部采用断路器的情形，还有采用负荷开关与断路器混合的情形，在故障发生后会发生越级跳闸和多级跳闸等现象。即使故障定位准确，也还需要研究妥善的故障处理步骤以达到尽量减小停电范围的目的。

2）架空线路和架空与电缆混合线路都存在发生瞬时性故障的可能，因此，需要研究考虑瞬时性故障快速恢复供电的故障处理步骤，以达到尽量缩短停电时间的目的。

3）为了提高配电设备的利用率，往往采用多分段多联络及“多供一备”网架结构，但是仅仅采用上述网架结构是不够的，还需要在故障处理中采取相应的模式化故障处理步骤才能达到提高配电设备利用率的目的。

5.4.2 全负荷开关馈线故障处理

全负荷开关馈线是指馈线上的分段开关和联络开关全部采用负荷开关、变电站10kV出线开关采用断路器的线路。全负荷开关馈线故障处理的最大缺点是无论何处发生故障都需要依赖变电站出线断路器切断故障电流。

1. 故障处理步骤

（1）全负荷开关全架空馈线

全负荷开关全架空馈线如图5-18所示，其故障处理步骤如下：

1）假设馈线的d区域发生故障，变电站出线断路器A跳闸切断故障电流。

2）经过0.5s延时后，变电站出线断路器A重合，若重合成功，则判定为瞬时性故障；若重合失败，则判定为永久性故障。

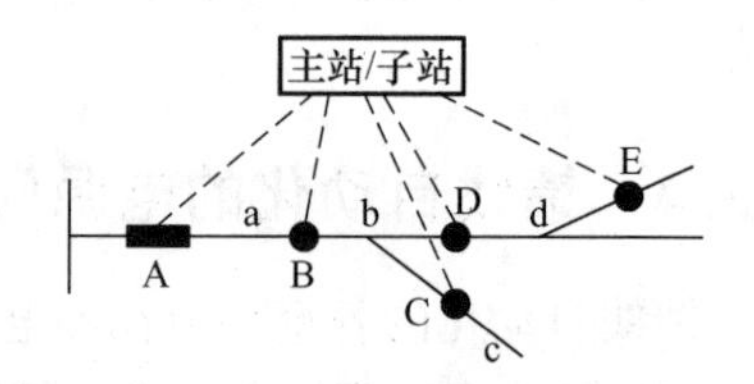

图5-18 全负荷开关全架空馈线

3）主站根据收集到的配电终端上报的各开关的故障信息，判断出故障区域为区域d。

4）若是瞬时性故障，则将相关信息存入瞬时性故障处理记录；若是永久性故障，则遥控故障区域d周边开关D、E分闸以隔离故障区域，并遥控变电站出线断路器A合闸（如果是分段联络的接线模式，还需要遥控相应联络开关合闸），恢复健全区域供电，将相关信息存入永久性故障处理记录。

（2）全负荷开关全电缆馈线

全负荷开关全电缆馈线如图5-19所示，其故障处理步骤如下：

1）假设馈线的c区域发生故障，馈线发生故障后即认定是永久性故障，变电站出线断路器A跳闸切断故障电流。

2）主站根据收集到的配电终端上报的各开关的故障信息，判断出故障区域为区域c。

3）主站遥控环网柜2中的开关E和环网柜3中的开关F分闸以隔离故障区域，并遥控相应变电站出线断路器A和环网柜6的联络开关N合闸，恢复健全区域供电，将相关信息存入永久性故障处理记录。

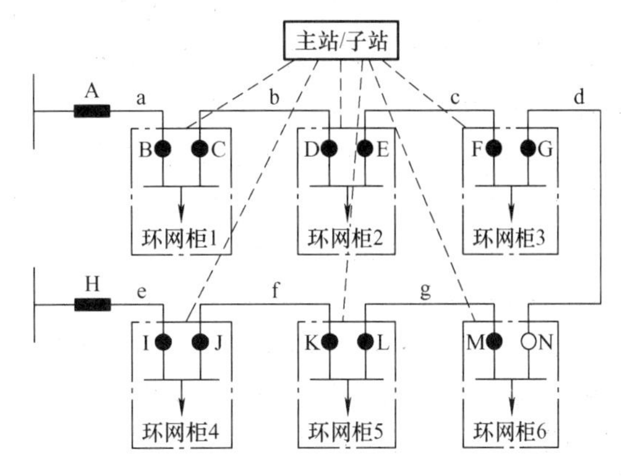

图5-19　全负荷开关全电缆馈线

（3）全负荷开关混合馈线

全负荷开关混合馈线的故障处理步骤如下：

1）馈线发生故障后，变电站出线断路器跳闸切断故障电流。

2）主站根据收集到的配电终端上报的各开关的故障信息，判断出故障区域。

3）若判断出故障发生在架空线区域，则遥控变电站出线断路器重合；若重合成功，则判定为瞬时性故障；若重合失败，则判定为永久性故障。若判断出故障发生在电缆区域，则直接认定为永久性故障。

4）若是瞬时性故障，则将相关信息存入瞬时性故障处理记录；若是永久性故障，则遥控故障区域周边开关分闸以隔离故障区域，并遥控相应变电站出线断路器和联络开关合闸，恢复健全区域供电，将相关信息存入永久性故障处理记录。

2. 优缺点

（1）优点

故障处理过程简单，操作的开关数少，瞬时性故障时恢复供电时间短，馈线开关设备造价较低。

（2）缺点

任何位置故障都会引起全线短暂停电，造成用户停电频率高，且对变电站出线断路器及其保护装置的可靠性要求高，一旦保护拒动或开关拒分，就需要依靠主变压器低压侧开关或母线联络开关过电流保护动作跳闸，延时时间长，对系统冲击大，有可能引发更严重的故障。

5.4.3　全断路器馈线故障处理

全断路器馈线是指馈线上的分段开关和联络开关全部采用具有短路跳闸功能的断路器、变电站10kV出线开关也采用断路器的线路。全断路器馈线故障处理的最大缺点是故障发生后无法避免多级跳闸或越级跳闸的问题。

1. 故障处理步骤

（1）全断路器全架空馈线

全断路器全架空馈线如图5-20所示，其故障处理步骤如下：

1）假设馈线的区域d发生故障，故障点上游一台或多台断路器跳闸，甚至有可能离故障点最近的断路器 D 未跳闸而其上游断路器跳闸。

2）主站根据收集到的配电终端上报的各开关的故障信息，判断出故障区域为区域 d。

3）遥控故障区域 d 上游的已跳闸的各开关（包括变电站出线断路器）合闸，若全部成功，则判定为瞬时性故障，否则判定为永久性故障。

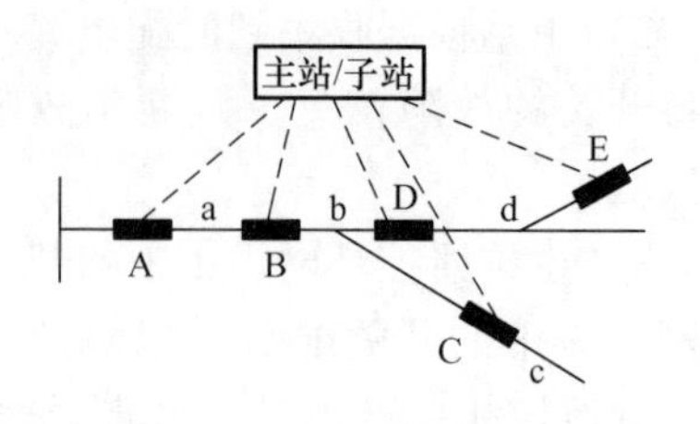

图 5-20　全断路器全架空馈线

4）若是瞬时性故障，则将相关信息存入瞬时性故障处理记录；若是永久性故障，则遥控故障区域周边开关 D、E 分闸以隔离故障区域，遥控所隔离的故障区域上游的已跳闸的各开关（包括变电站出线断路器）合闸（如果是分段联络的接线模式，还需要遥控相应联络开关合闸），从而恢复健全区域供电，将相关信息存入永久性故障处理记录。

（2）全断路器全电缆馈线

全断路器全电缆馈线如图 5-21 所示，其故障处理步骤如下：

1）假设馈线的 c 区域发生故障，馈线发生故障后即认定是永久性故障，故障点上游一台或多台断路器跳闸，甚至有可能离故障点最近的断路器 E 未跳闸而其上游断路器跳闸。

2）主站根据收集到的配电终端上报的各开关的故障信息，判断出故障区域为区域 c。

3）遥控故障区域周边开关 E 和 F 中未分闸的开关分闸，以隔离故障区域，遥控故障区域上游已分闸开关和故障区域下游相应的联络开关 N 合闸，恢复健全区域供电，将相关信息存入永久性故障处理记录。

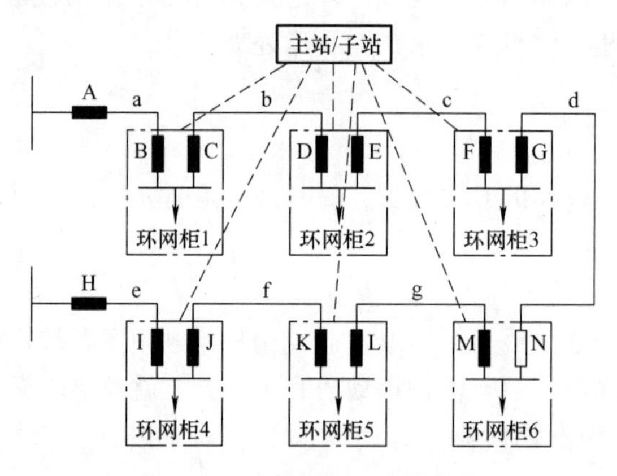

图 5-21　全断路器全电缆馈线

（3）全断路器混合馈线

全断路器混合馈线的故障处理步骤如下：

1）馈线发生故障后，故障点上游一台或多台断路器跳闸，甚至有可能离故障点最近的断路器未跳闸而其上游断路器跳闸。

2）主站根据收集到的安装在各开关的 FTU 上报的故障信息判断出故障区域。

3）若判断出故障发生在架空线区域，遥控故障位置上游的已跳闸的各开关合闸，若全部成功，则判定为瞬时性故障，否则判定为永久性故障；若判断出故障发生在电缆区域，则直接认定为永久性故障。

4）若是瞬时性故障，则将相关信息存入瞬时性故障处理记录；若是永久性故障，则遥控故障区域周边未分闸的开关分闸以隔离故障区域，遥控故障区域上游已分闸开关和故障区域下游相应联络开关合闸，恢复健全区域供电，并将相关信息存入永久性故障处理记录。

2. 优缺点

（1）优点

一部分故障不会引起全线短暂停电，用户停电频率较低，故障位置上游的各台断路器都有故障跳闸能力形成多重保护，因此，对变电站出线断路器及其保护装置的可靠性没有过高要求。

（2）缺点

故障处理过程复杂，操作的开关数多，瞬时性故障时恢复供电时间长，馈线开关设备造价较高。

5.4.4 负荷开关与断路器组合馈线故障处理

全负荷开关馈线和全断路器馈线在故障处理过程中各有利弊，采用负荷开关与断路器恰当组合的组合馈线可以扬长避短。负荷开关与断路器组合馈线如图5-22所示。

1. 负荷开关与断路器恰当组合的原则

1）主干馈线开关全部采用负荷开关。

2）用户开关和分支开关采用断路器。

3）变电站出线开关采用断路器。

4）将所有用户断路器开关和分支断路器开关的电流整定值都整定为小于变电站出线断路器速断和过电流保护的电流整定值，跳闸延时时间为0s；将变电站出线断路器速断保护略加一些延时（如200～250ms）。

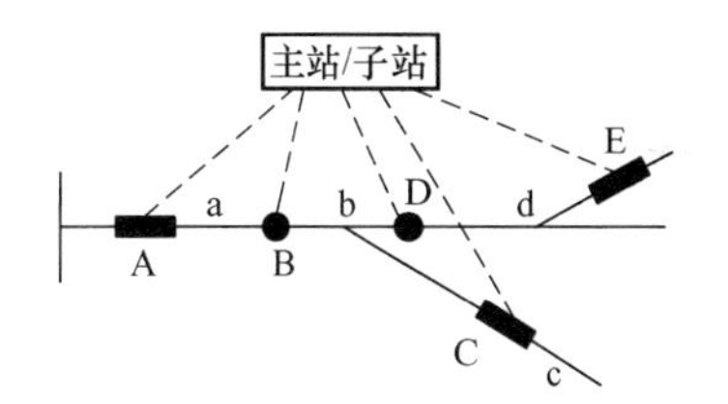

图5-22 负荷开关与断路器组合馈线

尽管考虑到城区馈线供电半径短、导线截面积大，各处短路电流水平差别不大，且由于运行方式多变导致级差多、上下游关系多变，使得延时时间级差配合困难，但是负荷开关与断路器组合馈线实现分支线路（或用户）与变电站出线开关两级可靠配合还是相对容易的。

采用上述配置具有下列优点：

1）分支线路（或用户）故障发生后，相应分支（或用户）断路器首先跳闸，而变电站出线断路器不跳闸，因此不会造成全线停电，有效解决了全负荷开关馈线故障后导致停电用户数多的问题。

2）不会发生开关多级跳闸或越级跳闸的现象，因此故障处理过程简单，操作的开关数少，瞬时性故障恢复时间短，有效克服了全断路器馈线的不足。

3）相比全断路器方式，主干线采用负荷开关降低了造价，相比全负荷开关方式，分支（或用户）开关采用断路器降低了对变电站出线断路器及其保护装置可靠性的要求。

2. 故障处理步骤

（1）主干线路上发生故障

在主干线路上发生故障后，负荷开关与断路器组合馈线的故障处理过程与全负荷开关馈线故障处理过程相同，不再赘述。

（2）分支线路（或用户）处发生故障

负荷开关与断路器组合馈线的故障处理步骤如下：

1）相应分支（或用户）断路器跳闸，切断故障电流。

2）若跳闸分支（或用户）断路器所带支线为架空线路，则快速重合器重合，经过0.5s延时后，相应断路器重合。若重合成功，则判定为瞬时性故障；若重合失败，则判定为永久性故障。若跳闸分支（或用户）断路器所带支线为电缆线路，则直接认定为永久性故障而不再重合。

3）对于单环网中环网柜母线故障的情形，则将该环网柜隔离，以便于安全检修，并不影响可恢复的健全区域供电。

以图5-23a电缆单环网为例，S_1、S_2为断路器，开关B_1～B_{24}为断路器，开关A_1～A_{16}为负荷开关。

1）假设A_4与A_5之间馈线段发生故障，如图5-23b所示，S_1跳闸切断故障电流。主站根据配电终端上报的S_1、A_1～A_4流经故障电流而其余开关未流经故障电流的信息，判断出故障发生在A_4与A_5之间馈线段，因此，遥控A_4和A_5分闸以隔离故障区域，如图5-23c所示，然后遥控S_1和A_9合闸，恢复健全区域供电，如图5-23d所示。

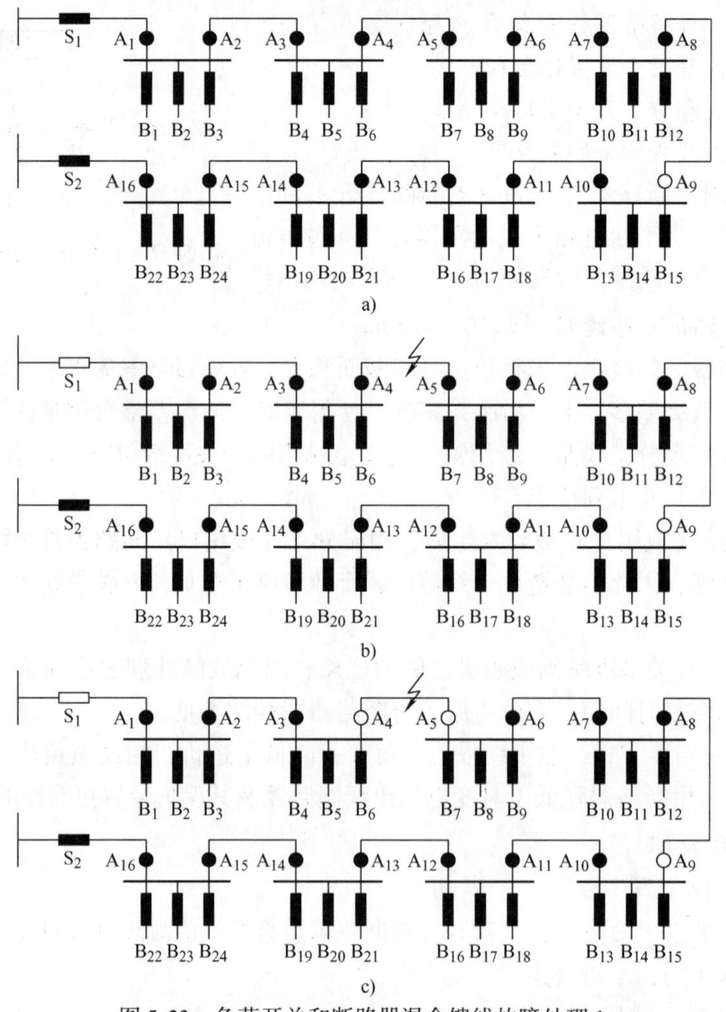

图5-23　负荷开关和断路器混合馈线故障处理1

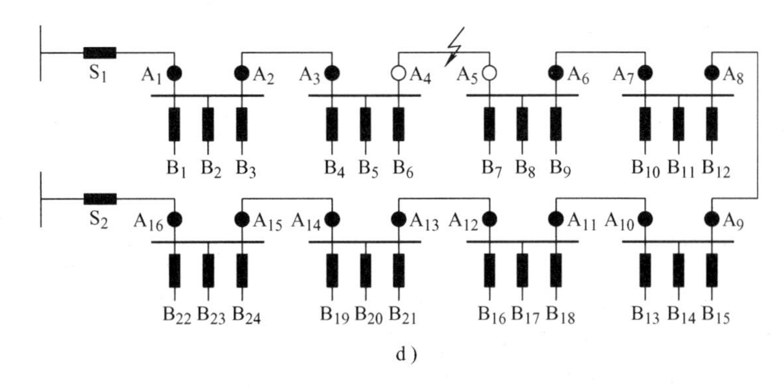

图5-23　负荷开关和断路器混合馈线故障处理1（续）

2）假设 B_{20}所带用户线路上发生永久性故障，B_{20}跳闸切断故障电流，从而完成故障隔离，如图5-24所示。

3）假设 A_3与 A_4所连母线故障，S_1跳闸，切断故障电流，主站根据配电终端上报的 S_1、A_1 ~ A_3流经故障电流而其余开关未流经故障电流的信息，判断出故障发生在 A_3与 A_4所连母线上，因此，遥控 A_2和 A_5分闸（不是 A_3和 A_4分闸）以隔离故障区域，然后遥控 S_1和 A_9合闸以恢复健全区域供电，从而将相应环网柜完全隔离为不带电状态，且并不影响可恢复的健全区域供电，如图5-25所示。

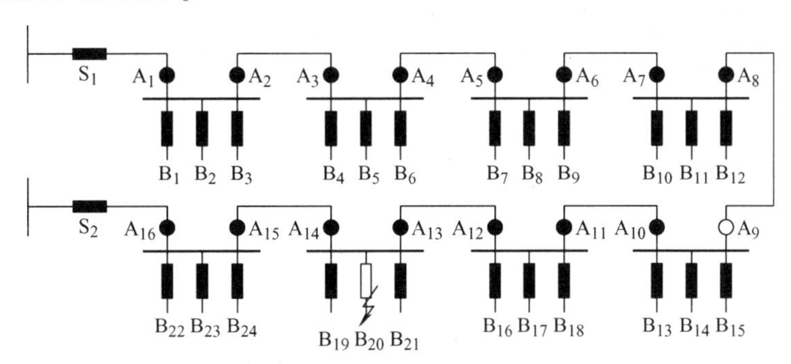

图5-24　负荷开关和断路器混合馈线故障处理2

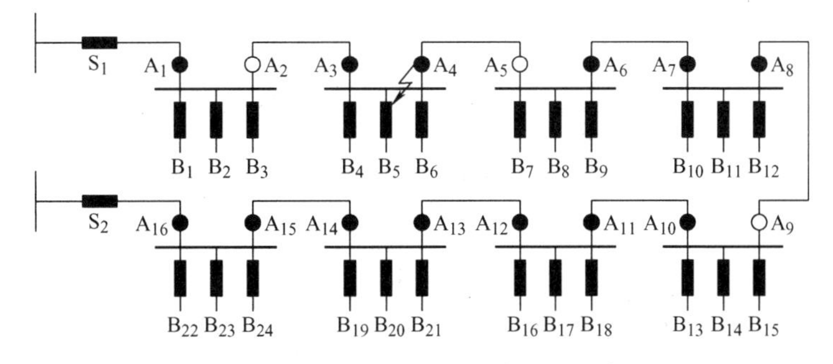

图5-25　负荷开关和断路器混合馈线故障处理3

5.4.5　模式化故障处理

为了满足“$N-1$”准则，多分段单联络架空线路和单环或双环状电缆线路一般只能具有50%的负载率。为了提高配电设备的利用率，可以采用多分段多联络接线模式或“多供一备”（对于电缆线路）接线模式。

1. 多分段多联络架空配电网

图 5-26a 为一个典型的三分段三联络架空配电网，其网架特征为每条线路分为三段，各段分别与其他互不相同的三条线路联络。与多分段单联络接线模式相比，三分段三联络接线模式提高了线路负载率，负载率可达 75%。但是，仅仅从网架结构上具备上述特征并不能充分发挥其高设备利用率的优点，还必须在发生故障时采取如下模式化故障处理步骤：

1）通过重合闸区分永久性故障和瞬时性故障，若为后者，则结束，否则进行下一步。

2）尽可能仍由原供电电源恢复健全区域供电。

3）若存在原供电电源无法恢复供电的健全区域，则由与其相连的其他备用线路恢复，并使每条备用线路仅恢复其中的一段区域供电。即使某条备用线路能承担原供电电源无法恢复的健全区域的全部负荷，也仍需遵循上述原则。

对于图 5-26a 三分段三联络架空配电网，当 B 至 C 区域发生永久性故障后，经过模式化故障处理得到的结果如图 5-26b 所示，此时尽管可以通过闭合联络线 2 和联络线 3 来恢复 S_1 至 A 和 A 至 B 区域供电，但仍应由原供电电源经 S_1 恢复 S_1 至 A 和 A 至 B 区域供电；当 S_1 至 A 区域发生永久性故障后，经过模式化故障处理得到的结果如图 5-26c 所示。即使此时负荷较轻，联络线 2 和联络线 3 可以分别独立承担原供电电源无法恢复的健全区域 A 至 B 和 B 至 C 的全部负荷，也仍令联络线 2 和联络线 3 分别只承担其中的一段区域负荷；当其主供电源（S_1左侧）故障后，经模式化故障处理得到的结果如图 5-26d 所示。

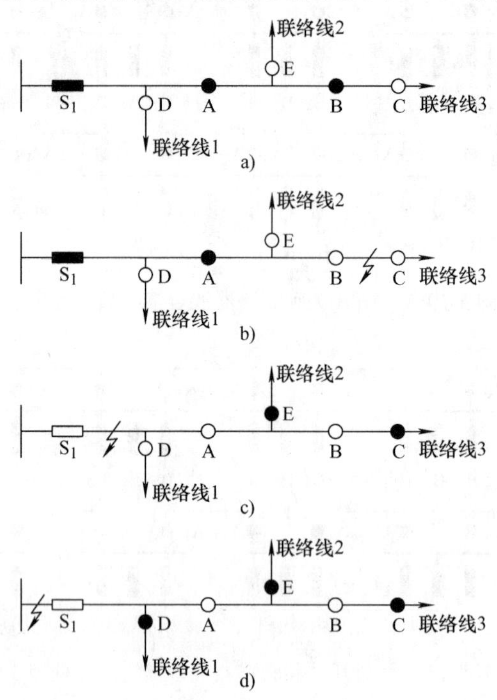

图 5-26　三分段三联络架空配电网模式化故障处理

采取上述网架结构和模式化故障处理后，为了满足“$N-1$”准则要求，三分段三联络架空配电网中的每一条馈线只需要留有对侧线路负荷的 1/3，因此每一条线路的负载率可以达到 75%，从而较多分段多联络接线提高了配电设备的利用率。

2. “多供一备”电缆配电网的模式化故障处理

图5-27a为典型的“三供一备”电缆配电网，其网架特征为三条线路正常工作，与其均相连的另外一条线路平常处于停运状态作为总备用。

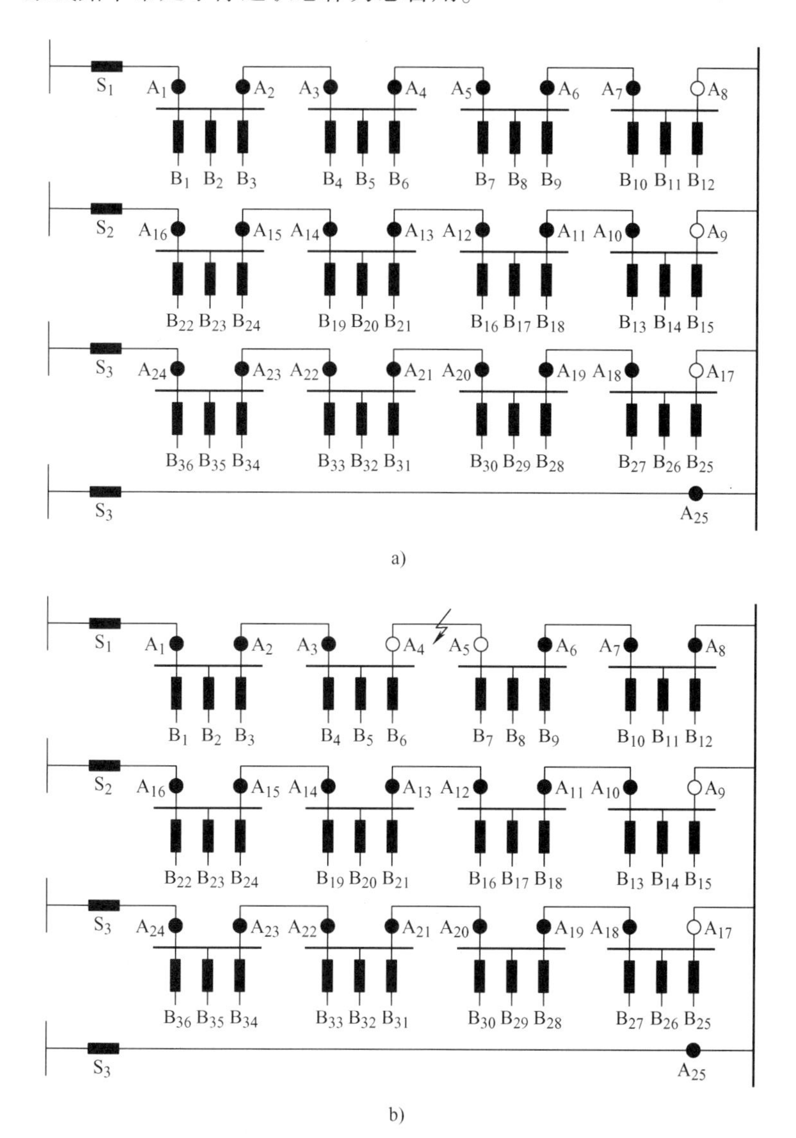

图5-27 “三供一备”电缆配电网模式化故障处理

但是，仅仅从网架结构上具备上述特征并不能充分发挥其高设备利用率的优点，还必须在主干线发生故障时采取模式化故障处理。以全负荷开关或负荷开关和断路器组合模式为例说明“多供一备”接线的模式化故障处理步骤如下：

1）主干线发生故障后，故障所在线路的变电站出线断路器跳闸切除故障。

2）主站根据收集到的安装在各台环网柜的数据终端单元（DTU）上报的故障信息判断出故障区域。

3）遥控相应环网柜中的故障区域周边开关分闸隔离故障区域。

4）遥控故障所在线路的变电站出线断路器合闸，恢复故障区域上游可恢复区域供电。

5）遥控备用线路的联络开关合闸，恢复故障区域下游可恢复区域供电。即使此时负荷较轻，任何一条运行中的无故障线路亦可恢复受故障影响的健全区域供电，仍采取备用线路进行恢复。

对于图5-27a“三供一备”电缆配电网，当A_4至A_5区域发生故障后，经过模式化故障处理得到的结果如图5-27b所示，即使此时负荷较轻，S_2或S_3亦可恢复受故障影响的健全区域供电，但仍需采取备用线路经S_4恢复。

采取上述网架结构和模式化故障处理后，“三供一备”电缆配电网中正常供电的每一条电缆即使达到其载流极限也能满足“$N-1$”准则要求，因此，四条电缆线路的平均负载率为75%，从而较单环网或双环网的情形提高了配电设备的利用率。

第 6 章 电能计量与负荷控制

6.1 电能计量

6.1.1 电能计量概述

计量（或测量）作为现代工业三大基础之一，特别在电力行业，它是电力行业控制、电量平衡、内部结算、考核、经济运行等必不可少的基础，是电力公司直接与用户进行交易和互动的平台。计量以及计量智能化是智能电网的一个重要组成部分和重要基础，智能电网的快速发展也对传统的电能计量提出了新的挑战。智能电网建设要求电能计量信息化、数字化，要求计量系统呈现分布式、网络化和双向互动的发展趋势。

电能计量系统是以计量业务一体化设计、双向高速通信网络为基础，以先进计量通信技术、信息共享、智能决策响应、互动及网关为主要手段，具有计量系统性能优化、用户侧能源高效利用运营能力的系统。其主要由智能电能表、互感器、高速通信网络、信息分析处理中心以及与之配套的管理系统组成，运用现代数字通信技术、计算机软硬件技术、电能计量等新技术，形成一个以数字信号传输、高度信息化、操控智能化的开放式、双向互动计量系统，具有数据采集、远程抄表、用电异常信息报警、电能质量监测、线损分析和负荷监控管理等功能，供、用电双方都能通过这套系统随时了解用电情况，制订、安排合理的用电方案，控制故障停电率，降低线路损耗，达到技术节能、增加经济效益的目的。

1. 电能计量装置

电能计量装置是智能电网中的重要组成部分，为实现智能电网的信息化、互动化、自动化、坚强化和智能化，提供强有力的测量和控制方面的数据支撑。智能电能表、与智能电能表配合使用的互感器以及互感器到电能表之间的二次回路连接线，称为电能计量装置。

智能电能表是以现代计算机技术、通信技术、量测技术为基础，对电能信息进行数据采集、处理和管理的先进计量装置，具体功能及组成将在下一节中介绍。

互感器又称为仪用变压器，是电流互感器和电压互感器的统称。互感器的主要作用有：能将高电压变成低电压（100V）、大电流变成小电流（5A 或 1A），用于量测或保护系统；使测量二次回路与一次回路的高电压和大电流实现电气隔离，以保证测量工作人员和仪表设备的安全；采用互感器后可使仪表制造标准化、小型化；获取零序电流、电压分量供反映接地故障的继电保护装置使用。

2. 电能计量系统的主要功能特点

（1）远程抄表与远程预付费功能

远程抄表是指按周期对用户或发电企业进行远程抄表收费/结算；远程预付费采集周期为0.5h，用户交纳欠费后，保证0.5h内将“合闸”指令送达电能表，操作负荷开关后用电。且随着计量功能的日趋优化，在高压侧按综合误差进行校准优化使综合误差降至±0.2%；采用电子式电压/电流互感器线性计量，极大地改变了传统互感器过电流/过电压的非线性状态，提高了电能计量、电能质量测量的准确性；高压/低压电子式互感器与智能电能表一体化设计，减少了综合误差，防止窃电行为。

（2）遥信、遥测实时报警功能

系统具备遥信报警配置功能，能够对配电回路断路器的分合闸动作进行实时监测并报警。系统还具备遥测报警配置功能，报警类型包括电压越限、电流越限、频率越限、功率因数越限、断路器分合闸等。系统报警时能够进行信息语音提示，自动弹出报警画面，且能够对遥信、遥测报警数据进行存储，方便用户对系统报警事件进行追溯查询。

（3）采集应用优化功能

丢失数据可以自补算功能：智能电能表因干扰引起电量数据丢失或三相计量装置发生故障，由智能电能表本身或系统主站进行丢失电量数据自补算；智能故障诊断：系统主站对在线计量装置进行远程智能故障诊断、报警；用户用电负荷管理与控制：采用智能终端实现实时决策或延时正确的控制功能；电网电能质量监测与报警（根据需要增加智能控制功能）；三相有功/无功功率平衡度监测与报警（根据需要增加智能控制功能）；线损计算与报警；配电网智能故障诊断与定位等。

（4）支持双向互动的智能用电需求

随着电价新政或激励机制的推行，逐步开展用户需求响应，包括：用电需求侧管理与分布式电源并网与控制；扩大用户用能管理与互动服务，用户内部大型电力设备、空调系统可以实时参与电网调峰、无功功率平衡；适应用户对数据、语言、视频等上网业务的需求；电能计量系统大数据应用深化、开展新的数据挖掘。

6.1.2 智能电能表

1. 电能表的分类

电能表按结构和原理可分为感应式电能表和电子式电能表；按使用电源性质可分为交流电能表和直流电能表，常见的是交流电能表。

感应式电能表采用电磁感应原理，利用固定的交变磁场与处在该磁场中的可动部分导体中所感应产生的感应电流之间的相互作用，产生一驱动力矩，使转盘以正比于负载功率的转速转动的仪表。交流感应式电能表一般由测量机构和辅助部件两部分组成。测量机构是电能表实现电能测量的核心部分，它由驱动元件、转动元件、制动元件、轴承和计度器五大部分组成，其结构图如图6-1所示。其优点是直观、动态连续、停电不丢失数据。感应式电能表对工艺要求高，材料涉及广泛，有金属、塑料、玻璃等。目前普遍使用的感应式电能表，具有价格低廉、可靠耐用、维修方便和对电源瞬变及各种频率的无线电干扰不敏感的特点。但由于受其工作原理和结构等因素限制，感应式电能表也存在着测量精度低、人工校验、使用过程容易出现接线错误等不足。此外，随着电能计量和电能管理的发展，只具有电能测量功能的感应式电能表已不能适应现代电能管理的需要。

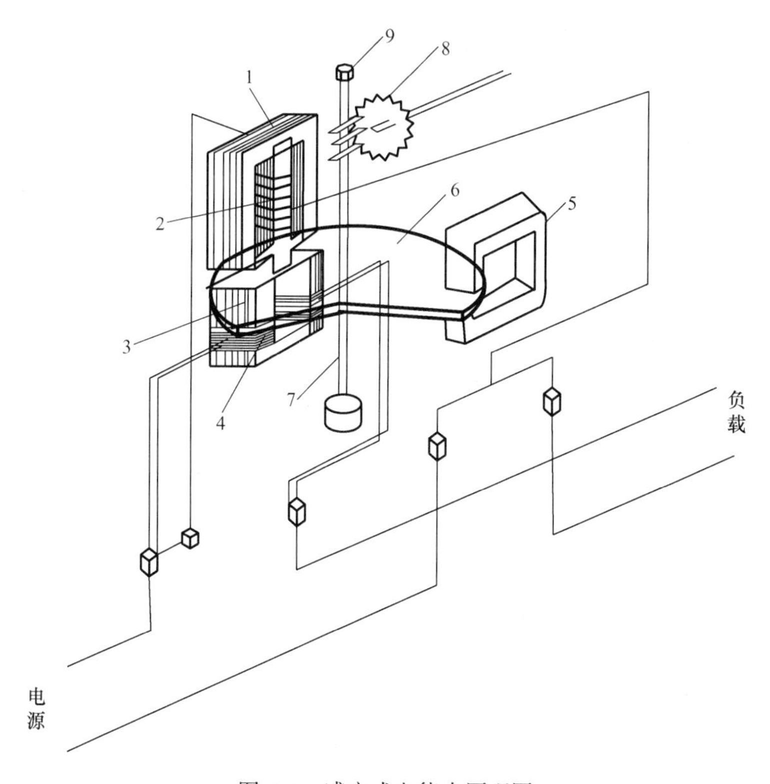

图6-1 感应式电能表原理图

1—电压铁心 2—电压绕组 3—电流铁心 4—电流绕组 5—制动元件 6—转盘 7—转轴 8—涡轮 9—轴承

20世纪70年代，出现了采用微处理器的电子式电能表。由于它没有传统感应式电能表的旋转结构，因此又被称为静止式电能表。随着数字电子技术的飞速进步，电子式电能表的功能逐渐增多并日趋完善。与感应式电能表相比，电子式电能表不仅具有测量精度高、性能稳定、功耗低、体积小和重量轻等优点，而且还可以实现多种功能，如复费率、最大需量、有功电能和无功电能记录、事件记录、负荷曲线记录、功率因数测量和串行数据通信等。电子式电能表是在数字功率表的基础上发展起来的，采用乘法器实现对电功率的测量，其工作原理如图6-2所示。被测量的高电压 u、大电流 i 经电压变换器和电流变换器转换后送至乘法器，乘法器完成对电压、电流瞬时值相乘，输出一个与一段时间内的平均功率成正比的直流电压 U，然后再利用电压–频率转换器，U 被转换成相应的脉冲频率 f，将该频率分频，并通过一段时间内计数器的计数，显示出相应的电能。应用数字技术，分时计费电能表、多用

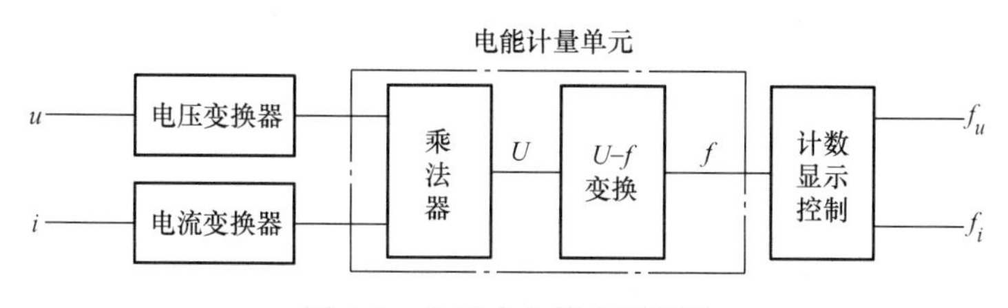

图6-2 电子式电能表原理图

户电能表、多功能电能表纷纷出现，进一步满足了科学用电、预付费、合理用电的需求，并逐渐发展形成智能电能表。

2. 智能电能表

智能电能表是一种新型全电子式电能表，以现代计算机技术、通信技术、量测技术为基础，具有电能计量、信息存储及处理、实时监测、自动控制、信息交互等功能，支持双向计量、阶梯电价、分时电价、峰谷电价等实际需要，也是实现分布式电源计量、双向互动服务、智能家居、智能小区的技术基础。它还能对居民用电负荷情况自动示警，避免超负荷导致的短路及火灾等严重事故。另外，居民可以使用充值卡或网上充值两种方式缴纳电费，方便快捷。

智能电能表主要由微控制单元模块（Micro Controller Unit，MCU）、通信模块、计量模块、继电模块、预付费模块、显示模块、时钟模块和电源模块等组成，其中微控制单元模块是智能电能表的核心部分。图 6-3 为智能电能表的硬件结构示意图。

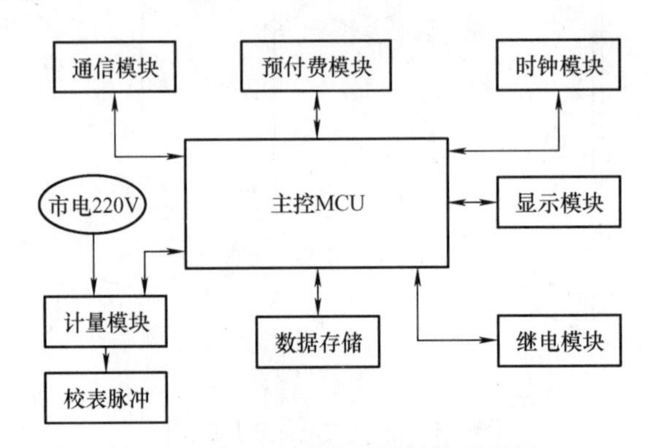

图 6-3　智能电能表硬件结构示意图

智能电能表一般采用嵌入式实时操作系统，硬件平台的选择和产品设计注重运行速度、存储空间、功率损耗等方面。主控 MCU 是电能表的核心部分，可完成对采集的大量实时信息、上级装置下发的指令进行及时处理。通信模块是数据传输的通道，可支持电能表的即时读取、远程通断和电力需求侧响应等功能。智能电能表除了具备 RS-485 通信、红外通信和微功率无线通信等基本的通信功能外，还具备载波通信和无线公网通信等远程通信功能。电能表的各通信信道物理层相互独立，任意一条通信信道的损坏都不会影响其他信道正常工作。计量模块对用户供电电压和电流实时采样，通过专用的集成电路对采样信号进行处理以完成峰谷、正反向或四象限电能的计量。继电模块（内置磁保持继电器）的作用是控制用户停送电。预付费模块实现安全存储、数据加/解密、身份认证、存取权限控制、线路加密传输等安全控制功能。

为了在电力用户和电力公司之间实现实时通信，并能够基于环境和价格，最大限度地优化能源用量，智能电能表需要具备以下功能或特性：

（1）动态负荷计量功能

动态负荷计量功能是满足新能源供给侧动态负荷、分布式能源发电与电动汽车充电动态负荷等计量需求的新型动态负荷计量技术。该功能有助于提高新能源供给侧与需求侧的管理能力。

（2）双向互动功能

双向互动功能是指智能电能表可以随时建立电网与用户之间的即时连接与网络互动的双向互动技术。该技术可以为能源互联网大数据系统提供数据来源，有力促进能源互联网平台的建设。

（3）在线监测及自诊自纠功能

智能电能表在线监测和自诊自纠功能是指实现电能表在线精度监测与精度数据主动上报，即使出现电能表精度超差，也可在一定的环境约束条件下启动自校准技术实现在线校表，从而有效保障电能表整个生命周期的精度符合国家标准要求。这两项功能可有效解决上网后电能表精度不可知、不可控的问题，帮助电力公司提升管理效率，减少管理成本，同时也保障了电力用户的合法权益。

（4）负荷识别功能

智能电能表还可能具有负荷识别功能，为电力供给侧与需求侧提供负荷分类计量数据的技术。即通过识别负荷真实用途，进行负荷预测与负荷控制，优化用电模式，为电力需求统筹规划、制定能源政策提供数据支撑，在削峰填谷、节能减排方面具有重大意义。

6.1.3 远程自动抄表系统

1. 抄表技术的发展

随着科学技术的不断发展，抄表技术也不断升级，经历了从手工抄表到远程自动抄表的过程，主要有以下五种方式。

（1）手工抄表方式

抄表员携带纸和笔到现场抄录用户电能表的度数。

（2）本地自动抄表方式

采用携带方便、操作简单可靠的抄表设备到现场完成自动抄表。它通过在配备有相应模块的电能表和笔记本计算机之间加入无线通信手段，达到非接触性完成数据传输的目的。

（3）移动式自动抄表系统

利用汽车装载收发装置和无线电技术以及电能表的模块，在用户附近一定的距离内自动抄回电能数据。

（4）预付费电能计费方式

通过磁卡或IC卡和预付费电能表相结合，实现用户先交钱购买一定电量，当这部分电量用完后自动断电的管理办法。

（5）远程自动抄表方式

采用低压配电网电力线、光纤专网、RS-485或4G/5G无线公网，结合电能表上的软件和计算机系统，不必外出就可抄回用户电能数据。

2. 远程自动抄表计费系统

远程自动抄表计费系统（Automatic Meter Reading System，AMRS）是一种采用通信和计算机网络技术，将安装在用户处的电能表所记录的用电量等数据，通过通信系统传输汇总到营业部门，代替人工抄表的自动化系统。

AMRS提高了用电管理的现代化水平。采用自动抄表系统，不仅能节约大量人力资源，更重要的是可提高抄表的准确性，减少因估计或誊写而造成的账单出错，导致供用电管理部门不能得到及时准确的数据信息。同时，电力用户不再需要与抄表者预约抄表时间，还能迅速查询账单，因此 AMRS 深受用户的欢迎。随着电价的改革，供电企业需要获取更多的用户数据信息，如电能需量、分时电量和负荷曲线等，使用 AMRS 可以方便地满足上述需求。

远程自动抄表计费系统包括测量控制层、本地通信层、数据采集层、远程通信层和系统管理层，如图 6-4 所示。

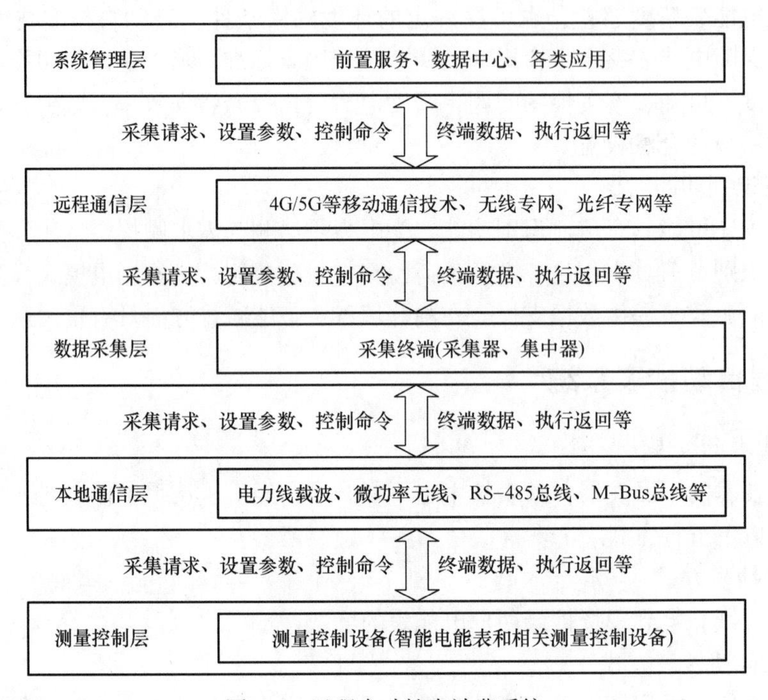

图 6-4　远程自动抄表计费系统

（1）测量控制层

测量控制层主要包括智能电能表和相关的测量控制设备，这些设备除了具备传统电能表基本用电量的计量功能以外，为了适应智能电网和新能源的需求，还具有双向多种费率计量功能、用户端控制功能、多种数据传输模式的双向数据通信功能、防窃电功能等智能化功能。

在新一代国网智能电能表中，测量控制层采用“双芯”化设计。“双芯”直接通过 SPI 接口进行数据交换，实现法制计量功能与非计量功能相互独立。计量芯作为法制计量部分，功能不能升级，重点要求其独立性、数据可追溯、数据准确可靠等性能。管理芯采用模组化设计方案（显示、通信、负荷曲线、费控、事件等模块独立设计），其主要功能有采用数据加密 + 链路认证方式升级数据下载、识别新程序与参数是否匹配、下载与更新时不影响计量芯正常工作。

（2）本地通信层

本地通信层是连接测量控制层和数据采集层的纽带，提供可用的有线和无线通信信道。主要采用的通信方式有电力线载波、RS－485 总线、M－Bus 总线、微功率无线等。

（3）数据采集层

数据采集层包括抄表采集器及抄表集中器。抄表采集器是将多台电能表（如一个居民单元）连接成本地网络，并将它们的用电量数据集中起来上传到抄表集中器的设备。其本身具有通信功能，且含有智能管理软件等特殊软件。抄表集中器是将一个配电变压器供电的所有电能表（如一个居民小区）数据进行一次集中的装置。抄表集中器通常具有 RS－485、电力线载波、光纤、移动通信技术等多种通信方式用于交换数据，抄表集中器可以直接连接多个智能电能表，也可以连接多个采集器。

（4）远程通信层

远程通信层是连接数据采集层和系统管理层的纽带，抄表集中器对数据进行集中后，再通过远程通信层将数据继续上传，主要采用的通信方式有移动通信技术（4G/5G）、无线专网、光纤专网等。

（5）系统管理层

系统管理层位于供电企业的营销中心，由远程抄表管理计算机和系统软件组成，负责将数据集中器传输上来的用户电量信息汇总处理。在电网内部，远程自动抄表系统主站已经与电网调度系统、电力营销系统联网，实现电网“量、价、费、损”指标的统一计算与考核，同时还可以开展电网与用户互动有关的功能。此外，系统管理层软件正趋向于云端部署，采集器或集中器直接通过远程通信层将数据上传至云服务器，系统主站 PC 端直接访问云端数据，方便易捷。

目前，国家电网公司响应国家政策，依托智能电能表应用和用电信息采集系统覆盖广泛的采集终端和通信资源，正加快推进“四表合一”采集建设应用工作。“四表合一”是指由一个数据平台采集电、水、气、热数据，将智能电能表、智能水表、智能燃气表、智能热力表融为一体，进行集中抄表。仪表数据通过电力通信通道传输到管理平台，建立起一套电、水、气、热收费缴费、信息发布、查询平台，实现跨行业用能信息资源共享。“四表合一”顺应了智慧城市建设发展趋势，与物联网紧密联系，推动构建公开、透明、高效、便捷的“互联网＋能源”运营模式。同时，“四表合一”工程避免了各公司重复投资，节省大量上门抄表采集数据的人力成本。在“互联网＋”的时代，各地以服务客户需求为导向，促进“四表合一”的落地，不仅能提升用户体验，更为智慧城市建设提供了强有力的支持。

智能计量体系的发展主要集中在推进新一代采集系统的构建，运用云计算、大数据、物联网、移动通信技术，实现远程自动抄表系统的高效、灵活、安全运作，进一步提高采集成功率、采集效率和业务适应性，支撑电、水、气、热等“多表合一”采集接入的能源一站式服务。要求系统管理层的主站能支持更加复杂多样的业务应用要求；终端模组化，即插即用，自动同步，采用双向高速远程通信模块，应用高级应用程序实现自主决策响应，软件远程升级以提供多种格式的交换数据信息，适应更多功能的扩展需求；通信层需进一步加快研究采用双向通信数据传输协议、高级密码认证协议等。

6.2 负荷控制与需求侧管理

6.2.1 负荷控制

1. 负荷曲线

电力系统中，实际的系统负荷随时间变化，反映负荷随时间变化规律的曲线，称为负荷曲线。按负荷种类可分为有功负荷曲线、无功负荷曲线；按时间长短可分为日负荷曲线、月负荷曲线、年负荷曲线分别如图 6-5a ~ 图 6-5c 所示；按计量地点可分为个别用户负荷曲线、电力线路负荷曲线、变电所负荷曲线、发电厂乃至整个地区、整个系统的负荷曲线。将上述三种特征按需组合，可确定某一种特定的负荷曲线。

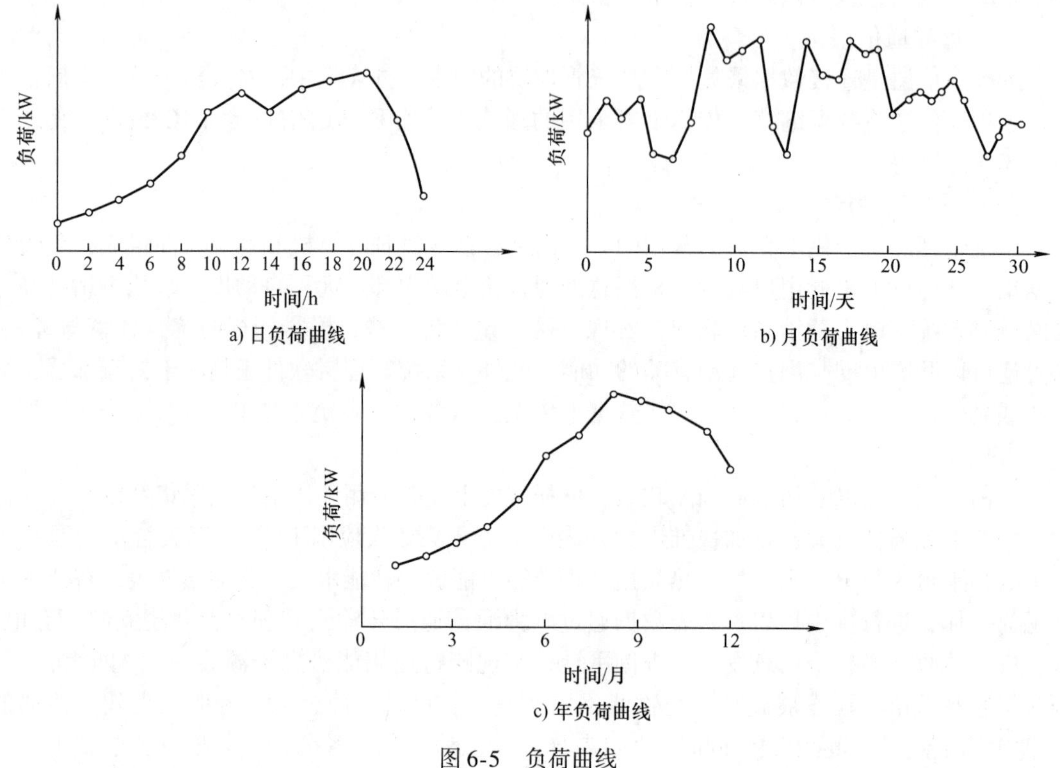

图 6-5　负荷曲线

负荷曲线的主要特性指标有：

(1) 负荷率

电网负荷率一般指的是日负荷率，用一昼夜内（24h）系统的平均负荷与最大负荷之比表示，其中平均负荷由日电量除以 24h 得出。其表达式为

$$\gamma = \frac{P_{av}}{P_{max}} \times 100\%$$

式中，P_{av}为日平均负荷；P_{max}为日最大负荷。当 γ 值远离 1 时，表示负荷曲线波动很大；当 γ 值接近 1 时，表示负荷曲线平稳。

(2) 最小负荷率

最小负荷率是系统统计时段内负荷曲线中最小功率与最大功率的比值。其表达式为

$$\gamma = \frac{P_{min}}{P_{max}} \times 100\%$$

式中，P_{min}为最小负荷；P_{max}为最大负荷。

(3) 年最大负荷利用小时

年最大负荷利用小时 T_{max}是系统的年用电量与当年的年最大负荷之比。其表达式为

$$T_{max}=\frac{W}{P_{max}}$$

式中，W为年总用电量；P_{max}为年最大负荷。T_{max}是一个假想的时间，在此时间内，电力负荷按年最大负荷持续运行所消耗的电能，恰好等于该系统电力负荷全年消耗的电能。

（4）年最大负荷利用率

年最大负荷利用率δ等于该系统年最大负荷利用小时除以全年小时数。其表达式为

$$\delta=\frac{T_{max}}{8760}$$

2. 电力负荷控制与管理

由于人们作息时间、生产规律、气候及季节的影响，电力负荷曲线实时波动呈现出一定的峰谷差。不加控制的电力负荷曲线很不平坦，上午和傍晚会出现负荷高峰，而在深夜负荷很小又形成低谷，一般最小日负荷仅为最大日负荷的约40%。这样的负荷曲线对电力系统很不利。从经济方面看，如果只是为了满足尖峰负荷的需要而大量增加发电、输电和供电设备，在非峰荷时间里就会形成很大的浪费，可能有占容量1/5的发变电设备每天仅仅工作1～2h，而如果按基本负荷配备发变电设备容量，又会使1/5的负荷在尖峰时段得不到供电，也会造成很大的经济损失。另外，为了跟踪负荷的高峰低谷，一些发电机组要频繁地起停，既增加了燃料的消耗，又降低了设备的使用寿命。同时，这种频繁的起停以及系统运行方式的相应改变，都必然会增加电力系统出现故障的机会，影响安全运行。

如果通过负荷控制，削峰填谷，使日负荷曲线变得比较平坦，就能够使现有电力设备得到充分利用，从而推迟扩建资金的投入，并可减少发电机组的起停次数，延长设备的使用寿命，降低能源消耗；同时对稳定系统的运行方式，提高供电可靠性也大有益处。对用户来说，如果避峰用电，也可以减少电费支出。因此，建立一种市场机制下用户自愿参与的负荷控制系统，会形成双赢或多赢的局面。

所谓电力负荷控制，是对用户的用电负荷进行控制的技术措施，可简称为负荷控制或负控技术。其主要目的是实现均衡用电，提高电网运行的经济性、安全性，以及提高电力企业的投资效益。根据我国目前电力负荷控制管理的情况，负荷控制系统以市（地）为基础，在规模不大的情况下，可省去区（县）负荷控制中心，让市（地）负荷控制中心直接管理各大用户和中、小用户，负荷控制系统的结构如图6-6所示。

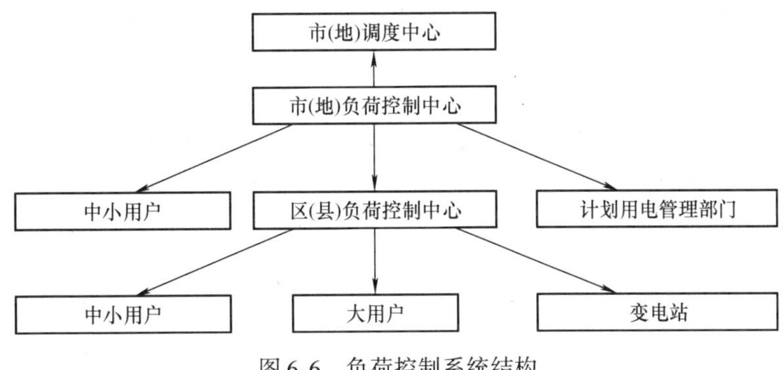

图6-6　负荷控制系统结构

随着电力市场运行机制的不断变革与发展，电力负荷控制与管理先后经历了从负荷控

制、负荷管理、需求侧管理到需求响应的发展历程。

20世纪20年代初，电力负荷控制装置在英国开始应用；20世纪30年代，英国、法国、德国等先后研制出多种类型的电力负荷控制装置；七八十年代，随着电子技术的发展和计算机的广泛应用，电力负荷控制由分散型向集中型发展；80年代，我国在研究和借鉴国外电力负荷控制技术的基础上，自行研制了音频、电力线载波和无线电控制等多种电力负荷控制装置，并先后在一些发达的一线城市得到应用，随后进入有组织的试点阶段和全面推广应用阶段。

90年代，负荷控制系统功能已经扩充成为一个实时综合管理系统——负荷管理系统（Load Management，LM）。目前，我国的负荷控制管理系统应用广泛，实现了从最初的电力负荷控制到电力管理的功能转变，发展成为多功能的服务型负荷管理系统，充分发挥着其在电力市场营销中的作用。

为了发挥用户在负荷管理方面的积极作用，一种新的管理方式——需求侧管理（Demand Side Management，DSM）应运而生。电力需求侧管理在20世纪90年代中后期传入我国，在政府的倡导下，电力公司及电力用户做了大量工作，如采用拉大峰谷电价、实行可中断负荷电价等措施，引导用户调整生产运行方式，采用冰蓄冷空调、蓄热式电锅炉等，同时采取激励政策及措施推广节能灯、变频调速电动机及水泵、高效变压器等节能设备的应用。2016年，为落实国家能源生产和消费革命战略（2030）以及推动“互联网+智慧能源”工作的部署，加快推进工业领域电力需求侧管理工作，促进工业企业科学、安全、节约、智能用电，实现以较低电力消费增长创造更多工业增加值产出，工信部发布《工业领域电力需求侧管理专项行动计划（2016—2020年）》工作部署。

进入21世纪，随着智能电网的兴起，出现了融合智能电能表、智慧家庭、智能楼宇等技术的自动需求响应（Auto Demand Response，ADR）。自动需求响应是目前需求响应技术的最新发展，它依靠智能装置接收外部信号并自主进行用户侧负荷削减，无需任何人工，能够有效地转移或削减负荷。

3. 电力负荷控制方式

电力负荷控制方式分为间接控制和直接控制，直接控制方式下又分为分散型控制和直接型控制。一般来说，间接控制主要依照用户的用电需求量以及最大限度用电量所呈现的长期规律，依照不一样的价格计算标准进行费用的收取，它是通过一定的行政或立法手段，发布电价政策、用电法规等，用经济措施约束控制用户的用电情况。直接控制是直接对电力负荷进行控制，如直接切断负荷。

（1）负荷分散控制方式

负荷分散控制是指安装在用户当地的孤立负荷控制装置，按照事先整定购用电量、负荷大小、用电时间来控制用户的负荷，使其用电量不超限、负荷不超限且分时段用电，这些控制装置相互联系却又独立地发挥各自的控制作用，如定量器、自动低频减载设备等。

（2）负荷集中控制方式

负荷集中控制是选择耗电大、可中断用户以及非重要用户的负荷，按用户优先程度由低到高的顺序，从中央控制系统依次通过通道设备将控制指令传送到安装在用户端的接收装置，对负荷进行控制。

电力负荷集中控制系统大体由三个部分构成，分别是负荷控制中心、传输信道以及负荷控制终端，三方相互协作，共同完成工作过程。

1）负荷控制中心：用来对各负荷终端进行监视和控制的中心站，也叫主控站，与配电网调度控制中心集成在一起。它由多种设备构成，主要用作电力负荷系统的运行，并进行数据收集，对系统查询以及控制命令进行发布，并通过传输信道直接传输到用户端口。负荷控制中心传输用户信息时会发生两种情况：一种是面对单向的控制用户终端，主要是利用定量控制以及遥控跳闸的方式对系统中的多项电气设备进行控制；另一种是面对双向控制用户终端时，利用定时技术向系统设备发出巡检与控制命令。

2）传输信道：负责将控制中心发出的负荷控制指令传送到负荷终端设备，是连接主站、终端、电能表之间的通信介质、传输、调制解调、规约的总称，分为无线传输信道和有线传输信道，包括230MHz无线信道、4G/5G移动通信技术和光纤信道等。

3）负荷控制终端：装设在用户端，受电力负荷控制中心监视控制的设备。分为单向终端和双向终端两类，其中单向终端只能接收负荷控制中心的命令，如遥控开关、定量器等；而双向终端不仅可以接收控制中心的命令，按照命令对电量以及电功率进行控制，而且可以将变电站等采集数据中心的用电情况反映到控制中心。

6.2.2 需求侧管理

1. 需求侧管理的基本概念

（1）电力需求曲线与需求弹性

电力需求曲线指电力需求量与电价的关系曲线图，如图6-7a所示，电力需求弹性指电力需求量的相对变动对于电价的相对变动的反应程度。当电力需求量随着电价的变化而变动较大时，即电价高时电力需求量低，电价低时电力需求量高，这种情况称为电力需求量富有弹性。

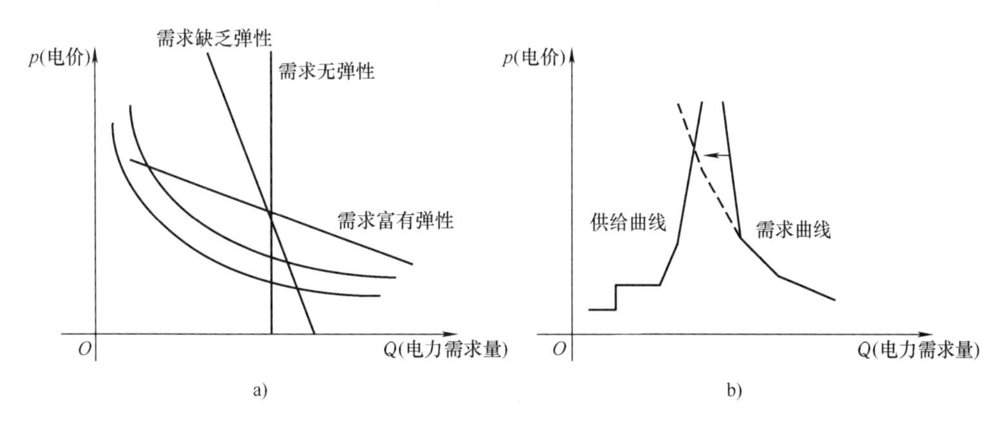

图6-7　电力需求曲线

用户电力消费需求量与许多因素有关，其表达式为

$$Q=f(p_x,p_r,p_e,N,I,t,S,C,\cdots)$$

式中，p_x为电费单价；p_r为相关能源单价；p_e为电费预期价格；N为电力消费人数；I为用户家庭收入；t为电力消费时间；S为地点；C为天气季节情况。可见，电力需求量跟很多因素相关。此外，由于在电能使用过程中，电能需即产即销、不宜存储、需时刻保持供需平

衡、电能是生产生活的必需品很难替代且电能使用与时间关系紧密等特点，导致电能使用有时富有弹性，有时缺乏弹性。

随着电力系统面对的负荷波动及需求侧可再生分布式能源的波动性，由供应侧与需求侧双向配合的电力需求侧管理已逐步代替供应侧单向作用的负荷控制。为满足供需平衡，既可以从供应侧增加供电能力，也可以从需求侧改变用户用电方式减少用电需求，如图 6-7b 所示。

（2）电力需求侧管理的定义

需求侧管理（DSM）是指电力供需双方共同对用电市场进行管理，电力公司（作为供应侧）采取行政和财政激励手段鼓励需求侧用户采用各种有效的节能技术和措施改变其需求方式，引导用户高峰时少用电、低谷时多用电，提高供电效率，优化用电方式，在保持能源服务水平的前提下，有效降低能源消费量和负荷水平，从而减少新建电厂投资和一次能源消费量，降低供电成本和用电成本，取得明显的经济和环境效益，其内容包括负荷控制和管理与远方抄表和计费自动化两方面。

在电力需求侧管理实施过程中，主要涉及三个社会主体：政府、电力用户及电力公司。政府是社会利益的维护者，关心各方面的利益，更顾及整体利益，以保障社会持续健康的发展，政府在制定和实施 DSM 中起主导作用，是社会利益的代表；电力用户是终端节能节电的主体，DSM 整体增益的主要贡献者，是需求方利益的代表；电力公司既是制定 DSM 的主要承担者，又是 DSM 的主要执行者，要通过自身的运营管理活动来实现 DSM，故电力公司是实施 DSM 的主体，是供应方利益的代表。此外，部分 DSM 项目由具备资格的实施中介来承担，如电力公司下属的节电服务公司、独立经营的能源（节能）服务公司等，协助政府和配合电力公司实施 DSM 计划，故能源（节能）服务公司是 DSM 项目实施中介利益的代表。三个主体互相协作激励，在保证用电功能基本不受影响的前提下，减少用电需求，提高用电效率，达到各方获益、用电协调的目的。

（3）电力需求侧管理的手段

电力需求侧管理主要手段有技术手段、经济手段、引导手段及行政手段，如图 6-8 所示。

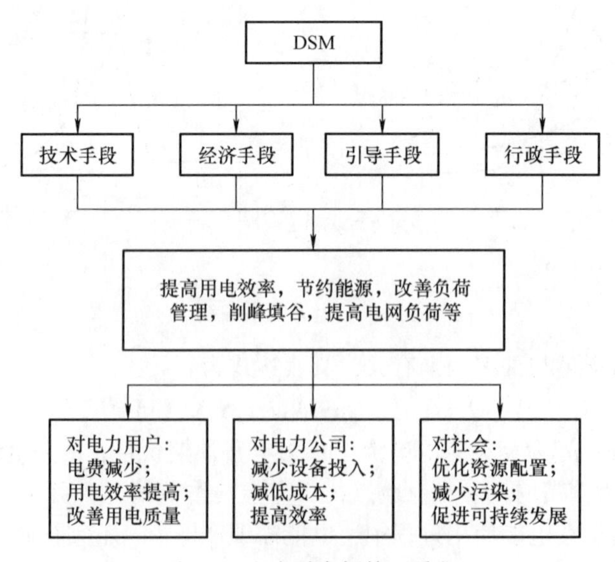

图 6-8　电力需求侧管理手段

技术手段包括高效智能用电设备和精细化的能量管理办法。其中，高效智能用电设备包括大型工业热电联产设备、节能建筑材料、蓄冷蓄电蓄热设备和分布式电源等智能终端；精细化的能量管理办法包括明确生产生活需求特性，借助智能用电管理系统调整固有的用电模式，以及利用余热回收、能源替代等方案对能源进行合理调度。

经济手段主要包括政府补贴、多样化的电价结构、激励补偿和市场化竞争。其中，政府补贴指政府和电网公司的专项资金，对高效智能用电设备资金投入给予一定比例的补贴或免费安装等；多样化的电价结构包括差别电价（强制高耗能设备/行业的转型）、分时电价（促进用电模式的调整）、尖峰电价（突出节约电力的要求）和实时电价（优化资源配置）；激励补偿包括中断负荷补偿（对紧急情况下负荷转移行为的补偿）和转移电力补偿（对于临时或永久性的转移峰荷补偿）；市场化竞争指将可减少或可转移的资源在容量市场或电量市场中竞价。

引导手段包括媒介宣传和课程培训，如利用网站、需求侧管理平台、节能公益广告和书籍等宣传 DSM 技术和政策；直接与电力用户接触，进行电力需求侧管理课程培训引导。

行政手段主要包括发布行政法规、经济政策及提供咨询服务。国家已出台一系列行政法规加强需求侧管理的实施，如 2016 年工信部发布《工业领域电力需求侧管理专项行动计划（2016—2020 年）》工作部署，2017 年发改委等六部委发布《电力需求侧管理办法（修订版）》鼓励探索智能充换电服务；已出台的经济政策，如通过减免税收、低息贷款、财政资助电价等来支持提高能源效率；此外，国家和政府还可以组织有资质的单位和有经验的专家进行节能咨询、诊断和审计。

2. 实施电力需求侧管理的目标

实施电力需求侧管理的目标如图 6-9 所示。

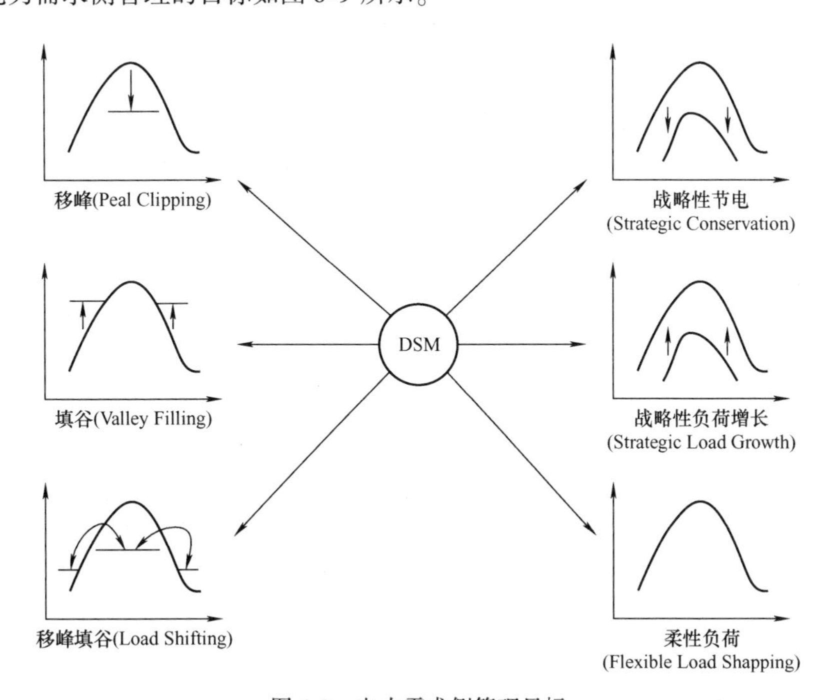

图 6-9　电力需求侧管理目标

（1）削峰

削峰（Peak Clipping）为负荷调整的常用手段，指在用电高峰时段削减、中断或停止用电负荷。其主要技术措施为：① 直接负荷控制，即在电力系统负荷曲线峰荷时段，由系统调度人员直接和随时拉闸限电，降低峰荷，所涉及用户通常为城镇居民区用电或大耗电量空调负荷；② 可中断负荷控制，即按事先签定的合同规定，在负荷曲线高峰段时，由系统调度人员通过直接控制负荷或在直接请求用户后中断供电，所涉及用户通常为工业和商业用电大户。

削减峰荷可减少高成本调峰机组的启用，延缓新增调峰机组的建设，从而节省系统总运行费用。同时，削峰减少了供电量，降低了电力部门的收入，所以削峰手段常为容量不足需批量外购电的电力系统所采用。削峰减少了峰荷时段的购电费，电网总运行费用也随之降低。

（2）填谷

填谷（Valley Filling）泛指提高非尖峰负荷，在用电低谷时段保持用电负荷，甚至伴随着策略性的用电增长。其主要技术措施为：① 将具有储能需要的设备放置在谷时段用电；② 充电式的电动汽车电池安排在谷时段充电；③ 增添低谷用电设备，如电气锅炉、空调、洗衣机等。

填谷适用于系统有空闲低成本发电容量时，这时发电长期边际成本小于平均电价。通过季节性电价和低谷电价，填谷可刺激非高峰时段电力消费增长，从而降低系统平均燃料费。同时，从系统总成本看，填谷有助于将新增装机的固定成本均摊在大基荷电量上，必然降低系统运行费用，填谷的净效益在于电力销售和年收入的增加。

（3）移峰填谷

移峰填谷（Load Shifting）指将部分刚性用电需求的负荷从高峰时段推移到低谷时段，通常是针对连续运行的生产负荷采用的用电优化方式。其主要技术措施为：① 通过调整作业顺序、调整轮休制度及进行能源替代实现错避峰生产；② 推广蓄冷蓄热装置，实现负荷推移，并尽量保持高峰时的用户服务质量。

移峰填谷的实施可降低系统运行费用，但是否增加销售和收入则取决于是否造成额外的电量消费。

（4）战略性节电

战略性节电（Strategic Conservation）指将节电看作一战略性目标，它鼓励用户采用各种终端用途的新技术，提高用电效率和改变用户消费方式，在不降低供电服务质量的前提下，减少电力电量的总需求。对于无长期扩容规划的电力公司，可采用此战略性节电措施。

（5）战略性负荷增长

战略性负荷是指可能以电力作为其替代能源的其他用户负荷，通常这部分用户消耗其他燃料。战略性负荷增长（Strategic Load Growth）指除了在系统负荷曲线上填谷之外还可增加的部分负荷，其目的在于鼓励推行新出现的电气技术替代其他能源，如用充电式电动汽车、工业热处理以及电气化等。

（6）柔性负荷

柔性负荷（Flexible Load Shaping）为用户提供一种灵活可调节的选择，即或需要以较昂贵的电费获得较高的供电质量、可靠性或舒适性，或为节省开支或追求其他好处而放宽对可靠性、舒适性的要求。柔性负荷的形式主要取决于可中断负荷的可中断程度、可平移负荷的容量与调节时间范围等，可通过用户侧能量管理系统设定优化目标，实现对用户负荷的优化控制。

6.3 高级量测技术

6.3.1 高级量测系统

高级量测系统（Advanced Metering System，AMS）是电力供应商与能源消费者之间进行沟通最重要的渠道和网关，是二者信息流与业务流沟通互动的通道。作为能源互联网实施的基础功能模块，高级量测体系可实现对电力消费者能源消费的量测、读取、存储和分析等功能，包括配套的传感、通信和软件系统，是智能电网的基础设施之一。本节主要对高级量测系统的基本概念、系统架构和组网技术进行介绍。

1. 基本概念

高级量测系统是用来测量、收集、储存、分析和应用用户用电信息的完整的网络和系统，主要包括智能电能表、通信网络、量测数据管理系统等。在双向计量、双向实时通信技术的支持下，实现电力用户远程抄表、停电检测、远程断电送电、防窃电、电压监测等功能，支持智能电网和电力用户的双向互动。利用智能电能表，AMS采集到能源消费者带有时间标志的各类计量值，包括用电量、用电需求、电压、电流等，从而扩大了传统电力公司的量测范围，并带来了整个电网末端用户的海量用户数据，促成了基于大数据的高级应用的实现，如需求侧响应技术实现削减峰荷、加强分时电价促进电力市场建设、调整电网规划、监测电能质量、评估设备运行、预测设备寿命、识别窃电行为等。

2. 系统架构

高级量测系统在主站端应用主要是为营销业务应用提供数据，并与用能管理、分布式电源管理、电动汽车充放电管理等软件实现双向信息交换，支持需求响应以及与用户互动功能。高级量测系统是营销应用系统的技术支持系统，数据交换由营销应用系统统一与其他应用系统进行接口。营销应用系统指营销管理业务应用系统，除此之外的系统称为其他应用系统。

（1）逻辑架构

高级量测系统逻辑架构如图6-10所示，从逻辑上可分为主站层、通信信道层、采集设备层三个层次。

主站层分为数据采集及管理、营销业务应用和数据存储等部分。营销业务应用实现系统的各种应用业务逻辑。数据库系统负责信息存储和处理，并与需求响应系统通过共享数据平台实现数据共享，实现智能电网与电力用户的双向互动。

通信信道层是连接主站层和采集设备层的纽带，提供可用的有线和无线通信信道。主要采用的通信信道有光纤专网、4G/5G无线公网、LTE－230MHz无线宽带专网等。

采集设备层是高级量测系统的底层，负责收集和提供整个系统的原始用电信息。该层可分为终端子层和量测设备子层。终端子层收集用户计量、测量设备的信息，处理和冻结有关

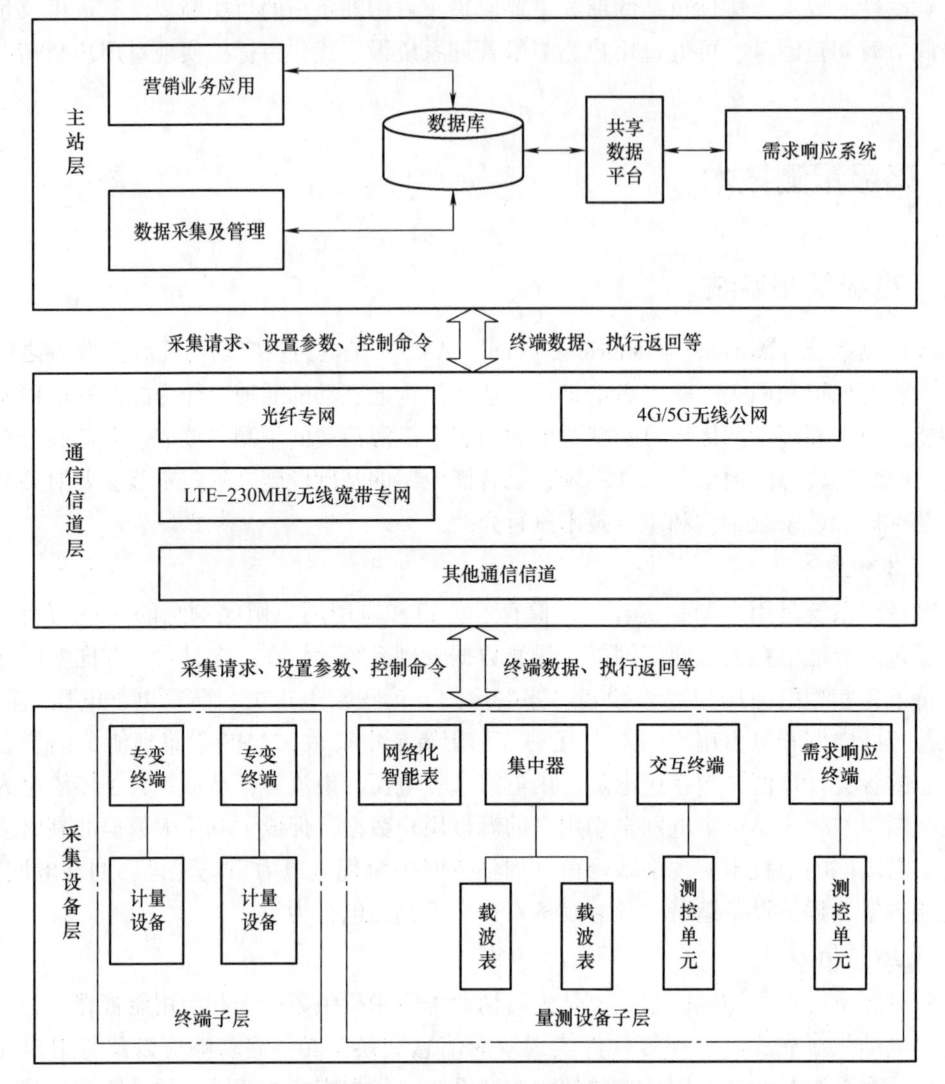

图 6-10 高级量测系统逻辑架构

数据，并实现与上层主站的信息交互；量测设备子层可组成局域网，实现电能计量及数据采集、智能控制、需求响应、双向交互等功能。

（2）物理架构

高级量测系统物理架构如图 6-11 所示，从物理上可根据部署位置分为主站、通信信道和现场终端三个部分，其中系统主站部分可单独组网，与其他应用系统以及公网信道采用防火墙进行安全隔离，保证系统的信息安全。主站网络的物理结构主要由数据库服务器、应用服务器、前置采集服务器以及相关的网络设备组成。

3. 关键支撑技术

（1）集成通信技术

集成通信技术包括远程组网技术和用户接入组网技术。

远程通信网络主要覆盖智能楼宇小区上行通道，实现与电力公司双向通信，主要支撑用

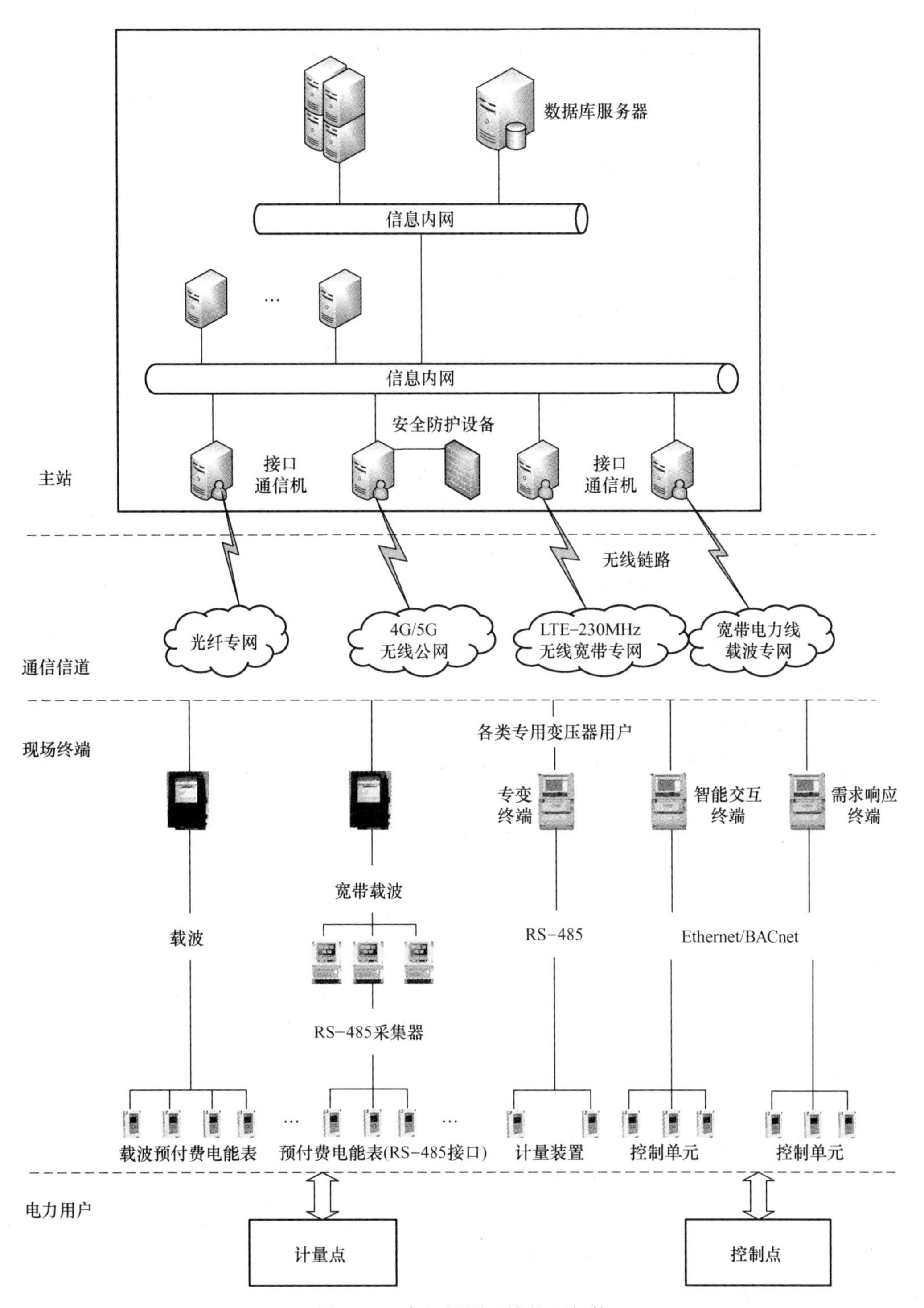

图6-11　高级量测系统物理架构

电信息采集、小区配电自动化、分布式电源及电动汽车充电计量与监控、智能家居等业务。主要通信方式有光纤专网（xPON、工业以太网）、中压电力线载波、无线宽带专网、4G/5G无线公网等。

用户接入网主要承载用电领域的业务，包括双向互动服务业务、智能家居、增值业务等。适合用户接入网的组网技术有 FTTH 光纤通信、电力线宽带通信、电力线窄带通信、ZigBee/Wi-Fi 无线通信等。家域网（Home Area Network，HAN）是将家庭内所有具有通信功能的设备（如智能插座、智能家电、安防传感器、电视及计算机等）连接起来形成的网络。家域网由能量管理系统（EMS）和户内显示器（IHD）两部分组成，可选用 ZigBee、Bluetooth、WLAN 等技术来组建。

（2）智能交互终端技术

智能电能表的功能包括：实现双向电能计量；支持远程、本地预付费及费控；实现计量点的电气参数测量；采用标准的通信接口和统一的国际通信协议；数据安全及物理攻击安全防护；提供信息转发服务；表计固件非计量部分支持远程升级。

智能交互终端的功能包括：灵活可靠的双向通信，实现通信网关功能，支持与电网企业实时通信，支持智能电器的接入、控制；信息采集，分时段双向电能量采集，测量电流、电压、功率及功率方向，分时段记录数据采集；定时或召唤抄表功能；支持用于光伏发电、风电、电动汽车充放电、其他分布式电源设备净用电量计量信息的抄收；负荷控制，实现远程控制，本地选择控制，分时段功率控制、电量控制、电费控制，分布式电源、储能等微电网优化协调控制等；需求响应包括需求方案接收、需求方案管理、需求方案确认与上报、执行过程管理等。

（3）安全加密技术

根据对称密码算法和非对称密码算法的特点，在终端中采用了对称密码算法和非对称密码算法相结合的混合密码算法。

对称密码算法的加密和解密均采用同一密钥，并且通信双方都必须获得并呆存该密钥，较典型的有数据加密标准（Data Encryption Standard，DES）、高级加密标准（Advanced Encryption Standard，AES）、国密 SM1 算法等。其特点是数据加密速度较快，适用于加密大量数据的场合。

非对称密码算法采用的加密密钥（公钥）和解密密钥（私钥）不同，密钥（公钥和私钥）成对产生，使用时公开加密密钥，保密解密密钥，较典型的有 RSA、国密 ECC 算法等。其特点是算法比较复杂，安全性较高，抗攻击能力强，加解密速度慢等。

专用变压器采集终端和集中器中采用国家密码管理局认可的硬件安全模块实现数据的加解密，其硬件安全模块应同时集成有国家密码管理局认可的对称密码算法和非对称密码算法。

智能电能表中采用国家认可的硬件安全模块以实现数据的加解密，其硬件安全模块内部集成有国家密码管理局认可的对称密码算法。

安全模块是含有操作系统和加解密逻辑单元的集成电路，可以实现安全存储、数据加解密、双向身份认证、存取权限控制、线路加密传输等安全控制功能。

（4）主站软件技术

随着智能电网研究的深入和发展，高级量测系统主站软件的关键技术包括以下内容：

1）高效采集监控。采用一体化通信平台技术，屏蔽通信方式和通信协议的差异，集中管理各类通信信道和终端，满足继承和发展的要求。

2）标准化数据管理。按照数据模型设计要求，建立统一的数据模型，并实现与营销档案的日同步更新和基于XML的标准化数据传输，从而保证信息的一致性。运用数据加速器、智能甄别处理模型、模型适配器等技术提升数据综合管理的能力，采用数据归档管理、备份恢复管理机制保障数据的安全。

3）数据可视化展示。采用仪表盘、饼图、曲线图、雷达图、柱形图等多种统计图形进行可视化展示；采用电网线路图、系统模拟监控图等仿真图形进行实时的可视化监控；采用地理信息技术对运行检修业务、数据密度分布、用户采集点等进行可视化展示和操作；具有良好的人机交互界面，通过数据传输协议读取前置机采集的现场各类数据信息，自动经过计算处理，以图形、数显、声音等方式反映现场的运行状况，并可接受管理人员的操作命令，实时发送并检测操作的执行状况，以保证供用电单位的正常工作。

4）多维度信息挖掘。采用多维提取分析技术，从时间、区域、用户等多维度视角对线损、电量、负荷等进行分主题统计和分层次数据挖掘。

5）双向互动应用。为智能用电服务互动平台提供用户用电信息采集，支持与电力用户进行电力流、信息流、业务道的友好互动，满足智能用电服务的需求。

第7章 配电网高级应用技术

7.1 概述

随着自动读表的计量终端、馈线自动化和配电数据采集与监控（SCADA）的逐步推广，配电网的可观性和可控性得到了大幅度提高。这些基础工作为配电管理系统（DMS）的应用打下了良好的基础。配电网高级应用技术是DMS的核心组成，包括状态估计、潮流计算、无功优化、电压控制、网络重构、安全与风险评估、恢复控制决策等。

配电管理系统体系结构如图7-1所示，其架构与能量管理系统（EMS）类似，但在数据源和功能内涵上有很大区别：能量管理系统是以计算机技术为基础的现代电力调度自动化系统，主要为电网调度管理人员提供电网的各种实时信息，并对电网进行调度决策管理和控制，提高电网供电质量，其应用软件按不同的应用功能分为数据采集与监控、发电控制与发电计划、网络分析（电力系统应用软件（PAS））和调度员培训仿真（DTS）。而配电管理系统需要从地理信息系统（GIS）导入网络拓扑模型，从配电SCADA获得实时数据，同时利用计量系统的离线和准实时信息产生负荷伪量测，以及通过生产管理、客服系统得到停电信息及部分开关状态。在此基础上进行拓扑分析，采用实时量测和伪量测进行状态估计。最终，对状态估计结果进行在线、历史和预测的潮流计算与运行决策分析。

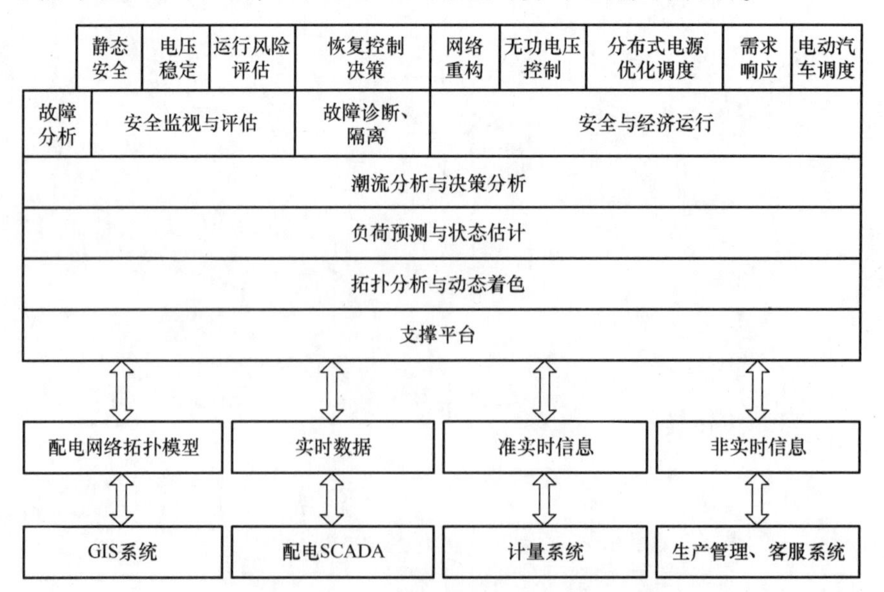

图7-1 配电管理系统体系结构

DMS体系中运行决策分析功能包括：故障分析；安全监视与评估（含静态安全评估、电压稳定、运行风险评估）；故障诊断、隔离（恢复控制决策）；安全与经济运行（网络重构技术、无功电压控制、分布式电源优化调度、需求响应和电动汽车调度）。

配电网高级应用软件功能较多，建模和算法复杂度高，特别是在现场应用中存在大量的潜在问题。现有配电网高级应用软件及其关键性技术包括三相建模、状态估计、潮流计算、网络重构、无功优化、恢复控制、安全评估七个方面。本章将以国内外广大学者的研究成果为基础，重点阐述拓扑分析、潮流计算、状态估计、网络重构四方面。

7.2 拓扑分析

辐射状配电网拓扑结构可以用树描述，因此配电网进行节点和支路编号可以采用树的遍历算法：即按照树的遍历算法搜索到的节点和支路的先后顺序，对节点和支路进行顺序（由小到大）或逆序（由大到小）编号。树的遍历算法主要分为广度优先搜索法和深度优先搜索法两种，因此对应的配电网节点和支路编号的方法也分为广度优先搜索编号法和深度优先搜索编号法两大类。本节重点介绍广度优先搜索编号法。

广度优先搜索编号法，又名分层编号法，是将树中的支路、节点人为划分为不同层次，之后按照层次遍历树，先访问树根节点，即第一层节点，再访问树根节点的子节点，即第二层节点，依次顺序访问各层节点直到所有节点搜索完毕。

7.2.1 传统分层法

将分支线的末端到根节点所经历的分支数目作为分支线所在的层次，即主馈线的层次为1，从主馈线上引出的分支线的层次为2，依次类推。同一层级各分支线按搜索到的顺序编号，每条分支线由一个有序对（n，m）唯一标识，其中n是分支线所在的层次，m是该分支线在该层的次序。最后，同一分支线上各节点按顺序从首节点开始编号，每个节点由一个三维向量（m，n，i）来唯一标识，其中i是节点在分支线上的次序。其中根节点编号为（1，1，0）。如图7-2所示。

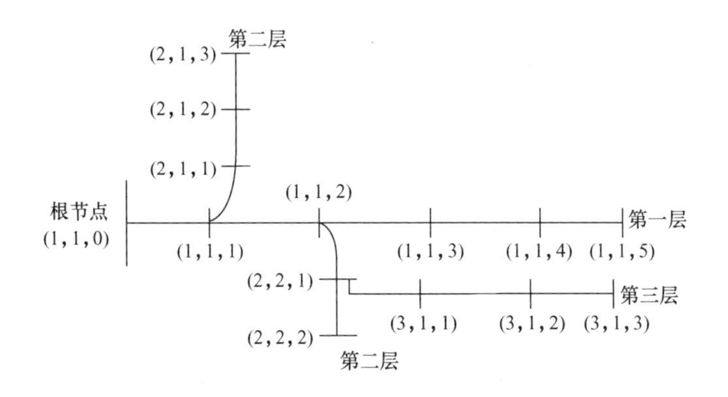

图7-2 传统节点编号示例

7.2.2 改进分层法

对传统分层法进行改进，对同一父节点上多条分支线的特殊情况作出特殊处理，以避免重复编号错误。具体编号方案如图 7-3 所示。

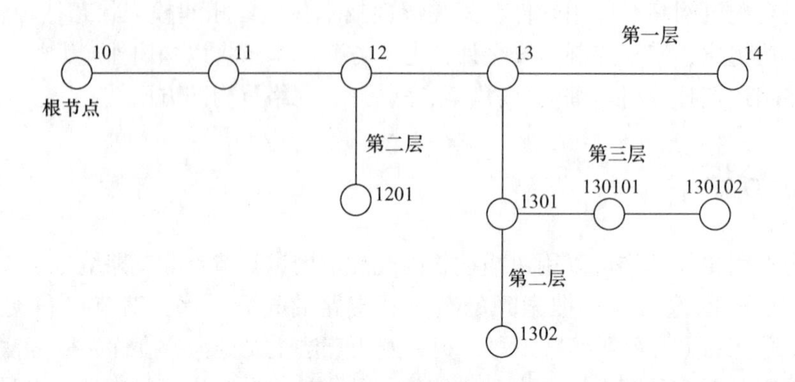

图 7-3 改进节点编号示例

图 7-3 中，依据分支线距离根节点的远近原则，对分支线进行分层。即按照从分支线的末端到根节点所经历的分支数目对分支线进行分层，辐射状网络可以看作一个带多条分支线路的主馈线，在分支线之下又分出子分支线，子分支线又再分出子分支线的树状网络。为了方便编程，根节点编号 10，第一层级节点按与根节点距离远近编号，编号 11，12，…。第二层级节点在各自第一层级父节点基础上编号，编号为 13 的父节点分出支线，支线上第一点编号 1301，以此类推。

为了保证在编号中各编号点的唯一性，当出现同一父节点下接两条以上分支线的情况时，可创建 k 个虚拟节点（k 为该节点下接的分支线数），分别对各条分支线进行编号，其中虚拟节点与实际节点距离为零，保证节点之间无线损。具体编号方法如图 7-4 所示。

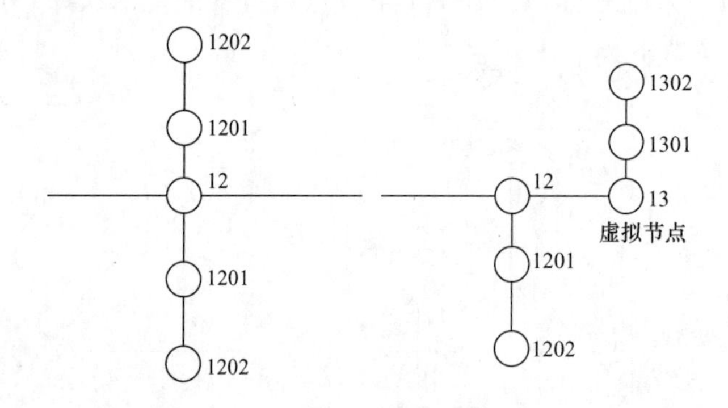

图 7-4 特殊编号处理示例

从拓扑结构来看，广度优先搜索编号法不仅可以更清晰地反映节点所在的层数及节点在支路上的位置，还能准确反映支路间的位置关联，为潮流分析计算提供准确的网络拓扑结构。

7.3 配电网潮流计算

由于配电网络节点数众多，网络规模庞大，使用牛顿拉夫逊法或快速解耦法时节点导纳矩阵非常庞大，运算效率低。实际配电网络的潮流求解时，考虑采用前推回代法，该方法收敛性能良好，占用内存小，计算效率高，编程简单，易大规模运用。本节重点介绍前推回代法在潮流计算中的应用。

首先要搜索节点关系，确定拓扑结构表，为了配合算法和避免复杂的网络编号，采用以下原始数据输入结构，不用形成节点导纳矩阵就可以自动搜索节点关系，确定网络的拓扑结构。随后，经过多次按层遍历的广度优先搜索，形成节点之间的层次关系，从而确定前推回代潮流算法的节点计算顺序。

确定节点编号顺序后进行潮流计算，步骤如下：

1. 给定平衡节点

已知配电网的始端电压和末端电压，以馈线为基本计算单位。初始化所有节点电压，令全网电压都为额定电压。

2. 回推支路功率

根据负荷功率由末端向始端逐段推算，仅计算各元件中的功率损耗而不计算节点电压，求得各支路上的电流和功率损耗，并据此获得始端功率，此为回代过程。

3. 前推节点电压

根据给定的始端电压和求得的始端功率，由始端向末端逐段推算电压降落，求得各节点电压，此为前推过程。

4. 收敛判定

由给定的收敛条件确定是否继续迭代。如节点电压偏移量判据：$\max[\Delta U_j(k)]<e$，即节点j的第k次迭代计算出的电压幅值与第$k-1$次迭代计算出的电压幅值差要小于给定的数值e。

以单条配电网线路的潮流计算为例进行说明，如图7-5所示。

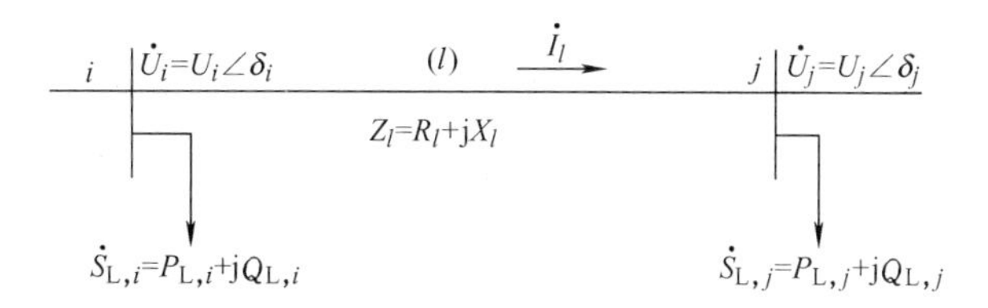

图7-5　单条配电网线路的潮流表示

1）节点j处的负载电流为

$$\dot{I}_{L,j}=\left(\frac{\dot{S}_{L,j}}{\dot{U}_j}\right)^*=\left(\frac{P_{L,j}+jQ_{L,j}}{U_j\angle\delta_j}\right)^* \tag{7-1}$$

式中，$\dot{S}_{L,j}=P_{L,j}+jQ_{L,j}$为线路末端负载功率；$\dot{U}_j=U_j\angle\delta_j$为节点$j$处电压。

2）根据 KCL，求得支路 l 上的电流 $\dot{I}_l$ 为

$$\dot{I}_l = \left(\frac{P_{L,j} + jQ_{L,j}}{U_j \angle \delta_j}\right)^* + \sum_{k=1}^{m} \dot{I}_k \tag{7-2}$$

式中，$\left(\frac{P_{L,j} + jQ_{L,j}}{U_j \angle \delta_j}\right)^*$ 为线路末端负载电流；$\sum_{k=1}^{m} \dot{I}_k$ 为线路的所有分支电流和。

3）由步骤 1）和 2）可求出所有支路的支电流，再利用已知的根节点电压，从根节点向后顺次求得各个负荷节点的电压为

$$\dot{U}_j(1) = \dot{U}_i(1) - \dot{I}_l(0) Z_l \tag{7-3}$$

其中，i 为父节点，j 为子节点，Z_l 为支路 l 的阻抗，$\dot{U}_i(1)$、$\dot{U}_j(1)$ 分别为第一次迭代时节点 i、节点 j 的电压，$\dot{I}_l(0)$ 为第一次电压迭代前计算得到的支路 l 电流。

4）各节点的电压幅值修正量为

$$\Delta U_j(1) = |\dot{U}_j(1) - \dot{U}_j(0)| \tag{7-4}$$

5）计算节点电压修正量的最大值 $\max[\Delta U_j(k)]$。

6）判别收敛条件为

$$\max[\Delta U_j(k)] < e \tag{7-5}$$

式中，k 为迭代次数，若最大电压修正量小于阈值，则跳出循环，输出电压计算结果；否则重复步骤 1）~6），直到满足 6）中收敛条件为止。

7）在得到各个节点的电压电流后，计算线路潮流为

$$\dot{S}_l = \dot{U}_j \dot{I}_l \tag{7-6}$$

需要注意的是，输电网中的电气元件及负荷均为三相对称，因此可以按照单相进行潮流计算。然而，由于配电网采用闭环结构，开环运行，支路参数比（R/X）较大，同时还存在大量不对称负荷，三相电压、电流不再对称，所以有必要对配电网分相进行潮流分析计算。

7.4 配电网状态估计

配电数据采集系统（主要是配电 SCADA 系统）采集系统的实时数据构成实时数据库，根据实时数据库进行在线、历史和预测的三相潮流计算与运行决策分析。但是实时数据库存在下列明显的缺点：① 数据不齐全，在实际配电网中考虑经济成本，仅在重要的厂站中安装 RTU，从而导致不能测量到所有节点的运行参数；② 数据不精确，RTU 采集到的运行参数等数据需要经过 TA、TV、变送器、A－D 转换器等传送到调度中心，在传输过程中数据的变换存在一定的误差，使最后传送到调度中心的数据与 RTU 采集的原始数据存在误差；③ 数据传输过程中受到干扰而造成错误数据，数据在传输过程中会受到各种各样的干扰，可能会出现错误数据。

消除测量数据误差最常用的方法是多次重复测量，而配电网中的电气参数是实时变化的，所以无法进行重复测量，而是采取冗余测量的方法，减小误差。

配电网状态估计（Distribution State Estimation，DSE）是一种利用测量数据的相关度和

冗余度，应用计算机技术对运行参数进行数学处理，以提高数据的可靠性与完整性，有效获得电力系统实时状态信息的方法，是配电网高级应用分析的基础。

7.4.1 输电网和配电网的差异

与输电网相比，配电网的模型和运行存在很多差异：① 网络结构，输电网以网状拓扑结构为主，而配电网正常运行时多呈现辐射状的拓扑结构，且分支较多、负荷点较多，在故障处理或者负荷调度时会出现弱环网的拓扑结构；② 配电网的实时量测少，而且配电网在线路设备的数量上远远超过输电网，这使得配电网的直接可观测程度远远小于输电网，需要依靠计量系统的离线或准实时负荷信息生成伪量测，实现配电网的可观测性；③ 输电线路的电气参数三相平衡，而配电线路中 R/X 的变化范围较大且存在较大的相间互感使线路参数不平衡，配电网末端存在大量的单相、两相负荷导致三相负荷不对称，所以配电网必须采用三相模型。

7.4.2 状态估计的原理及方法

配电网状态估计是根据配电系统的量测信息获得电力系统运行信息的一种方法。量测信息包括节点电压、支路电流、支路功率。量测信息根据得到方式的不同还可以分为实时量测、伪量测、虚拟量测。实时量测是指通过测量表计直接测量得到的量测信息；伪量测是根据用户数据库中用户的电费数据、用户种类、用户负荷曲线、容量等数据进行预测而得到的量测信息；虚拟量测是不需要安装量测装置就能得到且保证总是正确的数据，如中间节点的零负荷注入就是虚拟量测。

（1）加权最小二乘法

配电网状态估计算法最常用的是加权最小二乘估计。加权最小二乘法是以计算得到的状态变量的估计值所对应的量测估计值与量测值之差的加权二次方和最小为目标的估计方法。

在给定系统网络接线、支路参数和量测系统的条件下，设系统状态变量的个数为 n，量测量的个数为 m，反映量测量和系统状态变量之间的关系可以写为

$$z=h(x)+v \tag{7-7}$$

式中，z 为量测量向量，$z=(z_1, z_2, \cdots, z_i, \cdots, z_n)^{\mathrm{T}}$，$z_i$ 为系统的第 i 个量测量；x 为状态变量向量，$x=(x_1, x_2, \cdots, x_i, \cdots, x_n)^{\mathrm{T}}$，$x_i$ 为系统的第 i 个状态变量；v 为量测误差向量，$v=(v_1, v_2, \cdots, v_i, \cdots, v_n)^{\mathrm{T}}$，$v_i$ 为第 i 个量测量的量测误差；$h(x)$ 为非线性量测函数，描述了量测向量 z 与状态向量 x 之间的关系，根据实际情况，$h(x)$ 有特定的具体表达式。

建立基于加权最小二乘法的系统状态估计的目标函数：

$$\min J(x)=(z-h(x))^{\mathrm{T}}\boldsymbol{W}[z-h(x)] \tag{7-8}$$

式中，$\boldsymbol{W}$ 为量测权重矩阵，$\boldsymbol{W}=[w_1, w_2, \cdots, w_n]^{\mathrm{T}}$，$w_i$ 为第 i 个量测量 z_i 的权值。

对目标函数求最小值 $\min J(x)$，即可以求解出系统状态的估计值 $\hat{x}$。为求得 $\hat{x}$，将式(7-8)所示的目标函数对 x 求偏导，令其为零，即：

$$\frac{\partial J(x)}{\partial x}=-2\boldsymbol{H}^{\mathrm{T}}(x)W[z-h(x)]=0 \tag{7-9}$$

等价于求解方程：

$$f(x)=\boldsymbol{H}^{\mathrm{T}}(x)\boldsymbol{W}[z-h(x)]=0 \tag{7-10}$$

其中，$\boldsymbol{H}(x)$被称为雅克比矩阵，其阶数为$m\times n$。

$$\boldsymbol{H}(x)=\frac{\partial h(x)}{\partial x}=\begin{pmatrix} \frac{\partial h_1(x)}{\partial x_1} & \frac{\partial h_1(x)}{\partial x_2} & \cdots & \frac{\partial h_1(x)}{\partial x_n} \\ \frac{\partial h_2(x)}{\partial x_1} & \frac{\partial h_2(x)}{\partial x_2} & \cdots & \frac{\partial h_2(x)}{\partial x_n} \\ \vdots & \vdots & \cdots & \vdots \\ \frac{\partial h_m(x)}{\partial x_1} & \frac{\partial h_m(x)}{\partial x_2} & \cdots & \frac{\partial h_m(x)}{\partial x_n} \end{pmatrix} \tag{7-11}$$

这样求解式(7-8) 就转化为求解式(7-10)。利用泰勒级数将$f(x)$ 在系统运行状态x_0附近展开，忽略二次项及以上的高阶项，可以得到牛顿法形式的迭代公式：

$$\Delta x^{(k)}=[\boldsymbol{H}^{\mathrm{T}}(x^{(k)})\boldsymbol{W}\boldsymbol{H}(x^{(k)})]^{-1}\boldsymbol{H}^{\mathrm{T}}(x^{(k)})\boldsymbol{W}[z-h(x^{(k)})] \tag{7-12}$$

$$x^{(k+1)}=x^{(k)}+\Delta x^{(k)} \tag{7-13}$$

然后，对式(7-12) 和式(7-13) 利用牛顿法迭代求解，直到满足收敛判据，即$\|\Delta x^k\|<\varepsilon$时就可以得到系统状态的估计值$\hat{x}$。

(2) 状态估计的方法

根据状态变量的不同，状态估计的方法可以分为节点电压状态估计、支路电流状态估计、支路功率状态估计。这三类方法的量测量均可以是电流、电压或功率，每一种量测量都会存在对应的非线性量测函数，在此不再赘述。三类状态估计方法的简单对比见表7-1，配电网状态估计的基本流程图如图7-6所示。

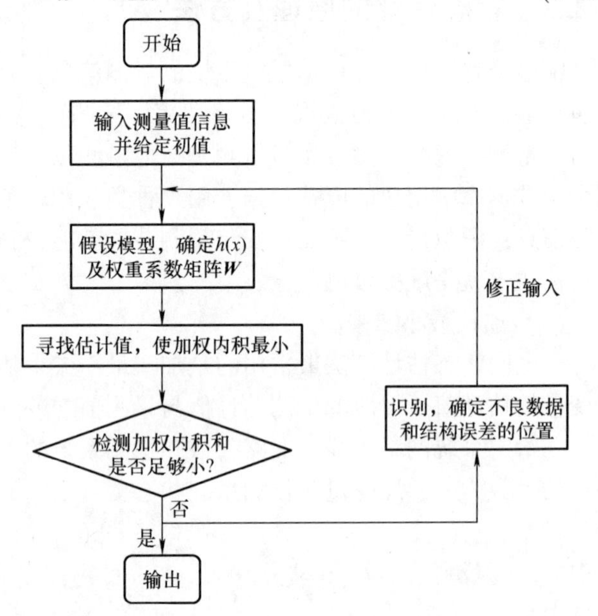

图7-6　配电网状态估计流程图

表7-1　状态估计三类方法的对比

	状态变量	特　点
节点电压	节点电压的幅值和相角或实部和虚部	能够处理多种量测，具有求解环网的能力，内存的使用量大、计算量大
支路电流	支路电流的幅值和相角或实部和虚部	线性化程度高，计算速度快，编程简单，对弱环网有很好的处理效果，要求功率量测成对出现，量测变换后的等效复电流量测在迭代过程中变化较大，影响算法的收敛性
支路功率	支路上的有功功率和无功功率	能够处理多种量测，提高了可观测性，提高了状态估计精度，且不要求有功功率和无功功率成对出现，对量测配置的适应性强，计算效率高

7.5 配电网络重构

配电网络中含有大量的分段开关和少量的联络开关，分段开关是常闭开关，一般是在系统发生故障时用以隔离故障部分；联络开关是常开开关，一般用以提供可选的供电通路。由于这些开关的数量众多，在满足负荷要求的前提下，供电路径并不唯一，而其中必然有一种供电路径形成的网络结构在安全性和经济性等综合指标最优。因而，在系统正常运行时或需要故障恢复时，可根据实时的负荷情况来改变这些开关的状态，调整网络结构使系统更加安全、经济地运行，这就是实现网络重构的目的。系统在正常运行时，通过配电网络重构，一方面可以使负荷平衡化，以提高供电电压质量；另一方面可以降低系统网损，提高系统的经济性。由此可见，配电网络重构是优化配电系统运行、提高系统安全性和经济性的重要手段。

配电网络重构主要有两方面内容：一是配电网络优化重构（也称配电网络重构）；二是配电网络故障后重构（也称配电网故障恢复）。前者主要是从网络运行的经济性出发，尽可能地减少电能在配电线路上的损耗；后者主要考虑恢复对停电区域的供电，同时兼顾故障恢复后的网损。

7.5.1 配电网络重构

配电网络重构的概念于1975年首次提出，兴起于20世纪80年代后期。早期的配电网络重构主要研究通过怎样的供电路径给新用户供电可以使得收益最大化，即研究配网规划阶段的配电网络重构问题。研究结果表明，配电网络通过重构可以提高供电可靠性，降低配电网络有功损耗，因此，配电网络重构已成为目前电力系统的研究热点之一，研究的重点主要在于求解重构目标函数的算法。

配电网络重构的目标有很多种，常用的目标有网损最小化、负荷均衡化和提高供电质量、提高系统的稳定性和可靠性。目前的研究主要集中在以网损最小为目标和配电负荷均衡化为目标两大类中，下面主要介绍这两类目标。

1. 网损最小

配电网络的网损主要包括导线的损耗和变压器的损耗，一般通过配电网络重构只影响到前者，因此网损最小的目标函数可以表示为

$$\min f = \sum_{i=1}^{N_{\mathrm{b}}} k_i r_i \frac{P_i^2 + Q_i^2}{U_i^2} \tag{7-14}$$

式中，f为配电网络的有功损耗；N_{b}为系统支路数总和；k_i为开关i的状态（0表示分闸，1表示合闸）；r_i为支路i的电阻；U_i为支路i末端节点的电压；P_i、Q_i为流过支路i的有功功率和无功功率。

约束条件：

1）网络拓扑约束：辐射状运行且无供电孤岛。

2）支路容量约束：$S_i \leqslant S_{i,\max}$。其中，S_i为流过支路的复功率；$S_{i,\max}$为支路i的额定传输容量。

3）节点电压约束：$U_{i,\min} \leqslant U_i \leqslant U_{i,\max}$。其中，$U_i$、$U_{i,\max}$、$U_{i,\min}$分别为节点 i 的电压及其上下限。

2. 平衡负荷

以负荷均匀分布、提高电网的安全性和供电质量为目标的目标函数为

$$\min \sum_{i=1}^{N_b} \left| \frac{S_i}{S_{i,\max}} \right|^2 \tag{7-15}$$

式中，N_b 为系统支路数总和；S_i 为流过支路的复功率；$S_{i,\max}$为支路 i 的额定传输容量。

7.5.2 配电网故障恢复

配电网络是电力企业与用户的界面，也是对用户服务和管理的主要阵地，因此配电网络的供电可靠性和电能质量越来越受到人们的重视。当配电网络出现永久性故障时将会造成用户的供电中断，因此，制定高效的故障恢复策略，对于保证配电网的安全经济运行十分重要。

配电网络故障恢复是指当配电网络发生永久性故障时，将发生故障的电气设备切除并根据网络当前的拓扑结构，在满足相关约束条件的前提下，通过一系列开关的操作对配电网络进行恢复性重构，寻找对失电的非故障区域恢复供电的最优路径。配电网络故障恢复是多目标、多约束的非线性组合优化问题。下面对常见配电网络故障恢复数学模型（以恢复最多用户供电为目标、以恢复供电后网损最小为目标）进行简要介绍。

1. 恢复最多用户供电

配电网络故障恢复首先要保证恢复尽可多的用户供电，即保证失电的用户最少，目标函数为

$$\min F_c = \sum_{i=1}^{N} C_{i\text{loss}} \tag{7-16}$$

式中，N 为网络中总节点数；$C_{i\text{loss}}$为第 i 节点停电用户数。

2. 恢复供电后网损最小

配电网络如果有几种故障恢复方案时，还应该考虑配电网络运行的经济性，即使得故障恢复后网损最小，目标函数为

$$\min F_p = \sum_{i=1}^{N} K_i R_i \, |I_i|^2 \tag{7-17}$$

式中，N 为支路数；K_i 为支路开关 i 的状态（0 表示开关闭合、1 表示开关断开）；R_i 为支路 i 的电阻；I_i 为流过支路 i 的电流。

3. 以开关动作次数最少为目标

由于开关的操作次数有限，为延长其使用寿命，还应该保证开关的操作次数尽可能的少，目标函数为

$$\min F_k = \sum_{i=1}^{m_l} (1 - y_i) + \sum_{j=1}^{n_l} z_j \tag{7-18}$$

式中，y_i、z_j 分别为分段开关和联络开关在重构后的状态（0 表示开关闭合、表示开关断开）；m_l、n_l 分别为配电网络中分段开关和联络开关数。

约束条件：

1）配电网辐射状运行约束：$g \in G$。其中，G为辐射状网络拓扑结构。

2）支路电流约束：$I_i \leqslant I_{i,\max}$。其中，I_i为故障恢复后系统中的电流；$I_{i,\max}$为支路最大允许通过电流。

3）节点电压约束：$U_{i,\min} \leqslant U_i \leqslant U_{i,\max}$。其中，$U_i$、$U_{i,\max}$、$U_{i,\min}$分别为节点$i$的电压及其上下限。

第 8 章 智能配用电技术

8.1 计及广义需求侧资源的自动需求响应

需求响应（Demand Response，DR）是电力需求侧管理（DSM）在电力市场中的最新发展，是指电力用户根据价格信号或激励机制做出响应，改变固有习惯用电模式的行为。近年来，国际上提出了自动需求响应（Automated Demand Response，Auto-DR）的概念，Auto-DR是需求响应最新的实现形式。随着分布式发电和储能技术的应用和发展，未来需求侧将不仅仅包含传统负荷，还将存在可控负荷、分布式电源、储能及电动汽车等多种资源，统称为广义需求侧资源。

本节对计及广义需求侧资源的用户侧自动需求响应机理展开介绍，首先介绍了含广义需求侧资源的智能用电单元，然后进行了需求侧资源的适用性分析，包括负荷资源、分布式电源资源、储能和电动汽车资源。基于需求响应的分类，介绍了用户侧自动需求响应的两种典型运行模式以及实现用户侧自动需求响应的电气与信息架构。最后介绍了促进自动需求响应实施的开放式自动需求响应通信规范，归纳总结了其通信架构并重点定义了需求响应自动化服务器的功能接口与特点。

8.1.1 含广义需求侧资源的智能用电单元

智能用电单元是落实智能用电思想的需求侧执行环节。从用户类型上，一般可分为居民用户、商业用户和工业用户等；从用户数量及空间位置关系上，可分为个体用户和集体用户。个体用户是智能用电单元的最小形态，本质上是不可分割的，定义为节点型智能用电单元；而集体用户是由某个商业建筑、居民小区、工业园区中一定数量的个体用户构成，通常是节点单元的聚合形态，定义为聚合型智能用电单元。

传统需求侧资源主要指能够对电价信号或激励机制做出响应的负荷资源。智能电网可兼容多种分布式发电和储能形式，尤其是大量的可再生分布式电源。基于智能用电单元中先进的传感与控制技术，可以将这些资源转化为新型、广义的需求侧资源。

根据具体情况，广义需求侧资源可分布于不同类型的智能用电单元中。首先，负荷资源是客观存在的，根据用户类型及单元形态，负荷资源的量级、可调控性、可计划性存在明显差异；其次，分布式电源、储能与电动汽车等资源仍处在发展阶段，随着技术水平的提高及成本的降低，可存在于多种用户类型及单元形态中。通常，需求侧资源既可以是个体独有，也可以是集体共有。

8.1.2 需求侧资源的适用性分析

1. 负荷资源

根据用户类型不同，相应的负荷资源也存在差异。居民用户的负荷主要来自家用供热、通风及空调（Heating，Ventilation and Air Conditioning，HVAC），冰箱、热水器、照明、娱乐、厨用及其他生活电器等；商业负荷主要包括照明、HVAC、计算机办公及其他商业展示类负荷等；工业负荷则是以机械、电解、电热等与生产方式相关的长期连续负荷为主，也包括 HVAC 及照明类负荷。

负荷资源特性受生活方式、生产方式与库存、工作性质、天气等因素的影响。其中，居民负荷主要受生活方式及天气因素的影响；商业负荷主要受工作性质与天气因素的影响；工业负荷则主要取决于生产方式、产品库存、需求与产量等。

从负荷的可调控性上，目前存在多种分类方法，如可分为基线负荷、爆发性负荷、常规负荷，也可分为可计划、可控、可监视、可检测类负荷。总结现有的研究成果，考虑负荷可调控性的功率及时间因素，负荷资源可分为三类：① 根据生活、工作方式的需求自然发生，具有强制性和随机性，且难以实施调控的负荷，定义为基线负荷；② 通常长时间运行，受温度及气候因素的影响，但功率可调整甚至被间歇性中断的负荷，定义为可调控负荷；③ 具有相对固定的起停及运行持续时间的负荷，如洗（干）衣机、洗碗机、消毒柜等，这类负荷功率不太方便调控，但运行时间可灵活安排，定义为可计划负荷。

自动需求响应模式下的负荷分类及影响因素如图 8-1 所示。

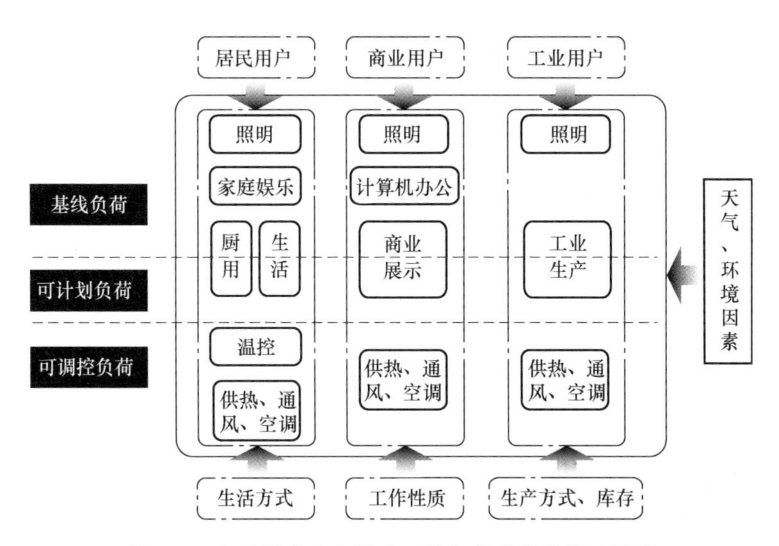

图 8-1 自动需求响应模式下的负荷分类及影响因素

2. 分布式电源资源

光伏发电被认为是最适合在用户侧推广应用的可再生能源发电形式。近年来，分布式光伏发电在欧洲国家已经得到了广泛的应用，我国遵循“自发自用、余量上网、电网调节”的基本原则，也在积极推进用户侧的光伏应用。对于以工业、商业、居民用户为主体的智能用电单元，分布式光伏发电皆具有较好的适用性。

风力发电是近年来可再生能源开发利用的主要形式。总体上，风力发电受风资源的限制较大，在城市环境下，用户侧安装风机的运行效果欠佳，而对部分偏远地区、海岛的用户具有较强的适用性。

微型燃气轮机具有污染小、多燃料、低燃料消耗率的特点，并兼顾冷热等负荷需求，可调控性高。在燃料供应充足的前提下，适合大部分地区的中心城市及远郊农村，是用户侧小型分布式发电及冷热电联供的合理方式。

由于光、风等一次能源具有间歇性与波动性，当分布式光伏或风电规模化接入电网后，很可能对电网产生不利影响。通过用户侧自动需求响应，建立分布式电源与负荷资源的直接关联，可有效促进可再生能源的就地消纳利用，降低对电网的影响。微型燃气轮机能兼顾冷热负荷，可结合用户综合能源需求与需求响应策略，实现优化调控运行。

3. 储能与电动汽车资源

根据当前的技术水平，以锂电池为代表的储能形式在智能用电单元中具有较大的发展潜力，可用于平抑可再生能源发电的间歇性及波动性问题，提高可再生能源的就地消纳利用比例。目前，已有研究机构在探讨分析用户侧分散储能的可行性。

电动汽车充放电设施一般分为三类：① 分散式交流充电桩，多用于居民小区、公共停车场等，采用慢充方式；② 常规充电站，采用中速或快速充电；③ 大型充（换）电站，除基本充电功能外还可提供动力电池更换和配送服务，可以向电网回馈电能（V2G）并参与负荷峰谷调节。

电动汽车具备可控负荷和储能单元的双重属性，既可以作为可调控、可监测的负荷，也可以作为移动式储能单元，为本地负荷及电源提供有功无功支持。根据充放电设施类型，分散充电桩及常规充电站更可能接于智能用电单元，成为自动需求响应的调控资源。

8.1.3 用户侧自动需求响应模式

1. 需求响应分类

一般意义上，可用于智能用电的需求响应存在两种基本形式：基于价格的需求响应与基于激励的需求响应。基于价格的需求响应是指用户为响应电价变化而做出的避峰就谷等用电行为，一般是用户为了节约电费或者换取经济补偿而实施的用电变化行为；基于激励的需求响应是指用户愿意以中断电力使用换取经济激励的行为，一般是电网运行者为了维持系统可靠性而实施的中断供电行为。

对于用户而言，可根据自身所拥有的需求侧资源类型、数量及基本特性，灵活选择参与不同的需求响应项目。

2. 用户侧自动需求响应的实现方式

在以个体或集体用户为主体的智能用电单元中，在保障用电需求的基本前提下，通过信息通信技术，自动响应市场价格信号或激励机制，对负荷、分布式电源、储能及电动汽车等需求侧资源实现优化决策安排与功率分配执行，实现以用户为主体的用电经济性目标。其中，需求响应激励是外因，需求侧资源的优化调配是难点，信息通信技术是支撑。

实现用户侧自动需求响应有两种典型的运行模式：一种是“独立用户 + 节点型智能用电单元”；另一种是“集体用户 + 聚合型智能用电单元”。

对于模式一，需求侧资源完全属于独立用户自有可控的范畴，用户可自主决策，此时自动需求响应的实现方式如图 8-2 所示。实现模式一的最低要求是用户具有可调控或可计划的负荷资源，其他需求侧资源可选。

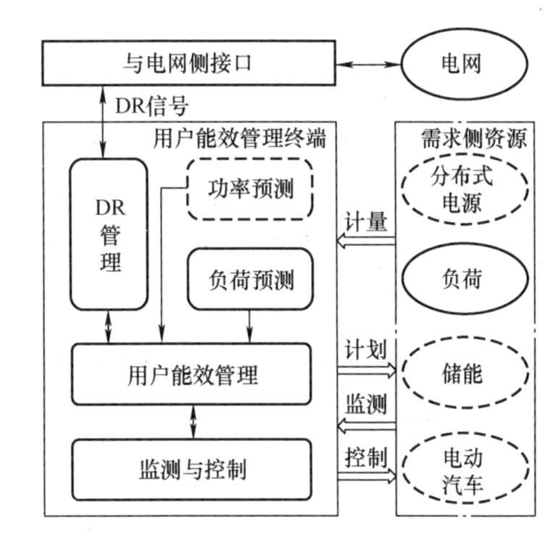

图 8-2　独立用户自动需求响应的实现方式

对于模式二，需求侧资源可分为两部分：一是各节点用户自有的负荷资源；二是集体用户共有的可控负荷、分布式电源、储能及电动汽车等资源。此时自动需求响应的实现方式如图 8-3 所示。节点层各单元由用户自主控制，聚合层可由小区运营商集中控制。

上述讨论的两种模式，用户可结合自身特点和需求来选择。以居民用户为例，高层住宅的用户可采用模式二，别墅住宅的用户则两种模式都可选择；对于工业用户，独立型的工厂可选择模式一，而园区内的工厂则两种模式都可选择；对于商业用户，独立的商场或酒店可选择模式一，公司/写字楼可选择模式二。其他用户形态可类推。

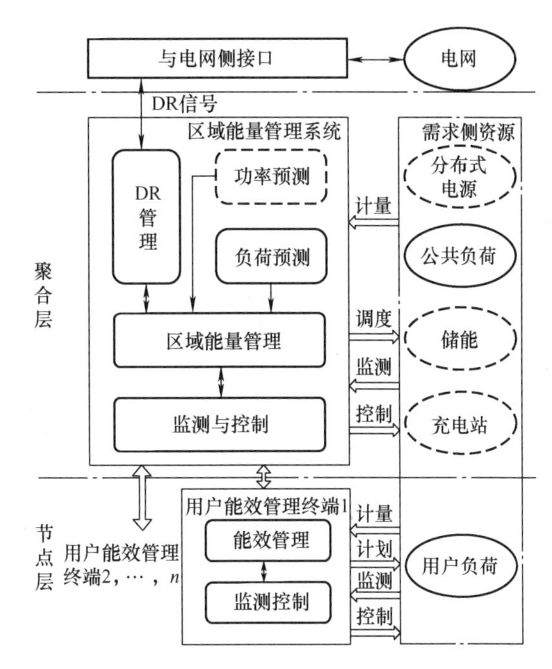

图 8-3　集体用户自动需求响应的实现方式

3. 实现用户侧自动需求响应的电气与信息架构

从电气架构上，聚合型及节点型智能用电单元都属于低压配电网的范畴，采用交流供电方式，电压等级为 380V/220V。近年来，低压入户直流配电网也逐渐成为关注的热点。

从通信架构上，节点单元内部多通过以太网、Wi-Fi、ZigBee 等方式连接，由智能电能表、能效管理终端与各类需求侧资源之间形成有效的信息交换网络，通常称为家域网/商域网。聚合单元由一定数量的节点单元构成，一般需配置区域能量管理及监控系统，形成对各节点单元能效终端的监控。某些情况下，小区/厂区/园区内可能存在共用的分布式电源及可调控负荷，区域能量管理及监控系统也需要与这些资源之间实现实时的信息交换。根据聚合单元的节点数量、范围大小及信息类型，在聚合单元内部可采用光纤、低压配电线载波、以太网或 Wi-Fi 的混合通信方式。

为获取价格和激励信号，并准确计量计费，智能用电单元与运营商之间需建设完善的高级量测体系。智能用电单元的典型电气及通信架构如图 8-4 和图 8-5 所示。

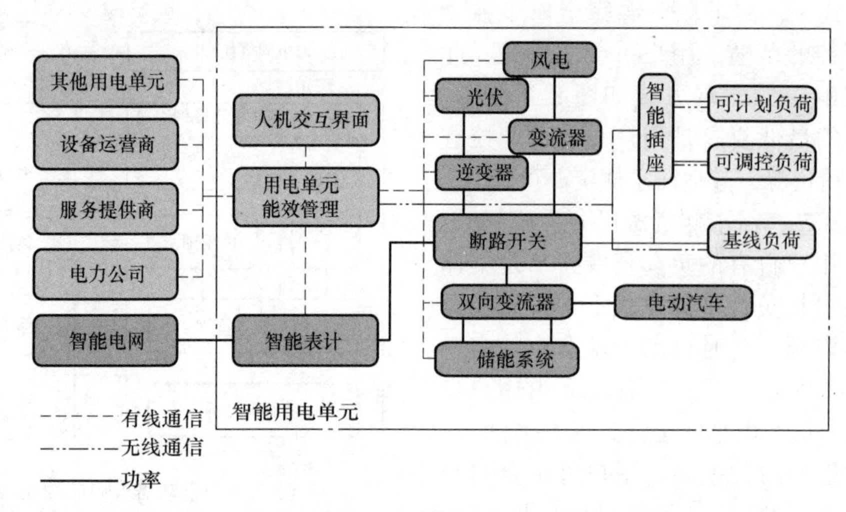

图 8-4　节点型智能用电单元的典型电气与通信架构

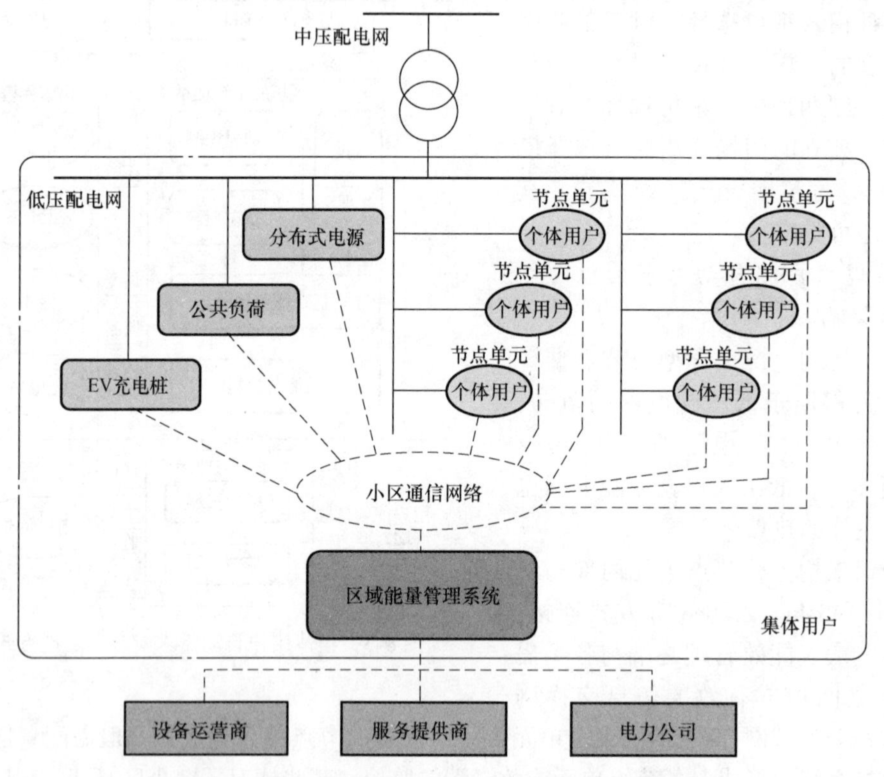

图 8-5　聚合型智能用电单元的典型电气与通信架构

8.1.4　开放式自动需求响应通信规范

开放式自动需求响应通信规范（Open Automated Demand Response Communications Specification，OpenADR），是实现需求响应自动化的基础，同时也是自动需求响应技术的重要内容。OpenADR 提供了一个公用的、开放式、标准化的需求响应技术接口，使得电价和可靠性信息能够自动转化为负荷削减或转移信息，并利用信息通信网络高效、安全、便捷地从电网公司传送至用户设备控制系统。OpenADR 中开放式的通用数据模型使得用户控制系统能够通过程序设置及时自动地响应 DR 信号，提高了 DR 的可靠性、易操作性、鲁棒性和成本效益。

1. 开放式自动需求响应的通信架构

OpenADR 的通信架构如图 8－6 所示，负荷或负荷聚合商（Load Aggregator，LA）借助应用程序设计接口（Application Programming Interface，API），通过互联网与需求响应自动服务器（Demand Response Automation Server，DRAS）通信时，电网公司也借助 API 通过互联网与 DRAS 通信。通信架构的设计确定了通信系统的结构以及数据模型中需要涉及的实体（即任何可以接收或发送信息的硬件或软件进程），OpenADR 为所有实体提供了相关的通用数据模型，为高效传输信息提供了基础。

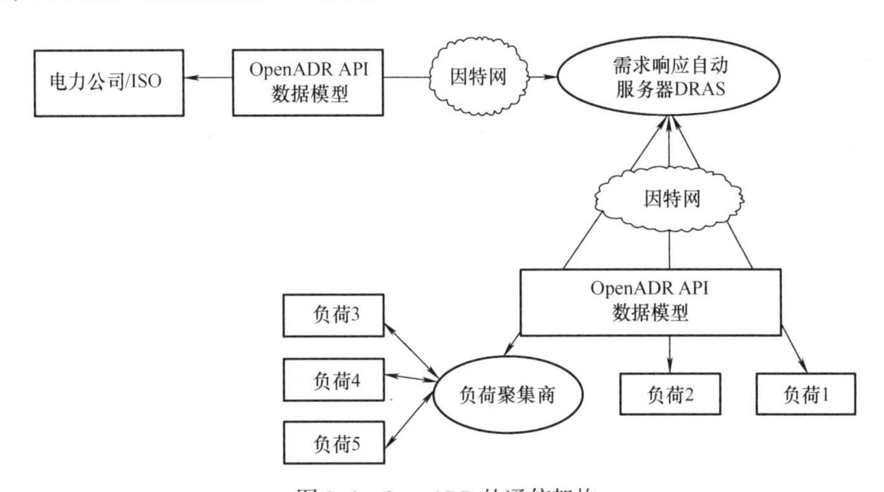

图 8-6 OpenADR 的通信架构

通信架构中，DRAS 是 Auto－DR 项目基础设施的一个重要组成部分，从电力公司角度来看，DRAS 是通过通用的信息映射结构建立动态电价或需求响应激励信息配置文件的载体，使得 Auto－DR 项目的通信能够完全自动化，其功能和特点促进了用户响应的自动化程度的发展。OpenADR 标准通过 DRAS 为所有需求响应供应商和用户提供了通用的语言和平台。

从功能上看，OpenADR 具有以下特点：① 在用户终端提供连续、安全、可靠的信息通信设施，实现信息的双向流通，对需求响应信号做出自动反应；② 自动将需求响应时间信息转化为连续的互联网信号，在用户能源管理系统、照明设备与其他控制设备中实现可互操作性；③ 自动接收需求响应信号并具备可退出功能；④ 数据充足、架构完整且包括价格、需求响应事件信息与其他的内容；⑤ 为需求响应时间信号、楼宇、动态价格提供可伸缩的通信结构；⑥ 灵活开放的通信接口和协议，独立平台、互可操作的系统，可自由整合。

2. DRAS 功能接口

OpenADR 1.0 中定义了三种典型的 DRAS 接口：① 电力公司/ISO 接口，用于发布动态电价或需求响应事件信息；② 用户操作员接口，用于追踪或接收电价或事件类需求响应信息，并配置信息映射结构；③ 客户端接口，支持 OpenADR 客户端使用简单或智能客户端信息。三种接口如图 8-7 所示，根据实际情况，不一定要求上述三种接口都有，如当 DRAS 属于电力公司并整合在其信息技术基础设施中时，则不需要电力公司接口。出于安全考虑，每一个访问 OpenADR 定义的接口的功能都要事先经过 DRAS 使用用户的认证。一般情况下，访问 DRAS 的一个账号可能同时拥有多种安全方面的要求。

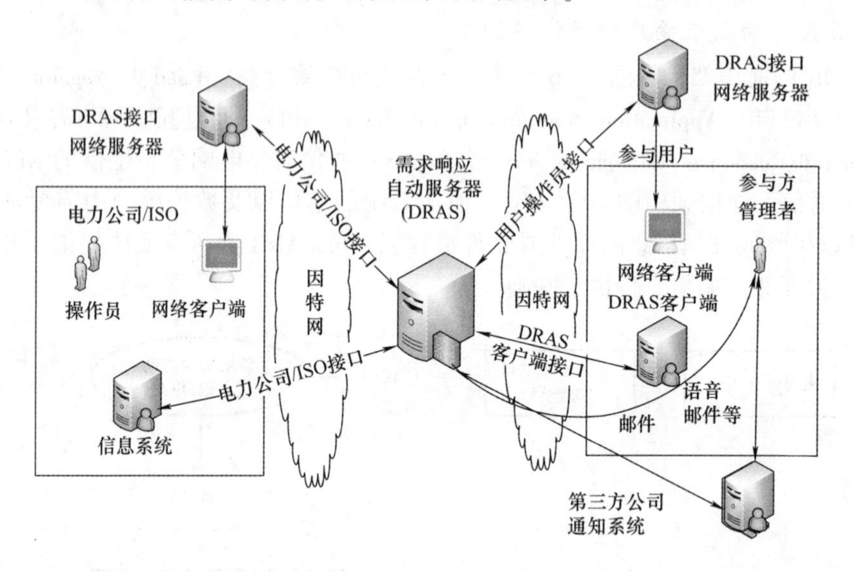

图 8-7　DRAS 接口

2012 年，OpenADR 联盟将 OpenADR 2. 0a 作为美国的国家标准发布。OpenADR 2. 0 比 OpenADR 1. 0 更全面，涵盖了针对美国批发与零售市场的价格、可靠性信号的数据模型，并且根据满足需求响应利益相关方和市场需求的程度，分为不同的产品认证等级，包括 OpenADR 2. 0a、OpenADR 2. 0b 和 OpenADR 2. 0c 框架规范，后一个规范均比前两个提供更多的服务和功能支持（如事件、报价和动态价格、选择或重置、报告和反馈、注册、传输协议、安全等级等）。随着 DR 业务的不断发展，OpenADR 标准也在不断更新与完善。

8.2　可再生能源与电动汽车充电设施的集成模式

可再生分布式发电系统（主要如风电、光伏等）和电动汽车充换电基础设施（如分散式充电桩、充电站、换电站、大/中型充换电站等）通过适当的连接形式构成一个有机的整体系统，配以储能系统、常规负荷、中央控制器等相关电气设备，采用适当的连接方式集中在一起，进而满足电动汽车充换电特性需求和可再生分布式电源的特性调节，实现电动汽车对可再生清洁能源的就地消纳利用。

本节从集成系统的基本问题出发，介绍了电动汽车充换电设施的基本特点和主要可再生分布式电源的适用性。通过探讨集成系统与微电网之间的差异性与同一性，对集成系统的电气连接结构及相应特征进行归纳整理，最后探索并总结了不同充换电设施与分布式光伏电源有机结合的四种典型集成模式，并进行适应性分析。

8.2.1 集成系统的基本问题

1. 电动汽车充换电设施的种类与特点

根据国内外已有的电动汽车充换电基础设施运营和研究现状，可分析归类如下。

（1）分散式交流充电桩

分散式即插即充类充电桩体积小，安装使用较为便利，且价格相对便宜，多应用于单位内部、居民小区或公共场所停车位，其分布、数量无普遍性规律。特点为多采用小电流（约15A）慢速充电模式，约需5～8h（或更长时间）将动力电池荷电状态（State of Charge，SOC）从0充升至100%。分散式充电设施的主要服务对象为乘用车中的出租车、小型私家车及小型公务车。

（2）充电站

一般包含三台及以上充电设备，位于商业区、办公区附近，规划的充电地点明确，具有一定的专属充电场地。充电站大多采用中速或快速充电模式，常规充电时间约3～4h，快速充电（使用直流充电桩）时间约为20min～2h（SOC可充升至80%以上），充电电流为150～400A不等。相比而言，大型充电站由于场地充足，还可满足用户的慢充需求。各类充电站可为乘用车、商用车、特种车等各类车辆提供快、慢充等不同模式的整车充电服务。

（3）换电站

电池更换站主要分为两种模式，即充换电模式和集中充电、统一配送模式。充换电站一般包含数量众多的充电机和动力电池，以及可为大量动力电池包同时充电的电池架。它不仅具有充电站的基本功能（如常规充电和快速充电），还可对储存的电池包进行集中充电（多为慢充形式），主要为公共交通电动汽车提供动力电池的快速更换服务。在另一种换电站模式中，电池配送站更关注用户换电的便利性问题，不承担充电功能，因此站址选择灵活，由集中型充电站为其提供电池充电服务。

2. 可再生分布式电源的适用性

目前，能够用于分布式发电的可再生能源主要包括风能、太阳能和生物质能等。受自然特性、能量密度、开发成本、技术水平和发电效率等诸多条件制约，以下分布式可再生能源就地利用于电动汽车充电更具可行性。

（1）风能的适用性

风能在地球表面蕴藏丰富，是一种无污染、可再生、安全可靠的绿色能源。由于分布式风电建设具有因地制宜、分散布局、多点接入、就地消纳等特点，当大量分布式风电接入配电网时，其出力具有明显的间歇性和波动性，将影响电力系统的正常运行。某些地区风资源过量，造成电网无法完全消纳，弃风现象严重。通过电动汽车充电的可调节特性，可适时地就地消纳一部分弃用的风能，提高风电的利用小时数。

（2）太阳能的适用性

太阳能在地球表面随处可得，是一种无污染、无噪声、对环境友好的绿色能源。由于光伏发电受时间、天气、环境条件（如灰尘）等因素影响，其并网运行过程将出现功率波动和效率偏低等现象。但光伏组件结构简单、体积小、重量轻、便于运输和安装，且光伏发电系统建设周期较短，可根据用电负荷容量灵活组合，目前已在国内外电动汽车充电站有较多的示范性集成应用。研究表明，光伏充电站不会给城市中心带来额外的输配电压力，站内配以少量电池储能可有效缓解光伏输出功率的间歇性波动。

为促进光伏发电等可再生分布式电源的持续健康发展，国家电网公司于2013年2月发布《关于做好分布式电源并网服务工作的意见》，积极为可再生分布式电源并网提供便利条件，开辟绿色通道，提供优惠补贴，并简化并网手续，保证可再生分布式电源在并网就地利用环节没有任何障碍。

3. 实现系统集成的典型电气结构

研究表明，集成系统与微电网之间存在差异性与同一性。

差异性在于：从整体上看，集成系统的规模相对较小，可作为未来微电网中的一个独具特色的子系统或某一交直流子网分支。对于集成系统的研究对象，多针对包含一定数量基本电气单元的具体场景（如电动汽车充换电站中配置可再生分布式电源），系统内各电气单元之间的配电线路较短，线路参数与微电网亦不属同一量级，有时甚至可以忽略。

同一性在于：集成系统内部各组成单元的控制特性包含于微电网基本控制模式之中（如主从控制模式中的 *PQ* 控制、*V/f* 控制；对等控制模式中的下垂控制等）。此外，与普通微电网连接结构相似，电动汽车充放电设施、可再生分布式电源（主要为风电、光伏发电）及储能装置等在集成时可呈现出三种不同的典型连接结构。

（1）直流连接形式

一种含电动汽车充放电设施与可再生分布式电源的直流集成系统如图8-8所示。该系统主要由各种可再生能源、电动汽车、储能装置、电力电子变流装置、负荷和中央控制器等组成。根据不同可再生能源的发电特性，通过相应变流装置接入系统直流母线，再由DC-DC充电装置给电动汽车充电。

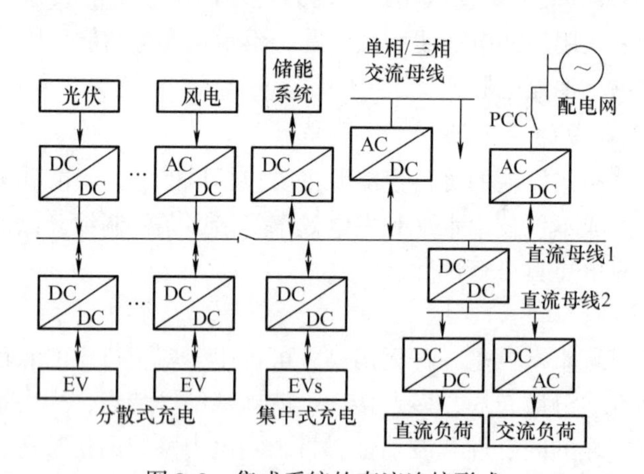

图8-8　集成系统的直流连接形式

直流连接结构中电动汽车充电的优势在于：①可再生能源与直流母线之间仅需一级电压变换装置，建设成本经济，电力传输效率较高；②各种可再生能源之间的同步问题、环流抑制问题能得到更好的解决；③相比交流集成系统，直流连接本质上没有谐波因素干扰，因此具有更好的电能质量。

（2）交流连接形式

一种含电动汽车充放电设施与可再生分布式电源的交流集成系统如图8-9所示。该系统主要构成单元与直流集成系统类似，区别在于采用了交流母线及不同的变流装置。分布式可再生能源通过变流装置连接至交流母线，为电动汽车充换电站、居民小区和停车场的分散式交流充电桩提供电能。

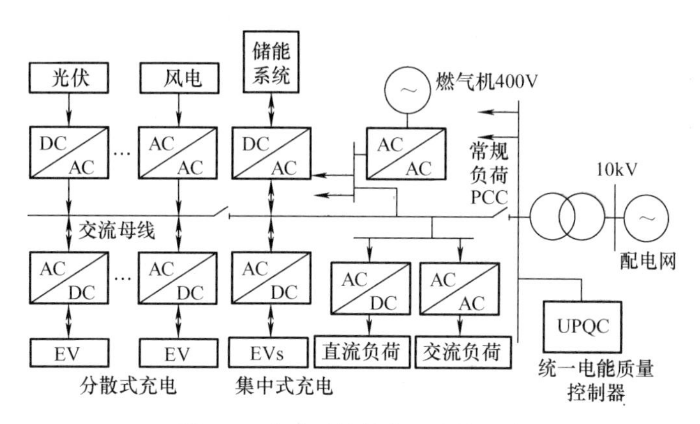

图 8-9　集成系统的交流连接形式

通过对交流母线公共连接点（PCC）端口开关的控制，实现集成系统并网与离网运行模式的转换，使电动汽车不仅可在交流系统中充电，也可在某些时段向配电网释放电能，实现V2G功能。考虑到设备特性、系统建设成本和实现难易程度等现状，交流集成系统目前仍是实现分布式可再生电源与电动汽车充放电设施集成应用的主要形式。

（3）交直流混合连接形式

随着智能电网的发展，含电动汽车充放电设施与分布式可再生能源的集成系统越来越多地呈现出“交直流混合”结构，如图8-10所示。系统中交、直流母线共存，可同时对交、直流负荷供电。直流网络通过DC－DC一级变换连至电动汽车（如PHEV、BEV等），实现充电站内直流快充；或根据需要，通过V2G技术实现能量回馈。交流网络可为电动汽车充换电站、小区停车位上的交流充电设施提供电能。本质上，这种混合连接结构仍可看作是交流集成系统，直流网络整体可视为一种特殊的直流电源或负荷。

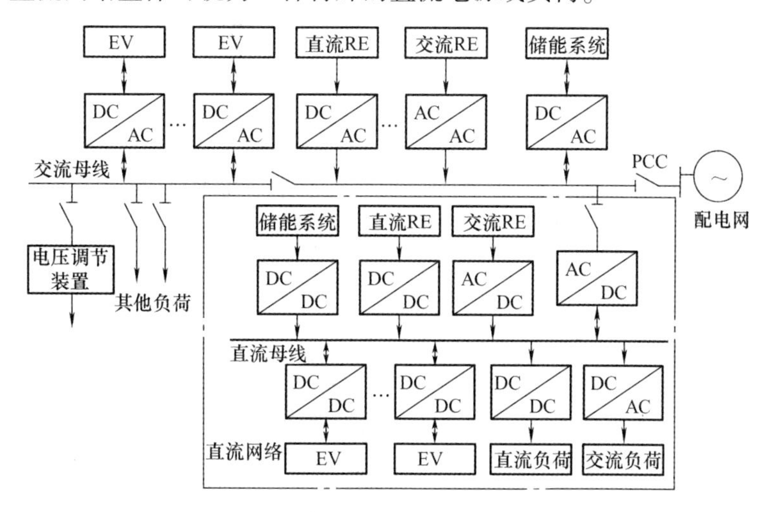

图 8-10　集成系统的交直流混合连接形式

8.2.2 典型集成模式及其适应性分析

1. 分散式充电桩与光伏发电的集成

考虑到居民小区、单位、公共场所内分布式可再生电源建设的可能性，此类充电设施最适合与分布式光伏发电系统集成，将其建设于工作单位、居民小区等相关建筑屋顶或露天停车场顶棚位置，如图8-11所示。该集成方式主要适用于私家车及小型公务车用户，符合其随机、灵活的充电特点。

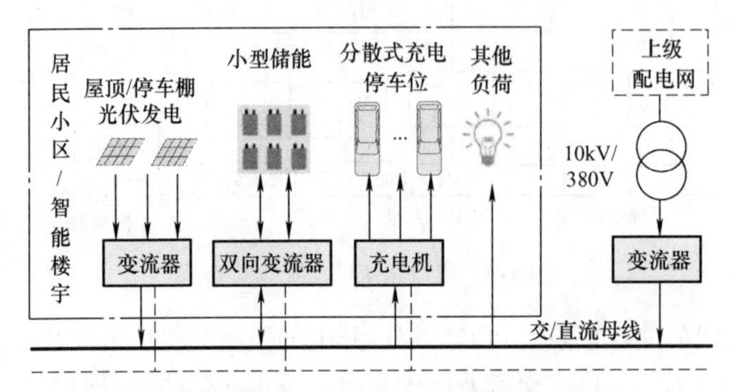

图8-11 模式一：分散式光伏充电系统示意图

此类集成模式下，分散式充电桩多采用小电流慢速充电模式，充电时长约5～8h，用户充电行为多在白天工作时间（直接利用光伏发电）或夜晚休息时间（利用小型储能装置白天存储的光伏发电功率和配电网）进行。由于分散式充电桩设计容量一定，根据目前用户侧的供电情况，将不对用电区域供电稳定性产生明显影响。

2. 充电站与光伏发电的集成

充电站本身具有一定的占地面积，一般情况下，城市内的充电站适宜集成光伏发电系统，如图8-12所示。该集成方式可为商用车、乘用车及特种车等各种车辆提供快、慢充等不同形式的整车充电服务。

与集成模式一不同，模式二充电站内充电需求较大，因此光伏发电、储能系统等各电气单元的配置容量将明显提高。

此类集成系统各电气组成单元的主要功能如下：

（1）光伏电池阵列

由太阳能电池板串、并联组成，光伏阵列吸收太阳能并发出直流电，经相应变流模块接入充电系统，是站内电动汽车分散式充电桩的主要电源。

（2）储能电池组

在系统中起到能量储存和调节作用。当光伏发电量过剩时，储存多余的电能；光伏不足时，由储能（或与交流配电网一起）向电动汽车充电。

（3）多组变流模块

作为光伏电池阵列、储能电池组和电动汽车充电系统的变流单元。

当系统为直流形式连接时，光伏发电系统和电动汽车充电系统使用能量单向流动的DC－DC模块，储能电池组使用能量双向流动的DC－DC模块。当系统为交流连接时，光伏发电和电动汽车充电单元使用能量单向流动的AC－DC模块，储能电池组使用能量双向流动

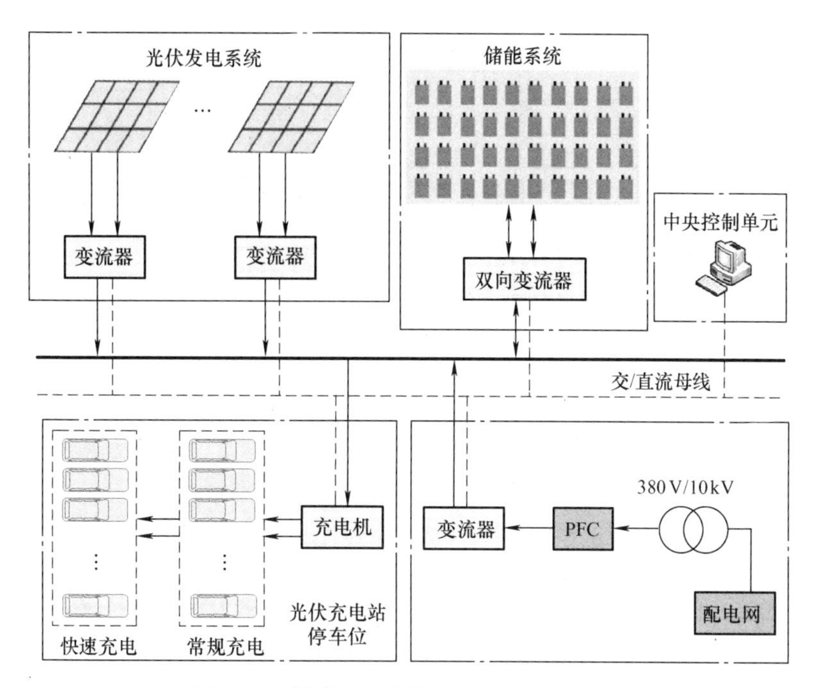

图 8-12 模式二：光伏充电站系统结构图

的 AC－DC 模块。对集成系统来说，变流模块的不同仅影响其自身有效变流效率。

（4）配电网变流模块

作为交流配电网与光伏充电系统的连接单元。根据站内充电需要和系统母线连接形式，将配电网输入的交流电经相应转换后接入充电系统。

（5）中央控制器

采集系统内各电气单元的实时信息，实现能量的监测与控制，协调系统各组成单元正常运行。

3. 换电站与光伏发电的集成

换电站一般占地面积较大，服务容量也相应较大。一般情况下，城市内充换电站适宜集成光伏发电系统。此外，考虑不同城市的地域性，在城市郊区，高、低纬度城市可根据实际太阳光辐射条件铺设一定面积的光伏电池板；中间地区或海边城市可适当采用风光互补发电系统进行能量集成。该集成方式可服务于各类具有换电能力的电动汽车。

如图 8-13 所示，集成模式三中，各主要电气组成单元的功能与模式二类似。不同之处在于，模式三包含数量众多的充放电机和动力电池，以及可为大量动力电池包同时充电的电池架。可根据实际情况，等效实现部分时段的储能调控功能，因此无需专门投建储能系统。

4. 大/中型充换电站与小型光伏电站的集成

一般情况下，部分商用车（包括公交、通勤、公务、环卫等服务领域用车）和乘用车（出租车等）有着较为固定的行驶特性和停放场地，其充换电方式也较为固定。因此，可在城市郊区与周边邻近的小型光伏发电站建立合理的电力连接，实现分布式可再生能源的就地消纳利用，如图 8-14 所示。

与集成模式三类似，模式四中包含大量待充的电动汽车动力电池，不但可以利用小型光伏

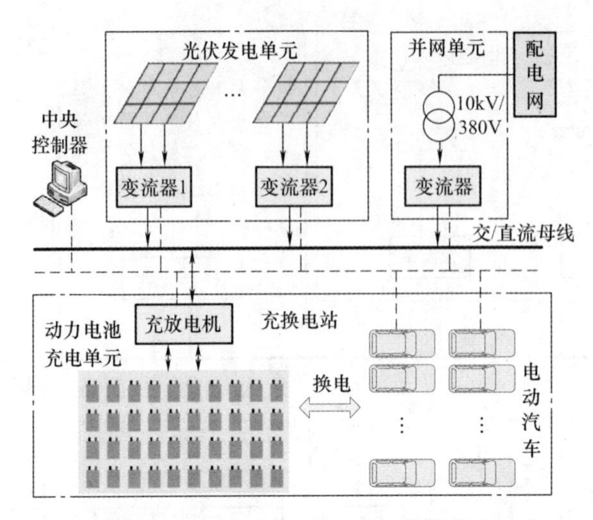

图 8-13　模式三：光伏充换电站系统结构图

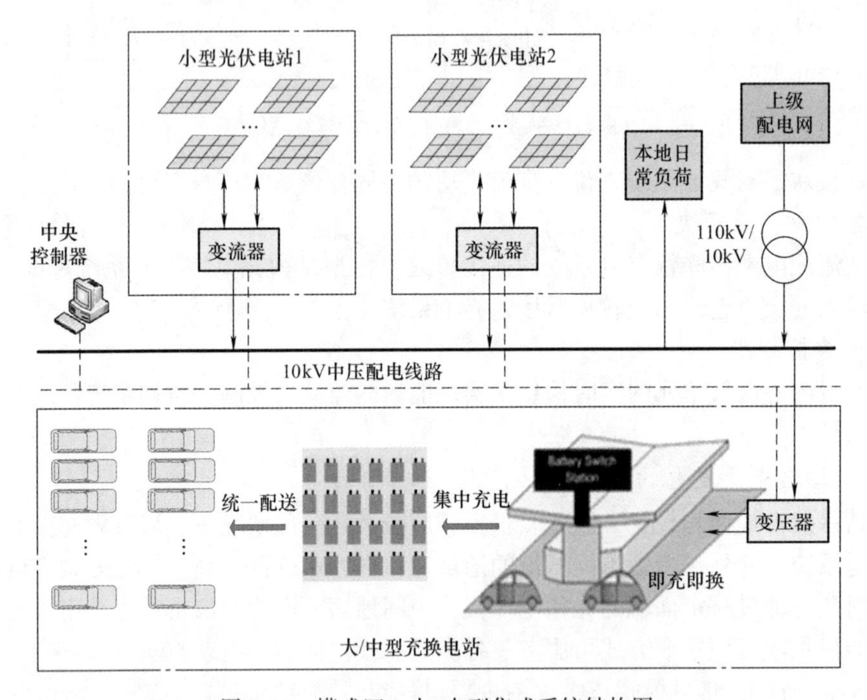

图 8-14　模式四：大/中型集成系统结构图

电站进行充电，还能调节可再生分布式能源发电功率的自然波动性。站内同时含有大量集中式充电机等电气设备，因此此类集成模式中各电气组成单元的容量配置最大，投资经费最高。

8.3　考虑需求侧资源的主动配电网故障多阶段恢复方法

需求侧响应作为需求侧管理的发展方向之一，其将需求侧资源（Demand Side Resource，DSR）对价格（激励）的响应及时反馈到价格（激励）的制定过程中，形成供需双方的互动形式，共同参与电力市场调节，保证电力市场的稳定。DSR 不仅能够通过价格信号等激励机制优化负荷曲线，而且能较好地平抑分布式电源的出力波动，从而提高可再生能源的消纳能力。同时，随着配电网分布式能源渗透率的逐步提高，电网结构更加复杂灵活，传统的配电网故障恢复方法面临着不能适应大量 DSR 参与的挑战。

主动配电网凭借智能化的调度和运行手段，有效整合需求侧响应负荷、分布式发电及储能等资源形成广义 DSR，在故障阶段，主动配电网能够快速寻找包含需求侧响应负荷在内的备用资源，确定非故障失电区最优转供路径，最小化故障影响，保证配电网可靠运行。由于开关状态关联系统状态的高阶非线性关系，传统的配电网故障恢复是多维、离散、非线性优化问题。各种响应方式的需求侧资源参与主动配电网运行不仅改变了故障恢复问题的建模思路，而且增加了求取最优解的难度，亟需寻找适合快速求解故障恢复问题的新方法。考虑需求侧资源参与时主动配电网故障阶段的运行特性，提出了需求侧资源参与的多时段故障恢复整数规划方法。

8.3.1 负荷及网络建模

本节建立考虑需求响应负荷调度和响应特性的负荷时变模型，以及适用于整数规划求解的网络拓扑模型。

1. 需求响应负荷建模

故障阶段配电网中的负荷大小是优化故障恢复策略的基础。故障恢复模型主要考虑三类负荷：不参与任何需求响应的常规负荷、由用户自己控制的可中断负荷（Interruptible Load，IL）及运营商控制的直接控制负荷（Direct Control Load，DCL）。常规负荷采用长期经验统计的典型日负荷模型，并假设负荷在 1h 内固定不变。

电力公司通过与用户签订协议实现可中断负荷与直接控制负荷可调度，即事先约定用户的基本负荷消费量和削减负荷量，实现需求侧激励响应。可中断负荷的调度是指在系统峰荷或故障时，电网运营商向用户发出削减负荷的调度指令，用户可通过及时调整热水器、空调等不敏感负荷用电方式来实现部分负荷中断。故障恢复决策必须计及可中断负荷的响应时间，本节假设响应时间为 1h。中断补偿成本与负荷中断容量相关，计算式为

$$Co_{i1} = \alpha_i Q_i y_i \tag{8-1}$$

式中，α_i为合同规定的用户 i 的 IL 单位负荷削减成本；Q_i为用户 i 的 IL 负荷削减量；Co_{i1}为用户 i 的 IL 可中断电量成本；y_i为可中断负荷响应状态（1 表示响应；0 表示不响应）。

直接控制负荷在紧急情况下可由远程控制装置实时控制，尤其适用于高峰时段的故障转供。由于电力公司与用户事先约定了中断电量并且能够通过负荷控制装置可靠执行，因此忽略响应时间。本节中断补偿成本与中断次数有关，

$$Co_{i2} = \beta_i k_i \tag{8-2}$$

式中，β_i为合同规定的用户 i 的 DCL 单次中断补偿成本；k_i为用户 i 的 DCL 负荷中断次数，由前后时段 DCL 的响应状态 z_i决定；Co_{i2}为用户 i 的 DCL 中断补偿成本。

2. 故障恢复过程中的配电网建模

实际配电网网络规模庞大，节点和支路众多，为方便分析计算，本节采用简化的配电网模型，只保留母线、支路和负荷节点，其中支路均包含开关，且可操作。典型双联络配电系

统如图 8-15 所示。

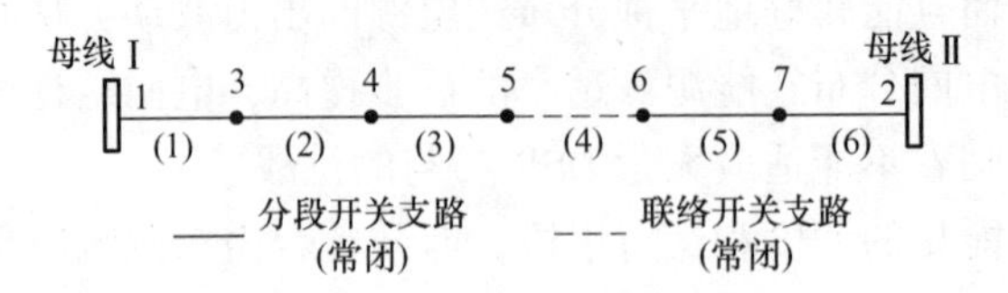

图 8-15　典型双联络配电系统

传统故障恢复模型都以开关状态作为优化变量，节点恢复情况（节点-电源连通状态，简称节点状态）取决于开关状态，节点状态的确定基于配电网拓扑建模。以往拓扑建模过程中，通过对节点-支路关联矩阵进行布尔矩阵乘法运算得到表征节点-节点关联关系的邻接矩阵，对邻接矩阵元素进行逻辑比较，得到全接通矩阵，即表征节点与电源节点连通关系的矩阵。上述过程包含大量的逻辑推运算，因此导致可行解空间为非凸，非线性优化过程中梯度信息不易获取，并且随着问题规模的增大，计算量呈指数增加。

另外，通过建立各个节点的供电路径集合，建立开关状态与节点状态的函数关系。以图 8-15 为例，$x_{(1)}$、$x_{(2)}$、$x_{(3)}$分别表示开关（1）、（2）和（3）的状态，其中 0 表示断开，1 表示闭合，则电源Ⅰ(1) 与节点 4 的连通状态 e_{41}可表示为

$$e_{41} = x_{(1)}x_{(2)}x_{(3)} \tag{8-3}$$

式(8-3) 为多变量线性非凸方程，随着系统规模的增大，计算效率非常低。

所以，本节采用节点状态 e_{it}作为故障恢复优化模型的基础变量，以此建立易于求解的非线性凸规划模型。对于图 8-15 系统，所有负荷节点的节点状态包含两个变量 e_{i1}和 e_{i2}，分别表示与母线Ⅰ(1)、Ⅱ(2) 的连通情况。考虑多个备用电源的节点状态为

$$e_i = e_{i1} + e_{i2} + \cdots + e_{i\Gamma} = \sum_{t \in \Omega_0} e_{it} \tag{8-4}$$

式中，e_{it}为节点 i 与电源 t 的连通状态。配电网闭环设计开环运行的特点决定了最多只有一个电源与节点连通，即 $0 \leqslant e_i \leqslant 1$。

计及各个节点与各个电源之间的电气距离差异，应通过以各个电源为根节点的深度搜索建立节点之间各个状态变量的大小关系。如图 8-15 中节点 3 比节点 4 与电源Ⅰ(1) 的电气距离较近，则满足 $e_{31} \geqslant e_{41}$，该电气距离的排序应该包含在约束条件中。

系统所有支路的开关状态可通过节点状态得到，以支路（3）为例，当节点 4 与电源Ⅰ(1) 连通，即 $e_{41}=1$，支路开关（3）状态 $x_{(3)}$必为 1；如果节点 3 与电源Ⅱ(2) 连通，即 $e_{32}=1$，则 $x_{(3)}$也必为 1，所以能够得到支路开关状态与节点状态的关系式为

$$x_{(b)} = x_{ij} = e_{i2} + e_{j1} \tag{8-5}$$

进一步推广到多备用电源配电系统，关系式为

$$x_{(b)} = \sum_{t \in \Omega_{ej}} e_{ti} + \sum_{g \in \Omega_{ei}} e_{gj} \tag{8-6}$$

式中，Ω_{ej}为电气距离排序下相比于节点 i 更靠近节点 j 的电源集合；Ω_{ei}为相比于节点 j 更靠近节点 i 的电源集合。

优化过程中，节点 i 和 j 相连并同时失电处于孤岛状态，x_{ij}通过式(8-6) 的计算结果为 0，即开关断开，与实际不符，并且不能准确反映开关动作次数。所以为处理该建模方法的局限性，需考虑支路两端节点 i 和 j 的状态，在式(8-6) 基础上增加偏差量 $\Delta x_{(b)}$，即

$$\Delta x_{(b)} = (1-e_i)(1-e_j) \tag{8-7}$$

式(8-7) 表示只有当节点 i 和 j 的状态均为0时偏差量 $\Delta x_{(b)}=1$，即式(8-6) 的计算偏差，可得通用的开关状态模型为

$$x_{(b)} = \sum_{t\in\Omega_{ej}} e_{ti} + \sum_{g\in\Omega_{ei}} e_{gj} + (1-e_i)(1-e_j) \tag{8-8}$$

考虑各个节点的电气距离排序情况，展开后的式(8-8) 能够约简部分变量，如当 $e_{31}\geqslant e_{41}$时，$e_{31}e_{41}=e_{41}$。但仍避免不了出现 xy 的多变量线性因式，结合节点状态变量0－1 取值的特点，可引入辅助变量 z 代替 xy，并满足

$$\begin{aligned} & z\geqslant x\underline{y}+\underline{x}y-\underline{x}\underline{y}=0 \\ & z\geqslant x\overline{y}+\overline{x}y-\overline{x}\overline{y}=x+y-1 \\ & z\leqslant x\overline{y}+\underline{x}y-\underline{x}\overline{y}=x \\ & z\leqslant \overline{x}y+x\underline{y}-\overline{x}\underline{y}=y \end{aligned} \tag{8-9}$$

式中，$\overline{x}$和$\underline{x}$分别表示 x 取值的最大、最小值。

8.3.2 计及需求侧资源的多时段故障恢复整数规划模型

1. 多时段故障恢复策略

配电网故障恢复过程中，由于负荷本身的时序波动特性及需求侧资源的多周期响应特性，故障恢复横跨不同系统断面，需根据系统不同时间断面运行情况划分故障恢复的不同时段，优化各个时段节点状态及需求响应负荷响应状态，并保证各个时段系统状态的衔接，达到充分利用系统资源实现多时段故障恢复全局最优的目的。

多时段故障恢复策略的制定首先要明确恢复过程中的系统运行水平及优化控制对象，为降低建模复杂度，不再将各时段衔接时刻作为优化变量，而是假设每小时负荷保持不变，划分每小时作为基本时段。优化各个基本时段节点状态及需求响应负荷响应状态时必须考虑前后时段的系统状态，也就是说，无论是在恢复前期还是中期恢复供电，一旦节点寻找到供电路径就能维持至故障结束，也即开关一旦连通失电节点与备用电源的通路就不能再打开，需求响应负荷的响应也要考虑整个恢复阶段的需要，在最合适的时机响应。图8-16 描述了负荷峰值时刻发生故障的多时段恢复过程。

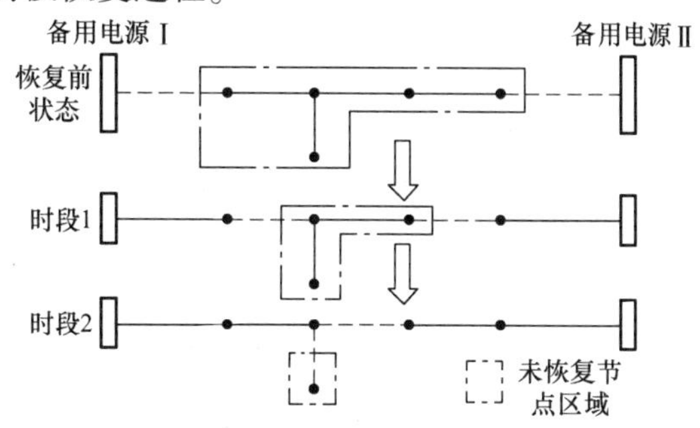

图8-16 多时段恢复过程

由图8-16 可知，由于负荷高峰时段备用电源转带能力有限只能恢复部分负荷，但随着负荷水平的降低及需求侧资源的参与，更多负荷节点得到恢复。结合故障时刻的负荷水平对两种典型故障场景的多时段恢复策略进行分析说明。

故障场景1：故障发生于负荷峰值时刻，初始时段IL 不能响应，所以只能控制开关及DCL 满足该时段供电恢复，但是随着负荷水平的降低，可以通过闭合更多开关及

响应更多IL来恢复其他节点负荷，只要保证接下来的所有时段已经恢复的节点不再失电。

故障场景2：故障发生于负荷谷时刻，初始时段恢复策略要考虑峰荷时段的系统状态，即初始时段开关状态及需求响应负荷可用性能够满足峰荷时段的系统需求。

多时段故障恢复模型的优点是尽可能多地恢复节点负荷，减少停电时间，并且能够充分利用各类需求侧资源实现可靠性与经济性的平衡。

2. 多时段故障恢复整数规划模型

多时段故障恢复优化目标包含两部分，其一为停电时间最短的可靠性目标；其二为经济性目标，包含开关动作次数最少、需求响应负荷响应成本最少及网损最少三部分。多时段故障恢复约束包括基尔霍夫定律、支路电流约束、节点电压约束、节点状态约束、辐射状约束、负荷响应约束、0-1整数约束等。

（1）可靠性目标及经济性目标

可靠性目标为

$$\min f_{\mathrm{rel}} = \sum_{t \in \Omega_{\mathrm{f}}} \sum_{j=1}^{T_{\mathrm{M}}} (1 - e_{i,j}) \tag{8-10}$$

式中，集合Ω_{f}为待恢复节点集合；T_{M}为时段总数；$e_{i,j}$为时段j节点i的状态。

（2）经济性目标函数

1）开关操作费用为

$$f_1 = \lambda \sum_{(b) \in \Omega_{\mathrm{b}}} \sum_{j=1}^{T_{\mathrm{M}}} (x_{(b),j} - x_{(b),j-1})^2 \tag{8-11}$$

式中，集合Ω_{b}为待恢复区支路集合；$x_{(b),j}$为时段j支路（b）的状态，由式(8-8）计算得到；λ为单次开关操作费用。

2）需求响应负荷响应补偿费用为

$$f_2 = \sum_{j=1}^{T_{\mathrm{M}}} \left(\sum_{v \in \Omega_{\mathrm{I}}} \alpha y_{v,j} Q_v + \sum_{d \in \Omega_{\mathrm{D}}} \beta k_{d,j} \right) \tag{8-12}$$

式中，集合Ω_{I}为包含可中断负荷（IL）的节点集合；α为IL响应单位补偿系数；$y_{v,j}$为时段j节点v的IL响应状态；Q_v为节点v的可中断负荷量；集合Ω_{D}为包含直接控制负荷（DCL）的节点集合；β为DCL单次控制补偿系数；$k_{d,j}$为时段j节点d的DCL控制状态，1表示被控制，其计算式为

$$k_{d,j} = z_{d,j}(z_{d,j} - z_{d,j-1}) \tag{8-13}$$

式(8-13）表明，只有当前时段DCL状态为1、前一时段DCL状态为0时，该式值为1，表示一次控制。引入变量w_j代替该式中的$z_{d,j}z_{d,j-1}$，并满足式(8-9）约束。

3）网损为

$$f_3 = \sum_{(b) \in \Omega_{\mathrm{b}}} \sum_{j=1}^{T_{\mathrm{M}}} \eta [(I_{(b),j}^{\mathrm{re}})^2 + (I_{(b),j}^{\mathrm{im}})^2] R_{(b)} \tag{8-14}$$

式中，η为上网电价（元/kW·h）；$I_{(b),j}^{\mathrm{re}}$及$I_{(b),j}^{\mathrm{im}}$分别为时段j支路（b）电流的实部与虚部；$R_{(b)}$为支路（b）的电阻。

整理经济性目标函数为

$$\min f_{\mathrm{co}} = f_1 + f_2 + f_3 \tag{8-15}$$

实际仿真计算过程中，首先对两目标分别优化，求得最优值f_{op1}和f_{op2}，将各单目标最优值的倒数取作权系数，从而将多目标优化转化为单目标优化，即

$$\min f = f_{rel}/f_{op1} + f_{co}/f_{op2} \tag{8-16}$$

（3）基尔霍夫定律

为建立基尔霍夫电压定律和电流定律方程，需将PQ节点注入功率转化为注入电流，其注入电流可分为两部分：其一，当节点电压$V_i = V_s e^{j0}$时，维持节点注入功率保持$S_i = P_i + jQ_i$不变的注入电流$I_{ni} = I_{ni}^{re} + jI_{ni}^{im}$；其二，当节点电压$V_i = V_i^{re} + jV_i^{im}$，注入电流$I_i = I_{ni}$时，保证该功率及平衡电压$V_s e^{j0}$的电流修正值$\Delta I_{ni} = \Delta I_{ni}^{re} + j\Delta I_{ni}^{im}$，即

$$\begin{aligned}&(V_s + j0)\left[(I_{ni}^{re} - \Delta I_{ni}^{re}) + j(I_{ni}^{im} + \Delta I_{ni}^{im})\right]\\&= (V_i^{re} + jV_i^{im})(I_{ni}^{re} + jI_{ni}^{im})\end{aligned} \tag{8-17}$$

得到电流修正值ΔI_{ni}的线性表达式为

$$\begin{cases}\Delta I_{ni}^{re} = \dfrac{1}{V_s}\left[(V_s - V_i^{re})I_{ni}^{re} - V_i^{im}I_{ni}^{im}\right]\\ \Delta I_{ni}^{im} = \dfrac{1}{V_s}\left[V_i^{im}I_{ni}^{re} + (V_s - V_i^{re})I_{ni}^{im}\right]\end{cases} \tag{8-18}$$

式(8-18)中，ΔI_{ni}体现了节点i相对平衡节点电压变化的电流偏差量，在电压质量要求范围内（中压配电网电压允许偏差±7%）线性化好。以此建立基尔霍夫定律电流方程和电压方程。

1）电流方程表达式为

$$\begin{cases}\sum\limits_{k\in\Omega_i} I_{ki,j}^{re} - \sum\limits_{k\in\Omega_i} I_{ik,j}^{re} = I_{i,j}^{re} + I_{i1,j}^{re} + I_{i2,j}^{re}\\ \sum\limits_{k\in\Omega_i} I_{ki,j}^{im} - \sum\limits_{k\in\Omega_i} I_{ik,j}^{im} = I_{i,j}^{im} + I_{i1,j}^{im} + I_{i2,j}^{im}\end{cases} \tag{8-19}$$

式中，集合Ω_i为与节点i相关联的节点集合；$I_{ki,j}^{re}$为时段j节点k与节点i之间的支路电流实部；$I_{i,j}^{re}$、$I_{i1,j}^{re}$、$I_{i2,j}^{re}$分别为时段j节点i常规负荷、IL、DCL注入电流实部。节点i不单单指待恢复区节点，而是与待恢复区相关的参与潮流平衡计算的所有节点。

考虑节点状态及需求响应负荷响应状态，以实部量为例增加松弛约束，表示节点是否有电流注入。即

$$\begin{cases}0 \leqslant I_{i,j}^{re} \leqslant e_{i,j}\sigma_i\\ 0 \leqslant I_{i1,j}^{re} \leqslant e_{i,j}(1 - y_i)\sigma_{1i}\\ 0 \leqslant I_{i2,j}^{re} \leqslant e_{i,j}(1 - z_i)\sigma_{2i}\end{cases} \tag{8-20}$$

式中，σ_i、σ_{1i}、σ_{2i}均为电流最大值，当时段j节点i未恢复，即$e_{i,j} = 0$时，节点i注入电流为0，$y_i = 1$时IL注入电流为0，$z_i = 1$时DCL注入电流为0。由于$I_{i,j}^{re}$、$I_{i1,j}^{re}$、$I_{i2,j}^{re}$是同一节点电压的函数，为体现各节点注入电流状态，引入决定IL、DCL注入电流的节点电压$V_{i1,j}^{re}$和$V_{i2,j}^{re}$，其值由节点状态及负荷响应状态来决定，以IL为例，表达式为

$$\begin{cases}0 \leqslant V_{i,j}^{re} \leqslant e_{i,j}V_{i\max}^{re}\\ 0 \leqslant V_{i1,j}^{re} \leqslant e_{i,j}(1 - y_i)V_{i\max}^{re}\\ e_{i,j}y_iV_{i\min}^{re} \leqslant V_{i,j}^{re} - V_{i1,j}^{re} \leqslant e_{i,j}y_iV_{i\max}^{re}\end{cases} \tag{8-21}$$

式中，$V_{i\max}^{re}$和$V_{i\max}^{re}$为节点i电压实部最大、最小值。式(8-21)决定了在负荷未响应时三个电压量相同，负荷响应后需求响应负荷电压为零，常规负荷电压在正常范围内。式(8-21)还需引入辅助变量来$g_{i,j}$和$h_{i,j}$代替$e_{i,j}y_i$和$e_{i,j}z_i$，并满足式(8-9)约束，在此不再赘述。

考虑支路开关状态的支路电流约束为

$$0 \leqslant I_{ik,j}^{re} \leqslant x_{ik}\sigma_{ik} \tag{8-22}$$

式中，x_{ik}为节点i与节点k之间的支路状态，由式(8-8)得到；σ_{ik}为支路电流最大值，当时段j节点i与节点k之间的支路断开时，支路电流为0。

2）电压方程表达式为

$$\begin{cases} V_{i,j}^{re} - V_{k,j}^{re} = I_{ik,j}^{re}R_{ik} - I_{ik,j}^{im}X_{ik} \\ V_{i,j}^{im} - V_{k,j}^{im} = I_{ik,j}^{re}X_{ik} + I_{ik,j}^{im}R_{ik} \end{cases} \tag{8-23}$$

式中，$V_{i,j}^{re}$为时段j节点i电压实部；R_{ik}和X_{ik}分别为节点i与节点k之间的电阻和电抗；考虑到支路断开的情况，以实部量为例引入松弛约束可得

$$-V_{k\max}^{re}(1-x_{ik}) \leqslant V_{i,j}^{re} - V_{k,j}^{re} - I_{ik,j}^{re}R_{ik} + I_{ik,j}^{im}X_{ik} \leqslant V_{i\max}^{re}(1-x_{ik}) \tag{8-24}$$

式(8-24)中，当$x_{ik}=0$，即节点i与节点k之间的支路断开时，中间部分的最小值为节点i失压时节点k电压最大值的负数$-V_{k\max}$，最大值为节点k失压时节点i电压最大值$V_{i\max}$；当$x_{ik}=1$时，与式(8-23)一致。

（4）支路电流及节点电压约束

支路电流约束中只考虑主馈线出线处支路，即

$$(I_{p,j}^{re})^2 + (I_{p,j}^{im})^2 \leqslant I_{p\max}^2, p \in \Omega_o \tag{8-25}$$

式中，集合Ω_o为与待恢复区联络的馈线出线集合；$I_{p,j}^{re}$为时段j馈线出线p电流实部；$I_{p\max}$为出线p最大允许电流。

节点电压约束为

$$V_{i\min}^2 \leqslant (V_{i,j}^{re})^2 + (V_{i,j}^{im})^2 \leqslant V_{i\min}^2 \tag{8-26}$$

（5）节点状态及辐射状约束

节点状态约束体现节点一旦恢复就能维持至故障结束的多时段恢复特点，即

$$0 \leqslant e_{it,1} \leqslant \cdots \leqslant e_{it,j} \leqslant \cdots \leqslant e_{it,T_M} \leqslant 1 \tag{8-27}$$

辐射状约束体现节点只受一个电源供电的特点，即

$$0 \leqslant e_{i,1} \leqslant \cdots \leqslant e_{i,T_M} \leqslant 1 \tag{8-28}$$

另外，节点状态约束还要考虑上节提到的电气距离排序情况。

（6）负荷响应约束

假设可中断负荷（IL）响应延时1h，所以第一时段不响应，即

$$y_{v,1} = 0 \tag{8-29}$$

同样需求响应负荷不能频繁响应及控制，所以需要对响应次数进行约束，即

$$\begin{cases} \sum_{j=1}^{T_M} y_{v,j}(y_{v,j} - y_{v,j-1}) \leqslant F_2, \quad v \in \Omega_I \\ \sum_{j=1}^{T_M} z_{d,j}(z_{d,j} - z_{d,j-1}) \leqslant F_3, \quad d \in \Omega_D \end{cases} \tag{8-30}$$

式中，F_2、F_3分别为IL和DCL最大允许响应次数。

(7) 变量0-1整数约束

由于各优化变量均为0、1整数，所以增加变量0-1整数约束，即

$$\begin{cases} e_{it,j}(e_{it,j}-1)=0, i\in\Omega_{\text{b}}, t\in\Omega_{\text{o}} \\ y_{v,j}(y_{v,j}-1)=0, v\in\Omega_{\text{I}} \\ z_{d,j}(z_{d,j}-1)=0, d\in\Omega_{\text{D}} \end{cases} \tag{8-31}$$

多时段故障恢复整数规划模型的目标函数及约束条件均为线性方程或凸方程，为典型凸规划问题。

8.3.3 算例分析

本节以图8-17典型三馈线配电系统为例进行验证计算。

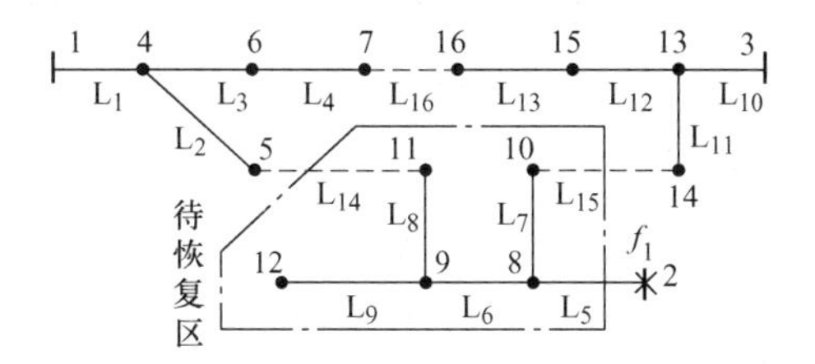

图8-17 典型三馈线配电系统

为验证本节计及需求侧资源的多阶段故障恢复模型，在节点7、9进行中断容量补偿激励，形成可中断负荷；在节点12、16进行中断次数补偿激励，形成直接控制负荷。

当系统f_1处发生永久性故障，经过故障隔离节点2形成灰色曲线包围的待恢复区域，待恢复区域内负荷需通过制定故障恢复策略寻找其他供电路径实现恢复用电，并假设主馈线负载率为0.8，根据故障发生阶段的检修条件将故障修复时间设为10h。明确每个时段的各优化变量及初始状态：

1) 参与潮流计算的节点电压 $\{V_i\}$ 及支路电流 $\{I_{ik}\}$。

2) 包含需求响应负荷的节点电压 $\{V_{i1}\}$ 和 $\{V_{i2}\}$。

3) 待恢复区节点状态 $\{e_{i1}, e_{i2}\}$, $i=8, 9, 10, 11, 12$。

4) IL状态 $\{y_i\}$；DCL状态 $\{z_i\}$。

5) 辅助变量 $\{w_i\}$、$\{h_i\}$、$\{g_i\}$。

6) 开关初始状态 $x_{(b),0}=1$, $b=6, 7, 8, 9$；$x_{(14),0}=0$, $x_{(15),0}=0$。

多时段故障恢复优化模型中的相关参数见表8-1。

表8-1 优化模型参数

参数	λ	α	β	η	F_2	F_3
数值	20	0.8	30	0.5	2	2

为了体现需求侧资源参与故障恢复的作用，本节选取三个场景，并针对各个场景进行MATLAB编程，调用OPTI优化工具箱求解故障恢复凸规划模型。

场景1：故障发生于负荷谷时刻04:00，需求侧资源参与故障恢复。

场景2：故障发生于负荷峰时刻19:00，需求侧资源参与故障恢复。

场景 3：故障发生于负荷峰时刻 19:00，需求侧资源不参与故障恢复。

场景 1 故障恢复策略的优化结果见表 8-2。

表 8-2　场景 1 多时段最优恢复策略

时　段	节点状态	负荷状态	电源 1 带节点	电源 3 带节点
04:00～07:00	$e_{i1}=\{0,1,0,1,1\}$; $e_{i2}=\{1,0,1,0,0\}$	$y_7=y_9=0$; $z_{12}=1$，$z_{16}=0$	9，11，12	8，10
08:00～10:00	$e_{i1}=\{0,1,0,1,1\}$; $e_{i2}=\{1,0,1,0,0\}$	$y_7=y_9=0$; $z_{12}=z_{16}=1$	9，11，12	8，10
10:00～14:00	$e_{i1}=\{0,1,0,1,1\}$; $e_{i2}=\{1,0,1,0,0\}$	$y_7=y_9=1$; $z_{12}=z_{16}=1$	9，11，12	8，10

由场景 1 最优恢复策略结果可知，在午高峰高负载的情况下，非故障失电区之所以能够全部转供，是需求侧资源参与的结果。

场景 2 故障恢复策略的优化结果见表 8-3。

表 8-3　场景 2 多时段最优恢复策略

时　段	节点状态	负荷状态	电源 1 带节点	电源 3 带节点
19:00～20:00	$e_{i1}=\{0,0,0,1,0\}$; $e_{i2}=\{0,0,1,0,0\}$	$y_7=y_9=0$; $z_{12}=z_{16}=0$	11	10
21:00～22:00	$e_{i1}=\{0,1,0,1,0\}$; $e_{i2}=\{0,0,1,0,0\}$	$y_7=y_9=1$; $z_{12}=z_{16}=0$	9，11	10
23:00～01:00	$e_{i1}=\{0,1,0,1,0\}$; $e_{i2}=\{1,0,1,0,0\}$	$y_7=y_9=1$; $z_{12}=0$，$z_{16}=1$	9，11	8，10
02:00～03:00	$e_{i1}=\{0,1,0,1,1\}$; $e_{i2}=\{1,0,1,0,0\}$	$y_7=y_9=1$; $z_{12}=z_{16}=1$	9，11，12	8，10
04:00～05:00	$e_{i1}=\{0,1,0,1,1\}$; $e_{i2}=\{1,0,1,0,0\}$	$y_7=y_9=0$; $z_{12}=1$，$z_{16}=0$	9，11，12	8，10

由场景 2 最优恢复策略结果可知，故障发生在晚高峰时刻，可中断负荷不能及时响应，只能通过切负荷实现恢复，恢复过程中节点 12 不能被恢复，因此其直接控制负荷响应不起作用，由此可见场景 2 恢复策略的变化主要跟随负荷变化。

场景 3 故障恢复策略的优化结果见表 8-4。

表 8-4　场景 3 多时段最优恢复策略

时　段	节点状态	电源 1 带节点	电源 3 带节点
19:00～05:00	$e_{i1}=\{0,0,0,1,0\}$; $e_{i2}=\{0,0,1,0,0\}$	11	10

由场景 3 最优恢复策略结果可知，故障恢复优化变量只有节点状态，并且节点状态组合必须满足负荷最大时刻的恢复条件。

可见，需求侧资源在负载率较高的网络中能够体现出自身的备用优势，这也正是其在提高设备利用率方面的直接体现；并且故障恢复模型参数设置也对最优策略的形成起到显著作用，主要体现在：

1）可中断负荷补偿系数与直接控制负荷补偿系数的设置直接决定了优先选择哪类负荷作为调度对象。

2）需求响应负荷补偿系数的设置决定恢复策略优先选择调度需求响应负荷还是切负荷。

8.4 配电网故障情况下微电网互联的协调控制方法

8.4.1 含多微电网的配电网分层控制结构

图8-18为含微电网的典型配电网电气结构图，配电网低压侧除了负荷外，还存在分布式发电以及微电网。分布式发电与微电网的存在改变了传统配电网单一电源、单向潮流的原状。相比单一的分布式发电，微电网是分布式发电与可控负荷的结合，其常采用主从控制、对等控制两种典型控制结构，使得微电网表现为具备更高可控性的虚拟发电厂。以主从控制

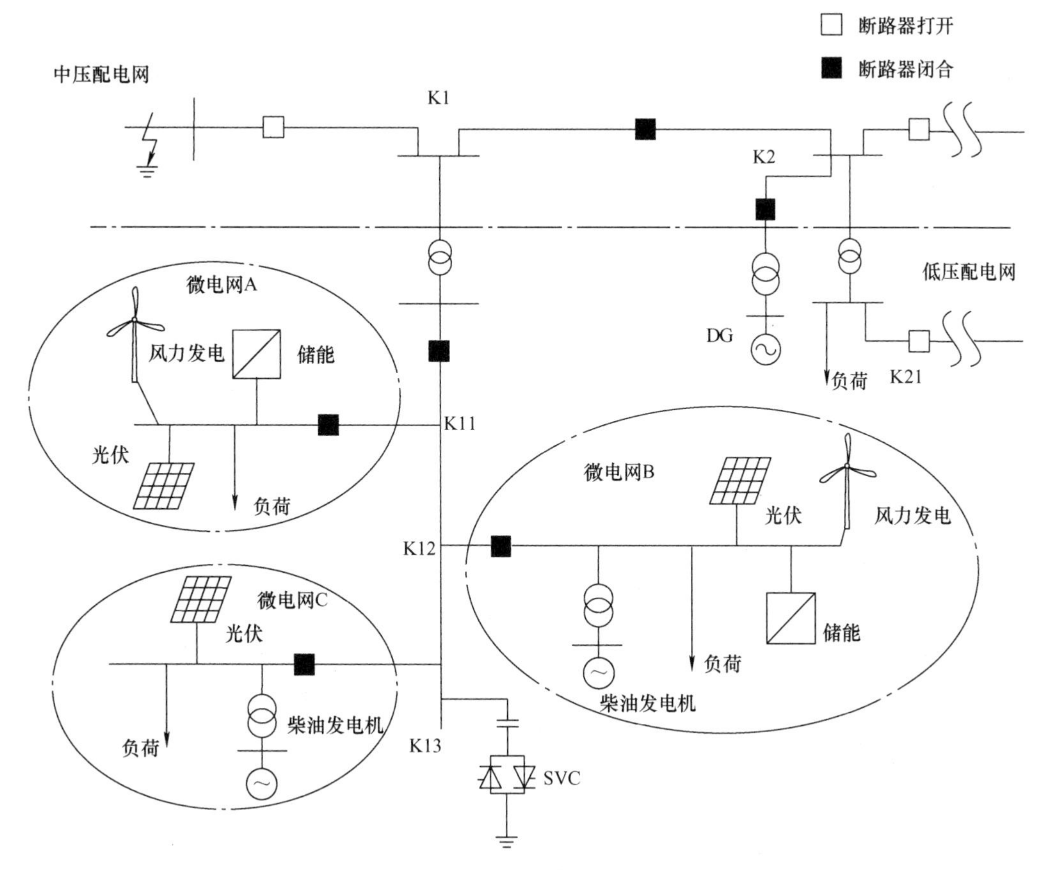

图8-18　含多微电网的典型配电网电气结构

结构为例，微电网内通常存在一个微电网控制中心（Micro-Grid Control Centre，MGCC），MGCC 负责协调微电网内微电源的出力、负荷的投切以实现公共耦合点（Point of Common Coupling，PCC）交换功率的可控；当微电网进入孤岛状态时，MGCC 还负责整定微电网的电压、频率的运行点，协调微电源出力确保孤网系统的稳定运行。

传统配电网为单一电源系统，配电网通过 DMS 对配电网配电和负荷进行有效管理。DMS 是一种对变电、配电到用电过程进行监视、控制、管理的综合自动化系统。DMS 能够在单向潮流系统内实现控制中心对电网的数据采集与监控、负荷管理及控制、网络分析等功能。但随着分布式发电在配电网中渗透率的逐渐提高，为应对双向潮流系统的系统工况，单纯依靠侧重配电和用户侧管理的 DMS 显得不够，DMS 需要和 MGCC 进行配合。

此外，互联考验的是微电网间的协同能力，而互联微电网的 MGCC 只负责辖区内微电源与负荷的协调运行控制，微电网间的互联需要由某个 MGCC 或者比 MGCC 更高级别的控制中心协调控制。为实现互联微电网运行方式的灵活性、适应性，理想的互联微电网应具备“即插即用”的功能，即互联系统内的任何子微电网均能灵活地工作在联网运行和独立运行两种模式下。若以某子微电网的 MGCC 作为互联微电网的新控制中心，当这个子微电网在某些特殊情况下需要独立运行时，互联系统将缺乏控制中心而无序运行。考虑到微电网的互联还涉及互联能力分析、互联过渡过程的控制、互联后的控制等一系列问题，在借鉴国外相关研究成果的基础上，选择引入微电网群控制中心（Multi-Microgrid Control Centre，MMCC）执行微电网间互联的协调控制任务。

以 DMS、MGCC、MMCC 为核心，提出分层式含多微电网的典型配电网控制结构。如图 8-19 所示，分层式控制结构包含配电网层、中间层和微电网层，配电网层与微电网层均与中间层进行双向通信，两者不直接关联。作为配电网层的辅助控制层，中间层承担了对微电网层的监测与控制任务，使配电网层的控制系统保持了原有的控制逻辑，在新环境下仍然具备良好的适应性。

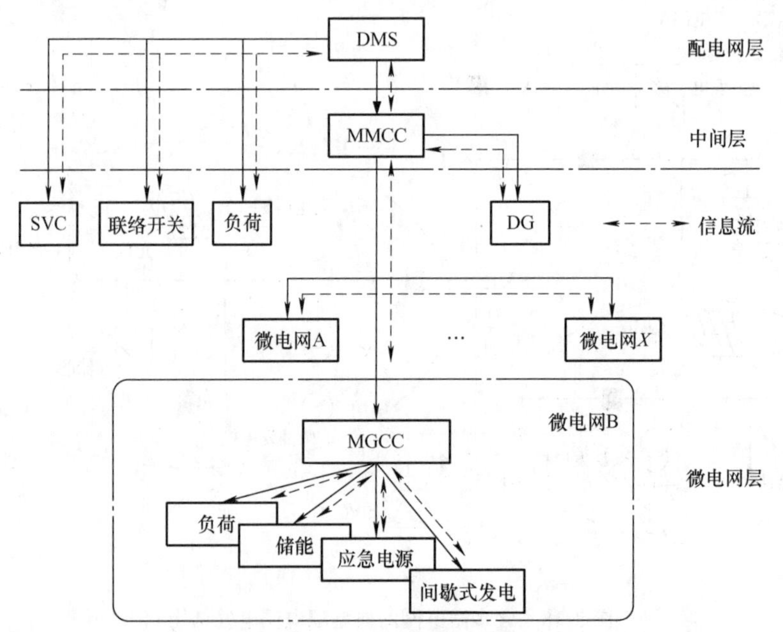

图 8-19　含多微电网的典型配电网控制结构图

配电网层的控制系统为DMS，DMS通过与终端单元（RTU、FTU、TTU）通信实现对非微电网部分的监测和控制，其主要职责如下：

1）采集配电网范围内的配电网运行数据、故障数据，负责配电网的故障排除、故障恢复，制定配电网的检修计划。

2）控制配电网范围内的所有静止无功补偿装置（Static Var Control，SVC），进行配电网的无功电压管理。

3）控制非微电网范围内的分段开关，根据需要负责配电网的运行方式调整；负责非微电网范围内的负荷管理。

4）制定微电网与配电网的PCC处交换功率计划，或设置交换功率的安全值。

中间层为MMCC，MMCC作为配电网层与微电网层的中转，其主要职责如下：

1）监测辖区内各个微电网的运行状态，并将之反馈至DMS。

2）微电网并网运行时，MMCC负责接收DMS的交换功率指令，在分析各微电网微源负荷状态的基础上，将交换功率指令分配至辖区的各个微电网的MGCC。

3）配电网故障时，通过给辖区内各个微电网的MGCC发送控制指令，安排各微电网的有序解列自治运行，并在分析微电网的互联能力的基础上，协调控制微电网间的互联。

4）负责配电网故障恢复后互联微电网与中压配电网的同期并网控制。

微电网层为MGCC，作为配电网最底层的控制系统，MGCC负责协调本微电网范围内微电源与负荷的运行状态，主要功能如下：

1）监测微电网的运行状态，并将运行状态反馈至MMCC。

2）微电网并网运行时，接收MMCC下发的PCC交换功率指令，根据间歇式发电、本地负荷的功率波动情况实时调整储能的出力。

3）当收到MMCC发出的解列信号时，调整微电网内微电源的控制模式，启动应急电源，控制微电网实现并孤网的无缝切换。

4）微电网孤网运行时，根据本地负荷水平、间歇式发电运行状态，协调微电网内微电源的出力，维持独立微电网的电压和频率水平。

5）在微电网互联时，根据来自MMCC的同期指令，调整微电网的电压、频率运行点；根据MMCC发出的模式切换指令，切换微电网主要电源的控制模式；根据MMCC发出的二次调频指令，控制微电源自动发电控制（Autornatic Generation Control，AGC）的投入与退出。

8.4.2 微电网的互联控制方法

两个独立运行的微电网进行互联将因系统电压同步问题引起一定程度的暂态过程，甚至导致失稳的结果。为避免或缓解微电网互联过程中出现的暂态不稳定现象，本节将提出相应的微电网互联过渡控制策略和互联后的协调控制策略。

1. 微电网互联过渡协调控制策略

独立微电网互联过渡的控制目标是限制互联过渡过程中联络线冲击电流的水平、限制同期后的暂态过程，并且确保互联后的微电网能稳定运行。为限制微电网互联的暂态过程，采取准同期控制策略，即在MMCC的协调下，互联微电网的MGCC根据准同期控制算法调节辖区内微电源的运行点，进而调整互联点的电压，捕捉合适的时机实现无缝互联。互联后系统的电源构成发生改变，但微电源的控制策略不变，在某些情况下将发生因微电源的控制策略冲突而造成的系统运行紊乱，因此还需要在微电网互联后迅速调整微电源的控制模式。

（1）微电网互联过渡的准同期控制

设微电网 A、B 互联点的电压相量分别为 $\dot{U}_{\mathrm{A}}$、$\dot{U}_{\mathrm{B}}$，则两微电网互联的理想条件为 $\dot{U}_{\mathrm{A}}$、$\dot{U}_{\mathrm{B}}$完全重合并保持同步旋转，即互联点电压的频率差 Δf、电压有效值差 ΔU、相位差 δ_{e} 均为零。然而，工程中由于控制和操作机构的误差很难实现上述理想的互联。当互联点电压、频率和相位均存在一定差值时，微电网互联后将在联络线上产生相应的冲击电流。相对互联微电网的相位差控制，限制电压差和频率差造成的互联冲击电流控制较为简单：只需设置互联点电压差、频率差的允许值，若检测到的电压和频率差超出允许范围，则调节微电网内可控微电源的运行点直至电压和频率差均满足互联要求。限制因相位差引起的互联冲击电流，则需要捕捉最佳的互联时机。

设某时刻微电网互联点电压差、频率差均已调整至允许范围内，忽略互联微电网的频率差，互联时微电网联络线上的电流冲击 I_t'为

$$I_t' = \frac{U_{\mathrm{s}}}{\sqrt{R_t^2 + X_t^2}} = \frac{2U}{\sqrt{R_t^2 + X_t^2}}\sin\frac{\omega_{\mathrm{s}} t}{2} \tag{8-32}$$

式中，$U_{\mathrm{s}} = 2U\sin\dfrac{\omega_{\mathrm{s}} t}{2}$为脉动电压；$\omega_{\mathrm{s}} = \omega_{\mathrm{A}} - \omega_{\mathrm{B}}$ 为转差角频率；R_t、X_t 分别为互联微电网联络线上的电阻和电抗。

由式(8-32) 可知，在互联点电压差、频率差很小的情况下，微电网互联的最佳时机即为脉动电压过零的时刻，此时互联点电压的相位差为零，不会在联络线上产生冲击电流。考虑到从 MMCC 发出互联命令到微电网完成互联这段过程中通信以及操作机构（如断路器）的延时，MMCC 需提前一个很小的时间向互联微电网发出互联命令，这个时间称为恒定越前时间 t_{YJ}。然而，由于通信延时以及操作机构的延时误差 $\sum\Delta t_{\mathrm{s}}$，而 MMCC 仍按照提前整定的 t_{YJ}发出互联指令，那么实际互联时间将不再与最佳互联时刻重合。

若已知允许的联络线冲击电流大小为 I_t''，结合式(8-32) 并考虑误差 $\sum\Delta t_{\mathrm{s}}$ 时，微电网互联还需附加对滑差角频率的限制，即

$$\omega_{\mathrm{s}} \leqslant \frac{2\arcsin(I_t''\sqrt{R_t^2 + X_t^2}/2U)}{\sum\Delta t_{\mathrm{s}}} \tag{8-33}$$

上述对相位差的讨论均在互联点电压差、频率差调整就绪的前提下进行。事实上，在互联点电压差、频率差调整的过程中频率差持续变化，若转差角频率变率 $\mathrm{d}\omega_{\mathrm{s}}/\mathrm{d}t$ 过大则互联系统将出现严重的暂态过程。因此，MMCC 在向待互联微电网 MGCC 发出等待最佳互联时刻指令前必须确保转差角频率变率不得超过限定值。图 8-20 为微电网互联的准同期控制流程。

（2）微电网互联过渡的控制模式切换

依据控制模式的不同划分，微电源的种类主要包括电压控制型和电流控制型。采用电流控制的微电源有风力发电机、光伏发电以及采用 *PQ* 控制算法的储能；而采用电压控制的微

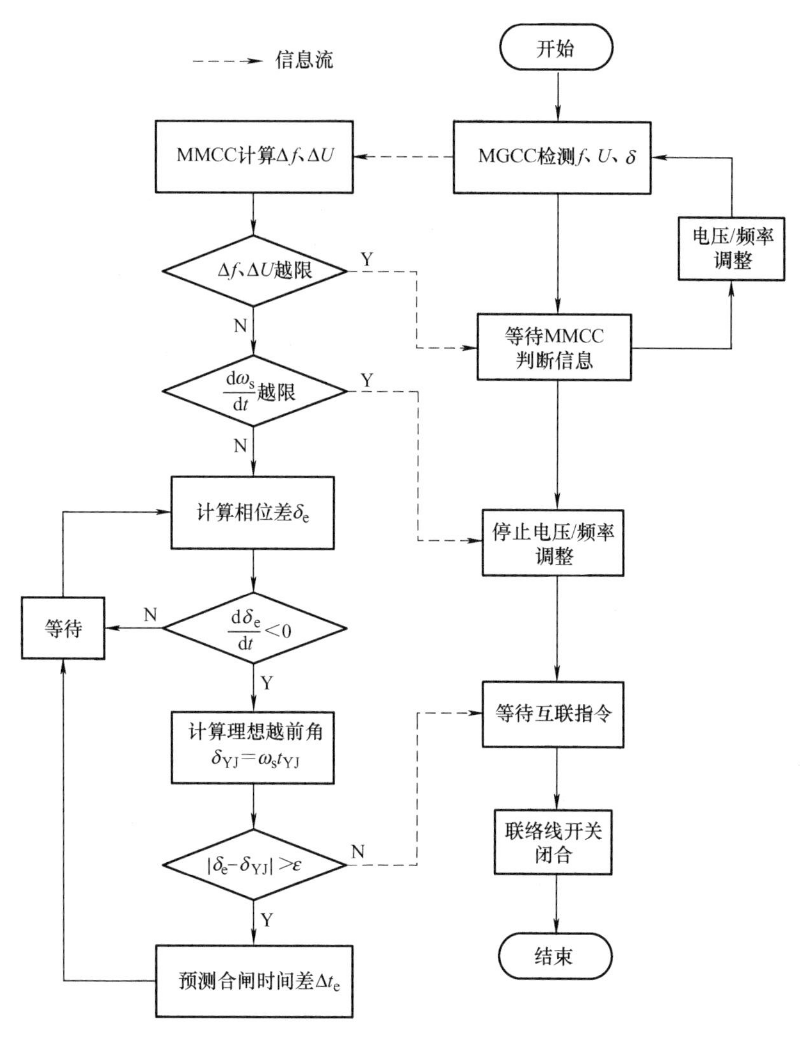

图 8-20　微电网互联的准同期控制流程

电源则有柴油发电机、采用下垂或 V/f 控制算法的储能。在有稳定电压源的基础上，采用电流控制的微电源在微电网互联前后均能够有序地输出功率，微电源间各自独立不存在功率分配紊乱的风险，因而不需要进行控制模式切换。然而，互联后由于系统频率一致，采用电压控制的微电源之间将互相关联，需要考虑互联后的功率分配问题。采用下垂控制算法的储能具备“即插即用”的特征，该单元将根据互联系统的频率按事先设定好的下垂曲线有计划地输出功率；柴油发电机与前者类似，多台柴油发电机并联运行时各单元将按照调速系统/调频系统中设定的功率分配系数出力，互联后微电源无需进行控制模式的切换。采用多组 V/f 控制算法的储能单元并联运行将会出现微电源间的功率分配紊乱进而导致互联微电网的频率崩溃。因此，若互联前的微电网内都有采用 V/f 控制的储能，则在准同期互联成功后必须迅速切换储能的控制策略为 PQ 或下垂控制模式。

以两个采用 V/f 控制算法的储能并联运行为例，若控制模式切换前后储能交流侧电压存在电压差，则该储能和与之并联运行的采用电压控制的微电源端口的电流将产生突变。因此，互联后在进行控制模式的切换过程中需要保证储能输出电压幅值和相位一致。

当储能的控制模式由 V/f 控制切换成 PQ 控制时，储能换流器的控制模式将由电压型控制调整为电流型控制。控制模式切换后储能单元将表现为一个电流源，该电流源的电压幅值与相位将与换流器并网点电压一致，换流器出口不会出现电流突变量。当储能的控制模式由 V/f 控制切换成下垂控制时，需要通过设定下垂控制环电压初值、相位初值，消除控制模式切换前后换流器出口电压的幅值差和相位差。

2. 基于自动发电控制的微电网互联后协调控制策略

微电网互联将带来诸多效益，然而互联使微电网规模扩大也给微电网的运行控制带来一些不便。当缺乏对互联微电网的有效控制措施时，新系统内微电源的无序发电将影响互联微电网的频率水平。此外，微电网间的互联必然导致强系统对弱系统供电，强弱子系统间的联络线功率有可能超出强系统在并网运行时的设计载荷能力，反而降低了互联微电网的稳定性。为了实现互联微电网的有序有效调频，并防止互联系统的联络线功率越限，引入自动发电控制（AGC）理论，将 AGC 与互联微电网结合，提出基于 AGC 的微电网互联后控制策略。

（1）互联系统的有功-频率控制策略

微电网互联后，任意子微电网内一旦出现有功功率不平衡将通过联络线获得与之互联子微电网的功率支持。如图 8-21 所示，以两微电网互联为例，互联系统的频率与联络线功率情况分析如下（“+”为联络线功率输出）

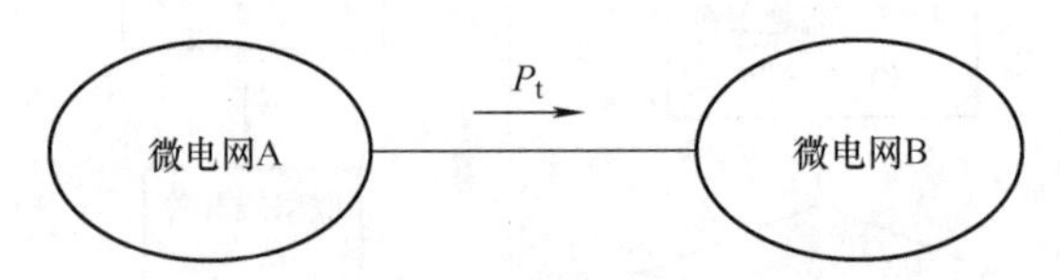

图 8-21　互联微电网示意图

微电网 A、B 中的有功功率变化量分别为 $\Delta P_A = \Delta P_{GA} - \Delta P_{LA}$、$\Delta P_B = \Delta P_{GB} - \Delta P_{LB}$，其中 ΔP_G、ΔP_L 分别为微电网内微电源、负荷的有功功率变化。互联系统的频率与联络线有功功率情况为

$$\begin{cases} \Delta f = -\dfrac{\Delta P_A + \Delta P_B}{K_{sA} + K_{sB}} \\ \Delta P_t = \dfrac{K_{sA}\Delta P_A - K_{sB}\Delta P_B}{K_{sA} + K_{sB}} \end{cases} \tag{8-34}$$

式中，$K_{sA} = K_{GA} + K_{fA}$、$K_{sB} = K_{GB} + K_{fB}$ 分别为子微电网 A、B 的单位调节功率。

由式(8-34) 可知，任意子微电网内的功率不平衡都将导致互联系统的频率波动，且共同引起联络线的交换功率偏差。若子微电网 A 内存在采用 V/f 控制的储能单元，在其调节能力内 $K_{sA} \to \infty$，互联系统交换功率情况为

$$\begin{cases} \Delta f = 0 \\ \Delta P_t = \Delta P_B \end{cases} \tag{8-35}$$

式（8-35）说明，当互联微电网内存在采用 V/f 控制策略的储能时，在其调节能力内互联系统的频率将自动实现无差调节，子微电网 B 中的功率缺额也将由微电网 A 完全补偿。

AGC 为 MMCC 对互联系统内子微电网各微电源施加的统一控制策略，其控制目标为互联系统的频率无差调节、联络线功率无差调节、系统频率与联络线功率的综合无差控制。根

据控制目标的不同，AGC 按一定的逻辑生成区域控制偏差（Area Control Error，ACE），并将 ACE 作为各微电源输出有功参考的修正量（ΔP_{set}、ΔP_{c}），进而调节子微电网内微电源的输出有功功率以达到消除此控制偏差的目的。ACE 是根据互联微电网当前的负荷、微电源发电功率和频率等因素形成的偏差值，反映微电网内发电与负荷的平衡情况，由联络线交换功率与计划的偏差 ΔP_{t}、系统频率与目标频率的偏差 Δf 两部分组成，即

$$ACE = f(\Delta P_{t}, \Delta f) \tag{8-36}$$

根据 ACE 的不同，互联微电网通常有以下三种控制策略：

1）定频率控制（Flat Frequency Control，FFC）。在 FFC 策略中，只以因扰动引起的系统频率偏差 $\Delta f = 0$ 为控制目标，即

$$ACE = K_{s}\Delta f \tag{8-37}$$

式中，$K_{s} = K_{G} + K_{f}$为微电网的单位功率调节系数，K_{f}为负荷频率响应系数。

定频率控制力图保证微电网负荷或微电源有功扰动时，按 Δf 的变化进行有功功率调节，直至 $\Delta f = 0$ 时停止调节。采用该控制策略的互联微电网，其子微电网间的联络线功率将随互联系统内微电源、负荷的波动而波动，即 $\Delta P_{t} = \Delta P_{A} = -\Delta P_{B}$，不能保证联络线的功率控制。

2）定交换功率控制（Flat Tie-line Control，FTC）。FTC 策略通过互联微电网中可控微电源的有功功率来保持联络线交换功率偏差 $\Delta P_{t} = 0$，即区域控制偏差为

$$ACE = \Delta P_{t} \tag{8-38}$$

采用 FTC 策略的互联微电网，一旦子微电网内出现微电源、负荷的有功波动，AGC 将动作调节相应微电源出力以控制子微电网间联络线的交换功率恒定。然而，任意子微电网内的有功功率不平衡都将造成互联系统频率水平波动 $\Delta f = \Delta P_{A}/K_{Bs} = \Delta P_{B}/K_{As}$。

3）联络线功率-频率偏差控制（Tie-line load and frequency Bias Control，TBC）。TBC 策略的控制目标为同时调节互联系统频率和子微电网间的联络线功率，需要同时检测 ΔP_{t} 和 Δf 以形成区域控制偏差。ACE 的计算公式为

$$ACE = \Delta P_{t} + K_{s}\Delta f \tag{8-39}$$

若 K_{s} 选取合理，则当区外子微电网内出现有功功率缺额引起系统频率变化时，ACE 正好为零，该子微电网不参与互联系统的调节。故当子微电网均采用 TBC 策略且具备足够的备用容量时，互联系统内的各子微电网将自动就地进行本系统内的功率平衡，联络线的交换功率维持恒定。

（2）微电网互联控制模式

仍以两微电网的互联控制为例，任一子微电网只采用上述一种有功-频率控制策略，根据互联系统子微电网控制策略的配合情况不同，互联微电网主要存在以下两种控制模式：

1）定频率-联络线功率频率偏差控制（FFC－TBC）模式。如图 8-21 所示，设微电网 A 采用 FFC 策略，微电网 B 采用 TBC 策略，则 A、B 子微电网的区域控制偏差分别为

$$\begin{cases} ACE_{A} = K_{SA}\Delta f \\ ACE_{B} = -\Delta P_{t} + K_{sB}\Delta f \end{cases} \tag{8-40}$$

采用 FFC－TBC 控制模式，当子微电网 A 内微电源或负荷有功功率扰动引起互联系统的频率偏差 $\Delta f < 0$ 时，ACE_{A} 将小于零，子微电网内的微电源将增加有功出力以恢复互联系统频率。与此同时，子微电网 A 向 B 输送的有功功率将降低，即 $\Delta P_{t} < 0$。对子微电网 B 而言，ΔP_{t} 为系统的负荷突变量，且 $\Delta P_{t} = \Delta P_{GB} - \Delta P_{LB} = K_{sB}\Delta f$，上式 ACE_{B} 的两个分量恰好抵消，

子微电网 B 不参与互联系统的调整。

当子微电网 B 内微电源或负荷有功功率扰动引起互联系统的频率偏差 $\Delta f<0$ 时，子微电网 A、B 的 ACE 同时为负，互联系统内微电源均增加有功出力以恢复互联系统的频率。随着互联系统频率的恢复，联络线的交换功率将出现偏差，即 $\Delta P_t>0$，子微电网 B 内微电源继续增发有功，直到 $\Delta P_t=0$。图 8-22 为互联微电网的 FFC－TBC 控制模式控制框图。

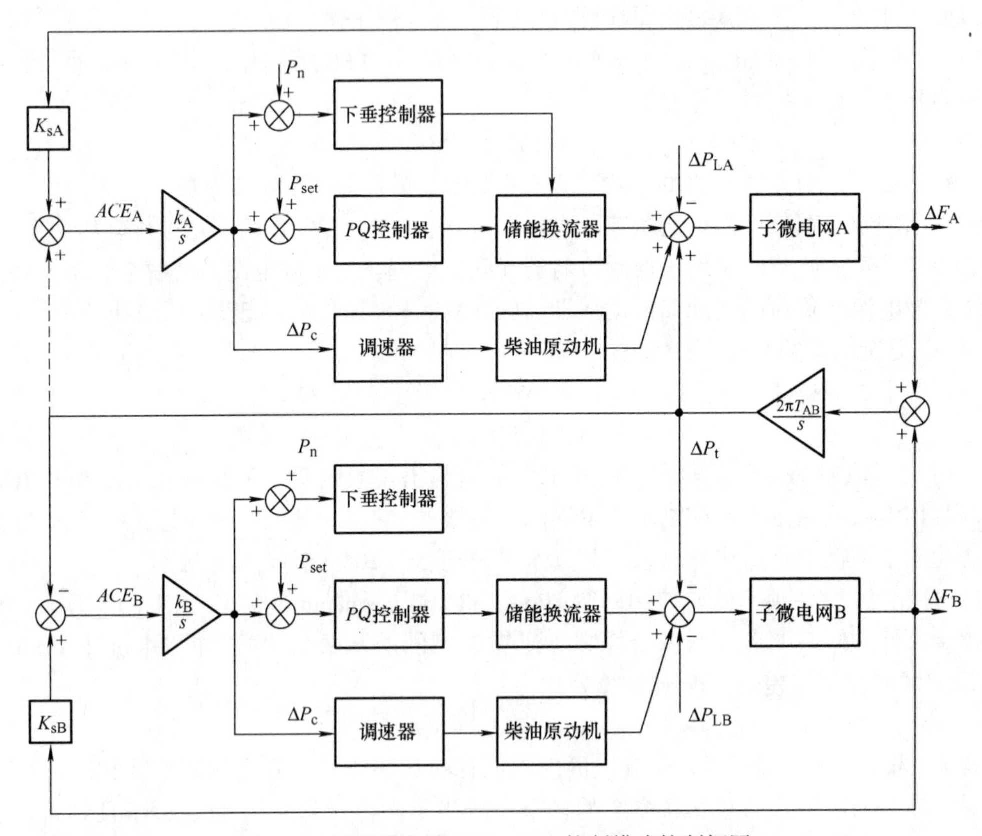

图 8-22　互联微电网 FFC－TBC 控制模式控制框图

上述分析表明，FFC－TBC 配合模式适用于强-弱系统互联的运行控制，即备用容量大、调频速度快的子微电网采用 FFC 控制模式，备用容量不足的子微电网采用 TBC 控制模式。在配电网故障停电、灾害停电等应急条件下，配电网解列形成多个运行水平参差不齐的独立微电网，此时改善弱系统的电压、频率水平是微电网互联的首要目的。设微电网互联前弱系统 B 的运行频率为 $f_{B0}\leqslant f_n$ 且微电网 B 内已无备用容量，则微电网 B 内的有功功率缺额约为 $\Delta P_B=K_{sB}(f_n-f_{B0})$，微电网互联后联络线的交换功率为 $P_t\leqslant\Delta P_B$。此时，子微电网 A、B 的 ACE 整定如下

$$
\begin{cases}ACE_A=K_{sA}(f_A-f_n)\\ACE_B=-(P_t-\alpha\Delta P_B)+K_{sB}(f_B-f_n)\end{cases} \tag{8-41}
$$

式中，f_A、f_B分别为子微电网 A、B 的实际频率；P_t 为互联微电网联络线的实际交换功率；$\alpha\Delta P_B$ 为互联微电网联络线的计划交换功率，α 为一常数且 $\alpha>1$。

以式(8-41) 整定子微电网 B 的区域控制偏差，互联后微电网 B 将再次富余一定的有功

备用以应对本区内功率波动造成的联络线功率偏差，此有功备用约为 $P_{sB}=(\alpha-1)\Delta P_{B}$。

2）双联络线频率偏差控制（TBC－TBC）模式。采用双联络线频率偏差控制模式的互联微电网各子微电网的ACE形式为

$$\begin{cases}ACE_{A}=\Delta P_{t}+K_{sA}\Delta f\\ ACE_{B}=-\Delta P_{t}+K_{sB}\Delta f\end{cases} \tag{8-42}$$

采用TBC－TBC控制模式，当子微电网A内微电源或负荷有功功率扰动引起互联系统的频率偏差 $\Delta f<0$ 时，ACE_{A} 将小于零，子微电网内的微电源将增加有功出力以恢复互联系统频率。与此同时，子微电网A向B输送的有功功率将降低，即 $\Delta P_{t}<0$。对子微电网B而言，ΔP_{t} 为系统的负荷突变量：$\Delta P_{t}=\Delta P_{GB}-\Delta P_{LB}=K_{sB}\Delta f$，上式 ACE_{B} 的两个分量恰好抵消，子微电网B不参与互联系统的调整。同理，当子微电网B内出现有功功率扰动，子微电网A将不参与互联系统的调整。

图8-23为互联微电网TBC－TBC控制模式的控制框图。上述分析表明，TBC－TBC配合模式特别适合与互联系统内对等子微电网（备用容量、调频能力相当）的互联控制。当两对等系统出于经济性、节能减排等非技术因素需要互联运行时，互联子微电网间首先协议确定联络线的交换功率计划值。TBC－TBC配合模式使得任意子微电网自平衡本区内的有功功率缺额，以维持联络线的交换功率恒定和互联系统频率的无差控制。

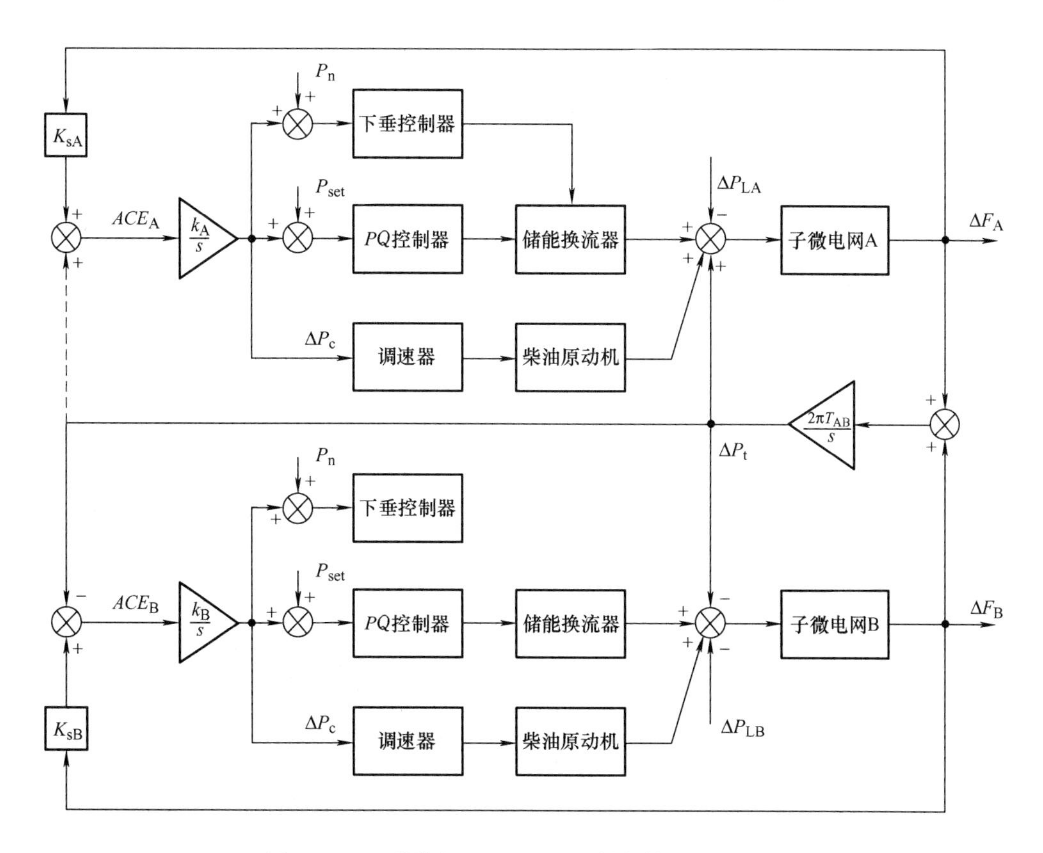

图8-23　互联微电网TBC－TBC控制模式控制框图

8.4.3 互联技术在故障情况下配电网自我恢复中的应用

1. 基于微电网互联技术的配电网自我恢复应用流程

在MMCC的主导下，从发生故障到故障排除期间配电网的自我恢复将经历微电网有序孤岛、微电网互联能力分析、微电网的互联过渡控制、微电网互联后控制、扩大供电范围以及互联微电网的同期并网六个过程。含多微电网的配电网故障恢复过程如图8-24所示。

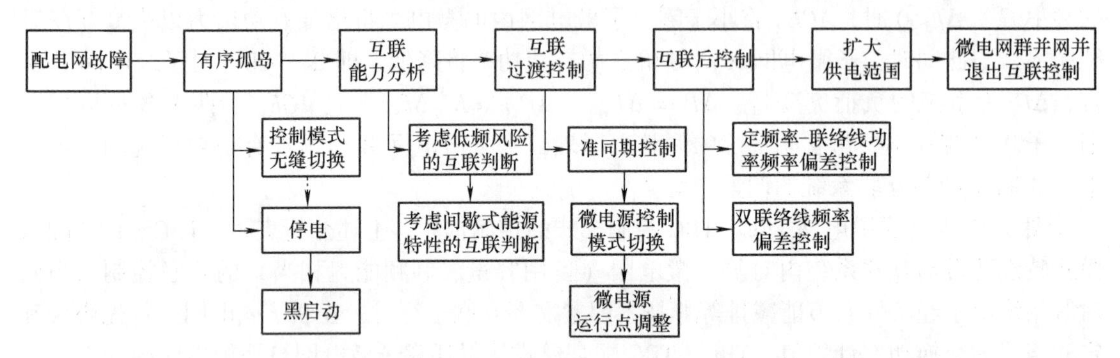

图8-24　含多微电网的配电网故障恢复过程

当上级电网发生故障时，非故障配电网内的微电网首先将控制模式调整为孤网运行状态：若微电网具备无缝切换能力，则微电网将成功过渡到孤网运行状态；若微电网不具备无缝切换能力，或者因通信、设备原因无缝切换失败，则微电网将发生短时停电，进而准备黑启动再次尝试进入孤网运行状态。微电网的互联首先需要论证微电网间互联的可行性问题，这是因为微电网互联后新系统的电源与负荷结构将改变，子微电网的潮流情况也将有所变化。互联后系统的电压、频率水平是否满足微电网的运行要求，新系统是否具备足够的稳定性等都是进行微电网互联以前应该考虑的问题。因此，由MMCC进行的互联能力分析将快速估算微电网以不同组合互联后的低频风险和储能的快速调节能力，在此基础上判断微电网各种组合互联的可行性，并选出微电网间最佳的互联组合；根据待互联微电网的特点，选择互联后各子微电网的控制策略。随后，在MMCC的协调下，待互联微电网调整互联点电压并等待最佳同期时机。一旦同期互联成功，则根据互联系统微电源特征迅速调整微电源的控制策略，调整有过负荷风险的微电源的运行点。互联过渡后，若互联系统的频率或联络线交换功率越限，则适时启动基于AGC的互联后控制，维持互联系统的稳定运行。此后，MMCC估算互联系统的剩余调节容量，在确保已互联微电网具备足够安全裕度的前提下，吸纳互联微电网外的微电源与负荷并网，逐渐扩大配电网的供电范围。最后，互联微电网等待上级电网的故障排除信息，待故障排除互联系统将在MMCC的控制下并网；互联系统并网同时，MMCC退出故障情况下对所辖微电网的主导地位，各微电网内的微电源控制模式切换回故障前状态。至此，故障情况下含多微电网的配电网自我恢复完成。

正常情况下，DMS通过远方终端实时监测配电网运行状态，一旦发现异常则将故障信息下发至故障区域内的MMCC，MMCC作为DMS与MGCC的通信中转，在其协调下多微电网进行配电网故障恢复的流程如下：

1）收到DMS发送的故障信息后，MMCC即刻转发该故障信息至辖区内各微电网MGCC，并进入等待MGCC运行状态信息状态。

2）MGCC接收MMCC转发的报告，判断其是否为故障信息：若为故障，则控制微电网进入预备孤岛模式；反之，则继续正常运行。

3）MGCC判断故障瞬间微电网能否自治运行：若其具备孤岛能力，则主导微电网进行控制模式切换进入孤岛运行模式；若无孤岛能力，则对微电源下达待机指令，择时准备黑启动。

4）进入孤岛状态后，MGCC向MMCC发送微电网内电压、频率、微电源出力以及负荷水平等运行状态信息。

5）根据MGCC发送的运行状态信息，MMCC对辖区内的微电网状态进行分析识别，若所辖微电网均正常运行，则保持当前的运行状态，否则，对处于警戒状态下的微电网进行互联能力分析。

6）MMCC根据互联能力的分析结果，得出具体的微电网互联方案，并给有互联需求的微电网MGCC下达互联指令。

7）待互联微电网MGCC在MMCC的协调下进行准同期互联，一旦互联完成则立即对微电源进行控制模式和运行点的调整，以适应互联后的系统运行要求。

8）随后MMCC实时监测互联微电网的电压、频率以及联络线功率等指标。若各项运行指标在正常范围内，则维持运行状态；否则，启动基于AGC的互联后协调控制策略，直到互联微电网恢复正常。

9）此后，MMCC向DMS发送状态信息报告，并等待DMS的配电网故障排除信息。与此同时，DMS在接收到MGCC互联后状态信息报告之后，开始检测故障点电气信息，并将其转发给MMCC。

10）若配电网故障排除，DMS向故障区的MMCC发送电网恢复正常的信息报告。同时，DMS向其下达并网指令。

11）MMCC接收并向MGCC转发DMS的并网命令，通过各MGCC再次协调所有微电源出力，创造PCC点的最佳准同期并网条件。

12）一旦互联微电网并网，MMCC向各MGCC发送并网成功信息。MMCC退出对MGCC的主导控制地位，MGCC切换微电源控制模式回到故障前状态。

故障情况下，基于微电网互联技术的更详细的故障恢复流程如图8-25所示。

2. 故障情况下配电网自我恢复的仿真分析

本小节以故障情况下含三个微电网的配电网自我恢复为例，利用PSCAD仿真软件验证上文内容的正确性。配电网拓扑如图8-18所示，正常情况下微电网A、微电网B、微电网C（简称MGA、MGB、MGC）间并联运行于配电网某35kV节点K1低压侧。各微电网内微电源与负荷的统计情况见表8-5、表8-6，K2节点处的光伏装机容量为150kW，K21节点负荷 $P_L=(120+j30)$kV·A。10kV配电线路参数为 $R=0.641\Omega/\text{km}$，$X=0.101\Omega/\text{km}$；35kV配电线路参数为 $R=0.33\Omega/\text{km}$，$X=0.334\Omega/\text{km}$。各节点间距为 $L_{K1-K2}=0.5\text{km}$，$L_{K11-K12}=0.3\text{km}$，$L_{K12-K13}=0.2\text{km}$。

表8-5 微电源装机容量与额定负荷概况

微电网	风电/kW	光伏/kW	柴油/kW	储能/kW	负荷/kV·A
A	75	10	—	50	140+j40
B	75	20	250	120	200+j50
C	—	—	220	—	240+j50

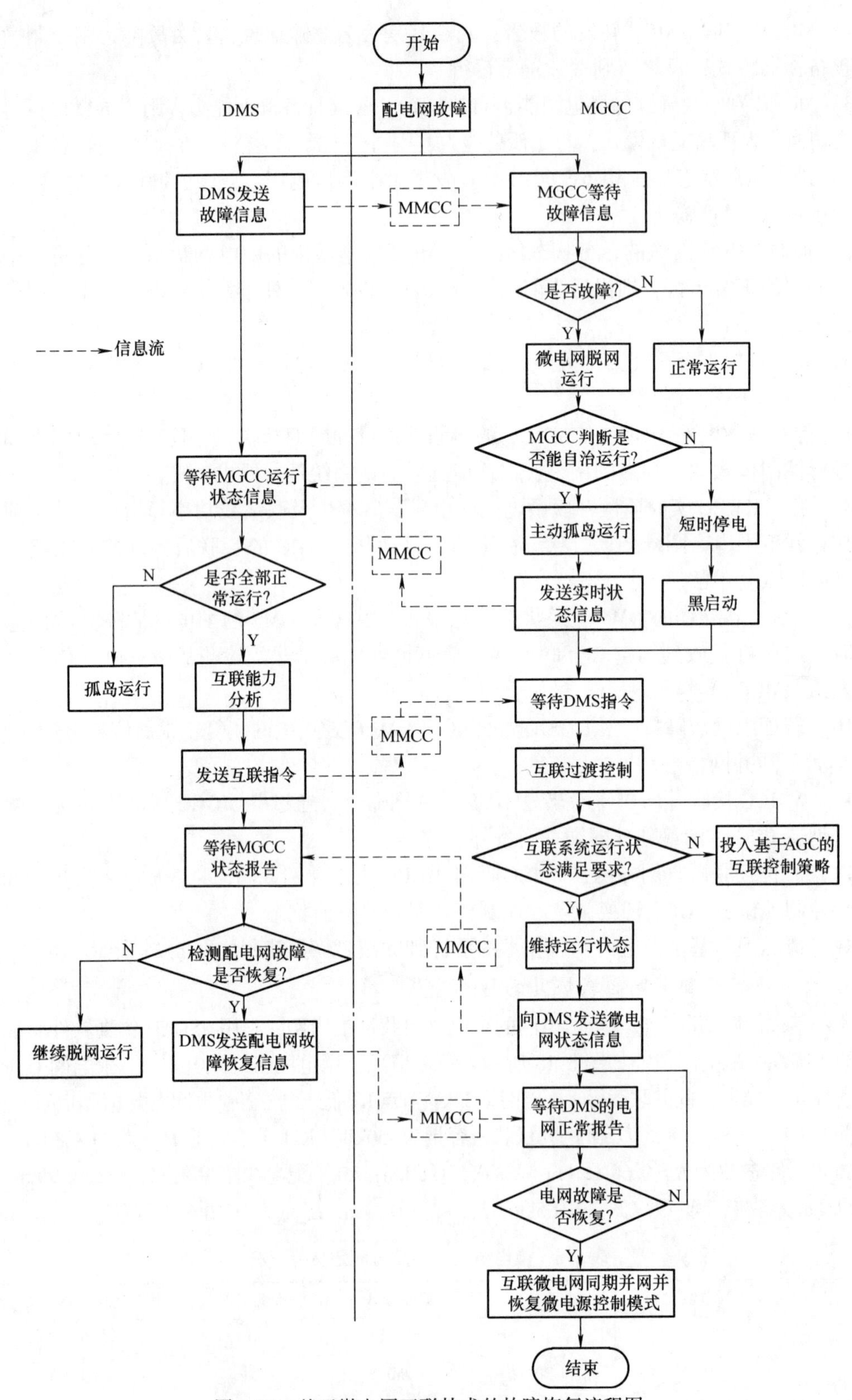

图 8-25　基于微电网互联技术的故障恢复流程图

表8-6 各微电网储能参数与运行状况统计

微电网	P_{DSmax}/kW	SOC	U_n/V	U_{min}/V	Q/A·h
A	50	0.7	750	675	70
B	120	0.75	750	675	150

0~3s，各微电网并网运行，柴油发电机均处于冷备状态，储能工作在热备状态（PQ 控制）但不发出功率。$t=3$s 时刻，35kV 进线侧发生故障，DMS 收到故障信息后隔离故障线路造成 K1、K2 节点停电。

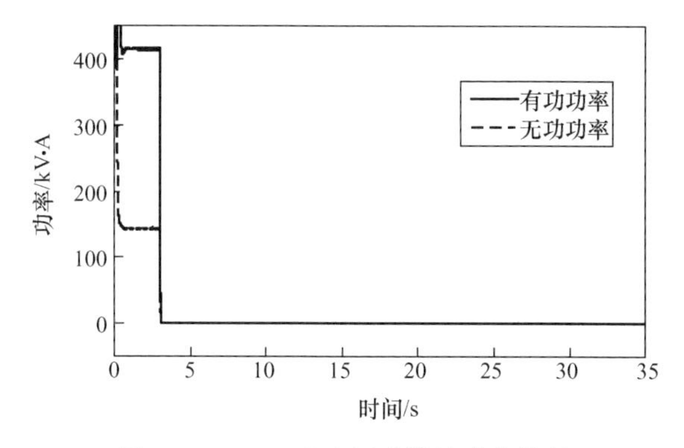

图 8-26 35kV 配电网进线处功率情况

如图8-26所示，故障前35kV配电网吸收净功率为 $S=(410+j140)$kV·A。3s开始故障导致35kV进线侧的有功、无功功率下降为零，配电网进入故障恢复阶段。

与此同时，DMS 经 MMCC 向 MGCC 转发故障报告，并断开各分段开关。3s后，各微电网在 MMCC 与 MGCC 的配合下完成有序孤岛（MGC 经短时停电后黑启动）、互联、扩大供电范围、等待35kV配电网故障排除、最后并网的自下而上故障恢复过程。故障发生后，各微电网内的运行状况如下：

3s时刻，MGA、MGB 收到孤岛信息的同时进行控制模式切换，作为热备用的储能迅速出力并改变控制方式为 V/f 模式。从而 MGA、MGB 实现了并孤网状态的无缝切换，并保持其区内负荷的不间断供电。与此同时，MGC 中由于没有配置储能单元，随着进线开关的断开 MGC 进入停电状态。

图8-27和图8-28为故障配电网的电压、频率情况。由图可知，3s前后 MGA、MGB 电压平滑过渡，未出现因故障引起的电压暂降情况，具备无缝切换能力的微电网最大限度地提高了用户的供电可靠性。不具备无缝切换能力（或无缝切换失败）的微电网，也将在短时间内黑启动建立电压，恢复对负荷的供电。

孤网运行后，MGB 中的储能补偿了并网时由配电网提供的全部功率，储能以 $S=(110+j60)$kvA 的高功率水平运行，有功功率即将达到其输出上限。为避免储能过负荷运行，MGCC 对柴油发电机组发出并网指令。柴油发电机收到并网指令后，迅速由冷备状态进入运行状态，并于 $t=8.9$s 准同期并网。柴油发电机并网后通过设置 $\Delta P_c=-0.4$(pu)，将输出约115kW有功功率，由于柴油发电机的投入，储能输出有功功率下降至零附近。各微电网的有功功率情况和无功功率情况分别如图8-29和图8-30所示。

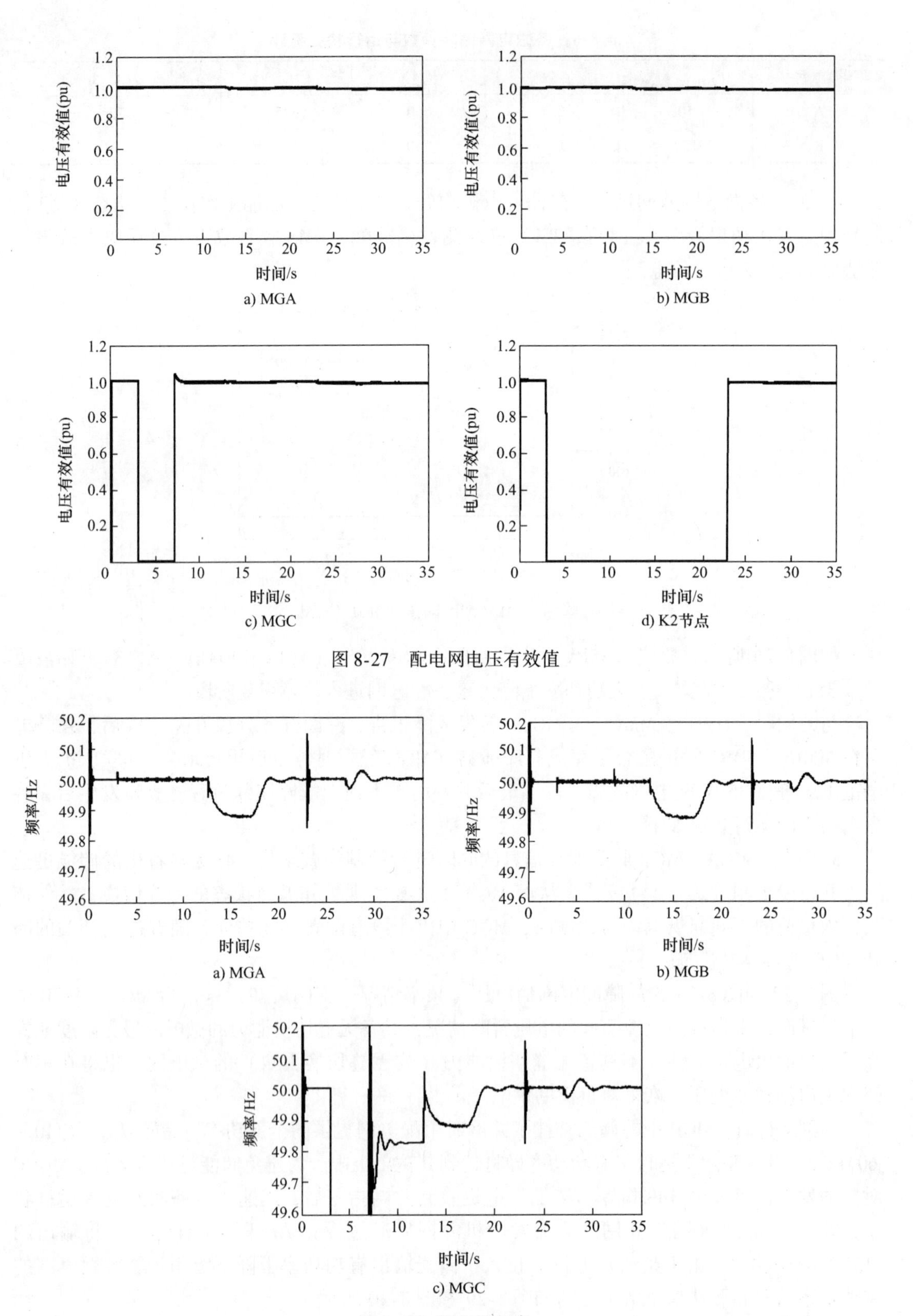

图 8-27 配电网电压有效值

图 8-28 配电网频率

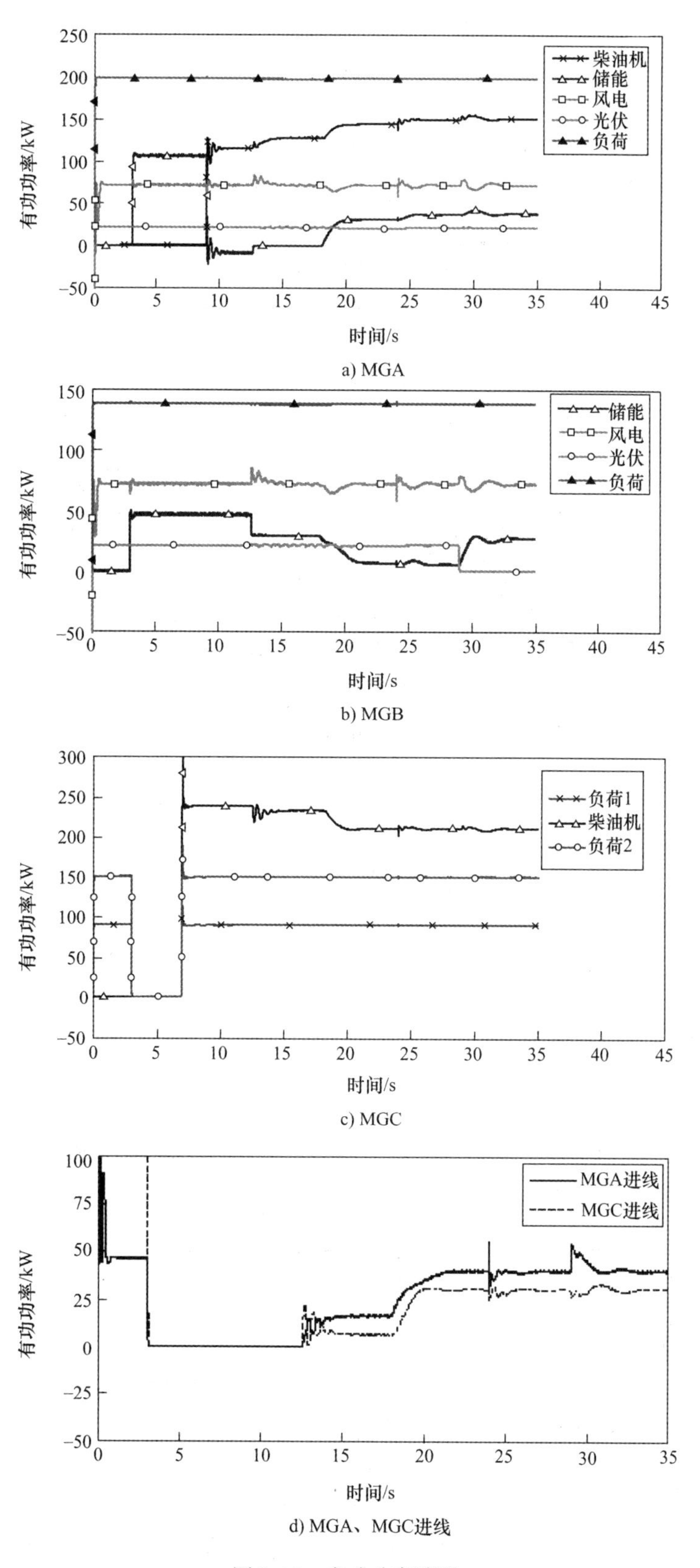

a) MGA

b) MGB

c) MGC

d) MGA、MGC进线

图8-29 有功功率波形

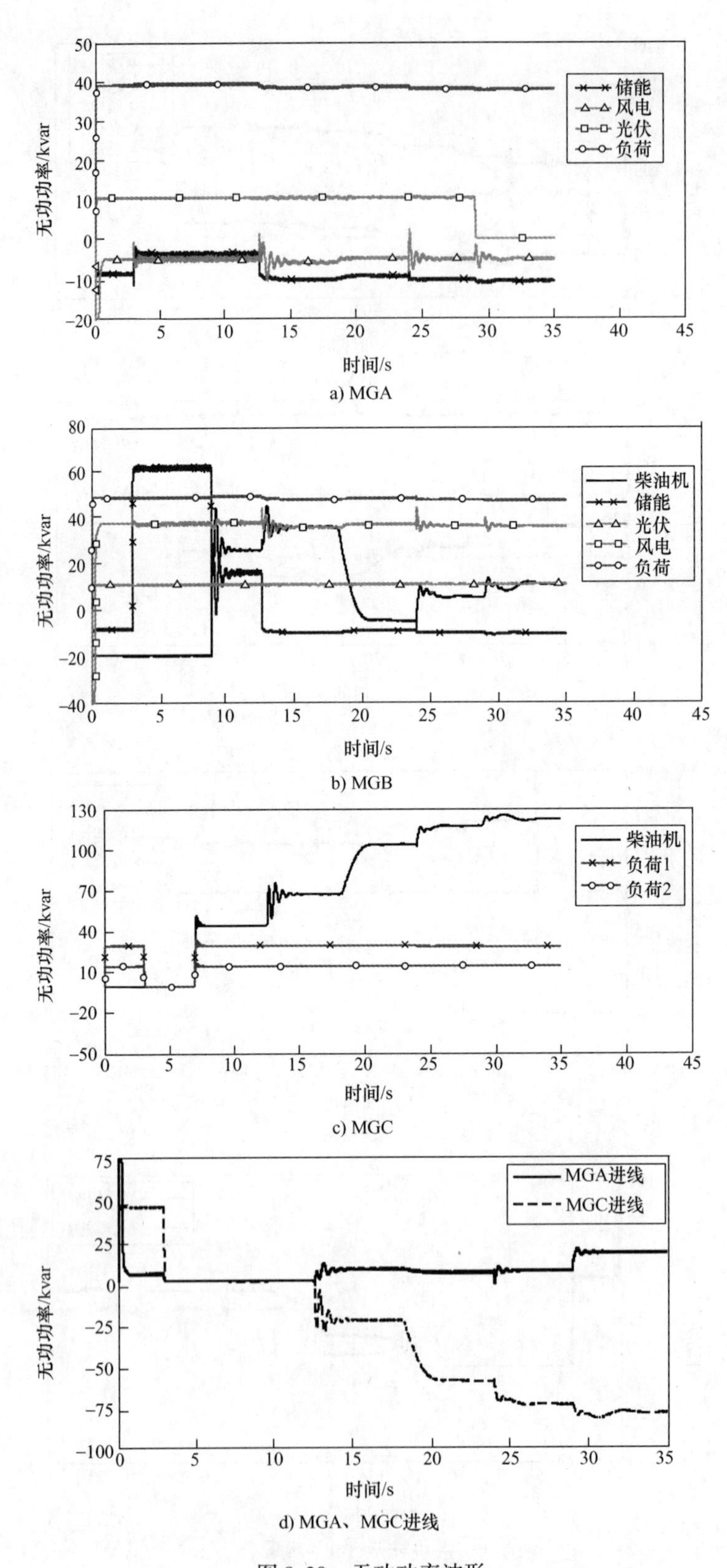

无功功率/kvar
时间/s
储能
风电
光伏
负荷
a) MGA
柴油机
储能
光伏
风电
负荷
b) MGB
柴油机
负荷1
负荷2
c) MGC
MGA进线
MGC进线
d) MGA、MGC进线

图 8-30　无功功率波形

$t=7\mathrm{s}$ 时，MGC 开始进行黑启动，柴油发电机超过额定功率（$P_{dn}=230\mathrm{kW}$）运行。由于无备用容量，MGC 无法进行二次调频，在柴油发电机组调速器的作用下 MGC 运行在 $f=49.8\mathrm{Hz}$ 低频状态。另外，虽然 MGA 的频率为 $f=50\mathrm{Hz}$，但其储能的输出有功功率也几近达到最大水平（$P_{sA}=50\mathrm{kW}$），输出无功功率趋近于 $Q_{sA}=-10\mathrm{kVar}$。独立运行的 MGA、MGC 均无备用容量，一旦出现负荷投入或风电、光伏功率跌落，系统存在失稳风险。为改善 MGA、MGC 的稳定裕度，MGA、MGC 向 MMCC 发出互联请求。

MMCC 收到互联请求后，随即进行互联能力分析，并确定 MGA + MGB + MGC 的互联模式。随后，MMCC 协调三微电网进行准同期互联，于 $t=12.6\mathrm{s}$ 完成微电网互联；同时，互联系统内所有储能控制模式切换为 PQ 控制（$P_{sA}=30\mathrm{kW}$，$P_{sB}=0$）。由于互联，子微电网 MGA、MGB 的系统频率下降为 $f=49.89\mathrm{Hz}$，而 MGC 频率水平得到提升。在此作用下，MGA 柴油发电机组输出有功功率小幅增加（$P_{dA}=127\mathrm{kW}$），MGB 柴油发电机组无功功率经过小幅波动后趋近于 $Q_{dB}=10\mathrm{kVar}$；而 MGC 中的柴油发电机有功功率下降为 $P_{dC}=235\mathrm{kW}$，无功功率上升为 $Q_{dC}=130\mathrm{kVar}$。

为实现互联系统频率的无差调节，降低 MGC 中柴油发电机的输出功率，防止无功率扰动情况下 MGA 中储能长时间大功率放电以失去调节能力，MMCC 在 $t=18\mathrm{s}$ 时对互联微电网启动基于 AGC 的互联后协调控制策略。考虑到子微电网 MGA、MGB、MGC 备用容量和调节能力的巨大差异，各子微电网的控制模式确定为：MGA、MGC 采用 TBC；MGB 采用 FFC（其中，MGA、MGC 进线有功功率设定为 $\Delta P_{A}=40\mathrm{kW}$，$\Delta P_{C}=30\mathrm{kW}$，无功功率设定为 $\Delta Q_{A}=25\mathrm{kVar}$，$\Delta Q_{C}=-80\mathrm{kVar}$）。$t=23\mathrm{s}$ 前后，互联微电网的频率恢复为 $f=50\mathrm{Hz}$，子微电网 MGA、MGC 的进线功率均达到预设定值。在互联后控制策略的作用下 MGA 中的储能输出功率降低至零附近水平，MGC 中柴油发电机的有功功率恢复为额定水平。仿真结果证实，基于 AGC 的微电网互联后控制策略兼顾了互联微电网的运行安全性与经济性的要求，达到了预期设想的控制目标。

考虑到互联后子微电网 MGB 中还存在较大的备用容量（$P_{dB}=150\mathrm{kW}$、$P_{sB}=30\mathrm{kW}$），为扩大供电范围，MMCC 于 $t=24\mathrm{s}$ 时先后闭合 K11 - K1 段开关、K1 - K2 段开关、K2 光伏并网点开关，恢复 K2 节点光伏［$S_{pv}=(125+\mathrm{j}5)\mathrm{kV\cdot A}$］发电以及 K21 节点的负荷［$P_{L}=(135+\mathrm{j}30)\mathrm{kV\cdot A}$］供电。K2 节点功率情况如图 8-31 所示。

最后，$t=29\mathrm{s}$ 时 MGA 中 25kW 光伏故障退出运行。仿真结果表明，MGA 中储能在 1s 内快速补偿光伏功率跌落，互联系统频率经过简短的暂态过程于 $t=33\mathrm{s}$ 重新回到原运行状态。

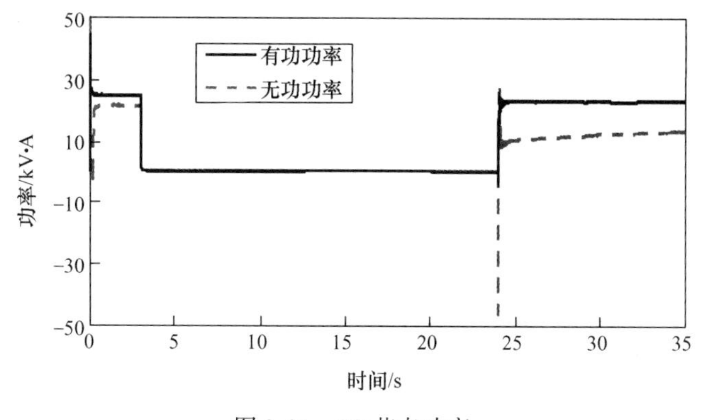

图 8-31　K2 节点功率

8.5 主动配电信息物理系统的可靠性建模与评价

主动配电网通过实时监测运行状态并采取多种控制手段以避免状态恶化，进一步提升电网性能，同时提高能源利用效率。主动管理的实施离不开信息与通信技术（Information and Communication Technology，ICT），ICT 系统及时、准确地传递和处理信息是主动配电网多种控制功能实现的基础，而 ICT 系统的随机失效能够引发主动控制失效、系统状态恶化和停电范围扩大等后果，可见，主动配电网的控制特征使其对 ICT 产生了高度依赖，呈现出与信息物理系统（Cyber-Physical Systems，CPS）定义的一致性，可视为典型的配电信息物理系统（Cyber-Physical Distribution Systems，CPDS）。因此，基于考虑信息系统影响的主动配电系统可靠性的评价才能准确反映配电网可靠性的真实性能。

8.5.1 信息传输失效对主动配电网可靠性的影响分析

1. 配电信息物理系统主流结构和功能描述

配电信息物理系统的信息域包括信息与通信设备及其组成的异构网络所采用的协议、软件和拓扑结构等；物理域包括传统的一次设备和光伏、风电等新能源设备以及储能设备。其主流结构如图 8-32 所示。

其中，信息域应用层实现对信息的分析处理（决策的生成）和人机交互，位于配电主站（或子站）中。通信层分为两部分，控制中心和配电子站之间为主干通信网，多采用光纤 SDH 或 MSTP 环网结构，具备通道层和复用层等多种保护方式，可靠性高；子站到配电终端之间为接入通信网，也称为配电通信网，可采用以太网、电力线载波、无线等多种通信方式。接口层包括馈线首段保护装置、FTU、DTU、逆变器等智能配电终端。

由于配电 CPS 信息域设备大多具备 UPS 电源，常规物理域设备失效对信息域影响很小，针对可靠性的交互影响主要体现在主动配电网故障自愈过程中信息失效对配电网可靠性的影响。

传统配电网故障处理通常采用就地式馈线自动化，而基于集中监控的馈线自动化保护（简称集中式）在包含大量分布式电源的 CPDS 中应用广泛，且其对信息域依赖性较高。集中式的故障处理过程依靠保护设备、断路器、隔离开关、分布式发电（Distributed Generation，DG）及智能电子设备（Intelligent Electronic Derice，IED），通过状态监测和控制，完成故障切除、故障定位、故障隔离和供电恢复四个自愈控制过程。其中，馈线保护和开关内部控制功能失效将引起线路停运、开关误动和拒动，这类故障属于直接影响，实际中直接影响已统计在物理域元件停运率中；由于 IED、通信网和应用系统设备失效导致的故障监测和故障处理功能失效属于间接影响，将大大降低主动配电网的可靠性，本节将重点针对间接影响进行深入研究。

2. CPDS 信息域失效影响因素分析

配电网故障处理中需要在配电网设备和主站之间进行信息传输，通常将信息从接口层到应用层之间的传输电路称为信息链路（见图 8-32 中节点 P 到节点 Q）。信息传输有效指信息从链路一端到另一端传输中满足连通性、及时性与准确性三层次的要求。

（1）接口层失效影响因素

接口层一方面通过该层设备测量并上传电压、电流、功率以及开关状态信息，另一方面

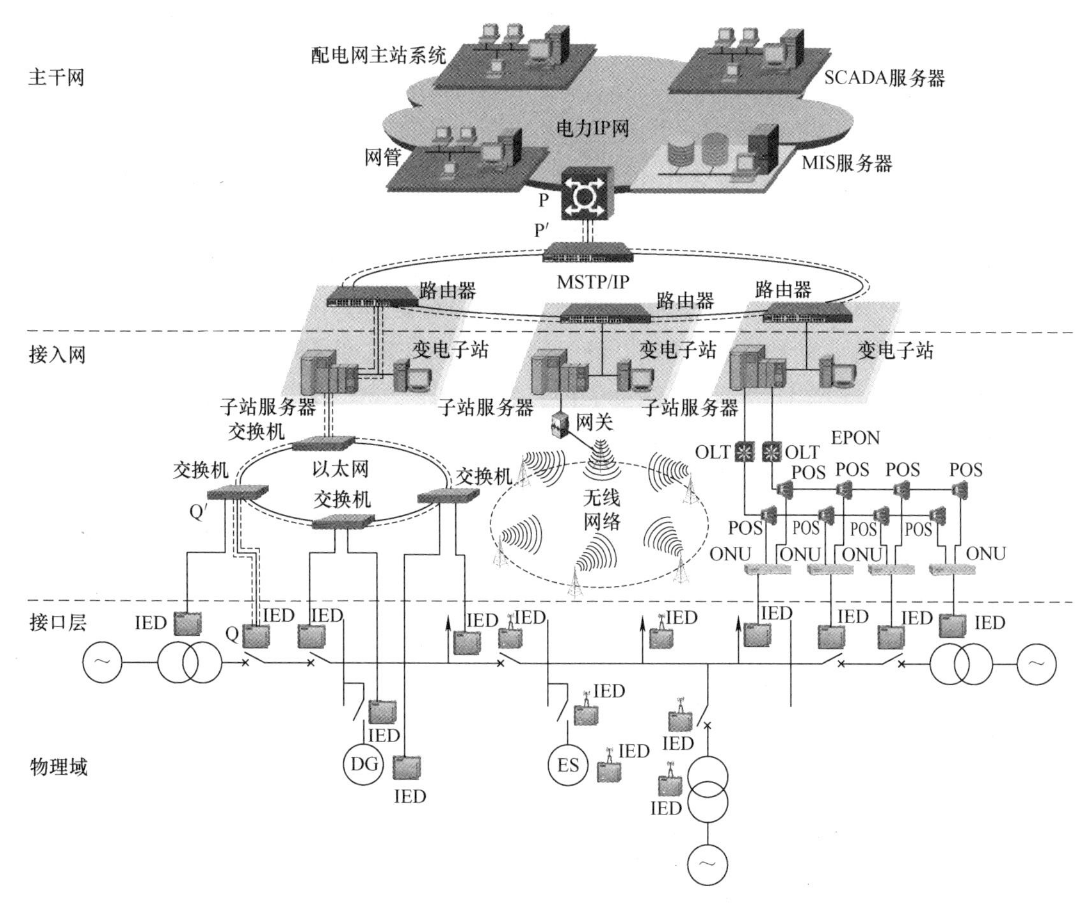

图 8-32　CPDS 主流结构

能够接收并执行对物理域设备的远程控制指令。接口层失效通常指状态信息采集或上传失效以及控制指令执行失效。接口层设备作为信息链路的一部分，其故障会导致信息链路中断，影响信息链路的连通性；且其数据测量存在的误差或错误，将影响信息链路的准确性；同时接口层设备，如保护设备，算法或参数错误将会引起控制失效（直接影响）或控制信息错误（间接影响）。由于配电网接口层设备运行环境复杂且无冗余配置，设备故障导致连通性的丢失是影响信息域性能的最主要因素。

（2）通信层失效影响因素

通信链路是信息链路的一部分，指通信网中一个节点到另一个节点间的传输电路，通常包含多条传输路径（见图 8-32 中节点 P′到节点 Q′），一条通信链路包含至少两种通信方式，其性能包括受网络节点和传输通道故障影响的连通性、受报文传输时延影响的及时性，以及受传输误码影响的准确性，通信网根据其采用技术的不同，保证三种性能的方式存在较大差异。

通信链路中位于主干网（SDH 节点）的链路至少存在两条自愈通道以保证链路畅通，但若节点设备故障，部分信号将会丢失。SDH 网络采用同步传输协议，节点信息处理时间基本相同，两节点间信息传输时延主要与经过节点个数相关，备用链路由于所经节点较多，延时较长。随机故障下路由转换会导致延时增加，采用通道保护的网络倒换时间通常为

50ms，而复用保护网络的倒换时间不小于 200ms。SDH 同步光纤网的误码率在 $10^{-5}\sim10^{-7}$ 之间，可以忽略其对信息准确性的影响。

通信链路中接入网部分信息传输的有效性与接入网的类型密切相关。接入网为基于 TCP/IP 的以太网（工业以太网）时，网络结构大多呈环形，能够在信息元件发生随机故障后，通过路由转换保证链路畅通，且其传输时延与线路误码、业务负载率、通信节点数目密切相关，由于采用光纤线路（误码率低）以及 TCP 层的差错控制，不考虑信息传输错误。接入网为无线公网（GPRS）时，不存在连通性问题，其信息延时特性和传输失效率呈现出概率特性，是公网服务性能的体现，其中延时与公网负载率相关，失效率则与天气因素及信道质量相关。接入网采用无源光网络时，网络结构多采用双链型以保证其可靠性。通常其采集点到变电站上行采用多址接入保证数据上传，上行延时与接入方式有关且相对固定，下行通道采用广播传输，实际应用中其传输延时能够满足系统要求。无源光网络随着光纤传输距离的增加，衰减增大，其误码受传输通道的质量、信噪比、传输长度和外部干扰等因素影响，实际应用中由于线路长度和安装质量导致的丢包率占较大比例。

（3）应用层失效影响因素

CPDS 应用层通过信息分析处理实现自愈控制、系统状态优化等决策。应用层设备作为信息链路中最重要的一部分，设备停运将直接导致应用层决策失败。进而导致自愈控制失效，因此，该层通常配置备用硬件资源并同时投运，可靠性较高。由于算法失效和延时导致应用层故障的统计数据较少，暂不考虑。

3. 基于配电自动化的系统失效状态分析

配电网故障处理过程需要物理设备、信息设备及双系统间信息交互共同完成，因此 CPDS 可靠性受到物理和信息系统元件随机失效的共同影响。相比于传统可靠性评估，CPDS 可靠性评估难点在于如何评估信息系统元件随机失效对可靠性的影响。本节从故障切除后的故障定位、故障隔离以及故障恢复三个自愈控制过程入手，以信息流为线索进行 CPDS 故障-影响耦合分析。

由于主动配电网故障处理时间较短，如果故障发生时应用层服务器故障，将导致整个自愈过程失效，配电网停运，只能通过人工处理并修复故障。由接口层和通信层失效引起的后果分析如下：

（1）故障定位

故障发生并切除后，配电主站根据监测信息进行故障判别及故障定位。如图 8-33 所示，故障段一端开关节点 A 上行故障监测信息传输失败，若节点 C 上行故障信息传输成功，故障定位将位于节点 CB 间，将 AC 非故障段断电，扩大停电范围，增加停电用户。

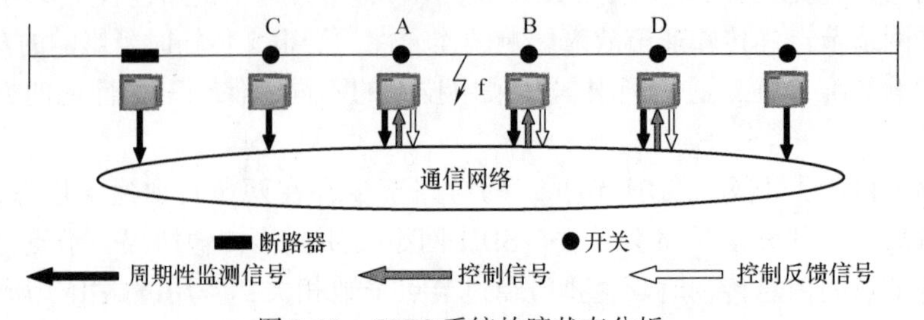

图 8-33　CPDS 系统故障状态分析

（2）故障隔离

如果节点A下行信息失效或A开关动作失效，故障f隔离失败，控制中心将接收不到节点A的上行反馈信息，控制中心启动远后备保护，将AC非故障段断电，增加停电用户。同时节点A动作成功后，若反馈信息上传失效，也将导致后备保护动作，增加停电用户。

（3）故障恢复

主动配电网故障恢复包括非故障段负荷转移与恢复以及故障段内计划孤岛的启动，前者可以通过遥控开关动作与人工操作实现。下行开关控制命令失效将导致负荷转供失败，而通过人工操作开关能够恢复非故障段用户供电，如AC段用户可以通过人工断开A、闭合C实现供电恢复。同时只有当孤岛区域内断路器、DG以及储能监测、保护与控制功能都有效时，才能称为有效孤岛，否则将造成孤岛停运。故障源对应的故障后果见表8-7。

表8-7 信息链路失效对物理域的影响

<table>
<tr><th rowspan="2"></th><th rowspan="2">影响因素</th><th colspan="3">物理域的影响</th></tr>
<tr><th>故障定位</th><th>故障隔离</th><th>供电恢复</th></tr>
<tr><td>应用层失效</td><td>设备故障</td><td>故障定位决策失败→配电网停运→人工定位→增加停电时间</td><td>故障隔离决策失败→配电网停运→人工故障隔离→增加停电时间</td><td>非故障区负荷转供失败→人工操作联络开关；
无法孤岛供电→孤岛区用户停电</td></tr>
<tr><td>接口层失效</td><td>设备故障</td><td>故障点监测信息上传失败→无法精确定位→启动后备保护→扩大故障范围→人工操作→增加非故障段停电时间</td><td>开关拒动、动作失败或控制反馈信息上传失败→故障隔离错误→启动后备保护→扩大故障范围→人工操作→增加非故障段停电时间</td><td>开关拒动或动作失败→人工操作联络开关→增加非故障段停电时间；
分布式电源反馈失效或控制失败→孤岛供电失败→孤岛区域内用户停电</td></tr>
<tr><td rowspan="4">通信层失效</td><td>设备/线路故障</td><td colspan="3">设备故障或线路中断→路由重构→路由重构失败→信息链路失效</td></tr>
<tr><td>业务负载</td><td colspan="3">业务负载过大→延时增加→延时超过上限→信息链路失效</td></tr>
<tr><td>信道外部环境</td><td colspan="3">噪声干扰→数据误码→误码率超过上限→信息链路失效</td></tr>
<tr><td>信息链路失效</td><td>信息链路失效→故障监测信息丢失→启动后备保护→扩大故障范围→人工操作→增加非故障段停电时间</td><td>信息链路失效→隔离指令下发或反馈丢失→故障隔离错误→启动后备保护→扩大故障范围→人工操作→增加非故障段停电时间</td><td>信息链路失效→转供失败→人工操作联络开关→增加非故障段停电时间；
孤岛控制失效→孤岛供电失败→孤岛区域内用户停电</td></tr>
</table>

8.5.2 CPDS元件及系统可靠性模型

1. CPDS系统可靠性模型

CPDS模型以图论为基础，节点代表设备元件，边代表电力线路和通信线路。CPDS物理域元件包括线路、开关、分布式电源以及储能系统；信息域包含应用层、IED设备、主干网SDH节点设备及其光纤线路、馈线接入网设备、路由器及其通信线路。本节中两部分通信网络分别为 SDH 环网与工业以太网环网，以下围绕此结构进行建模。同时，由于本节 10kV 配电网通信采用的工业以太网，其设计容量通常较大，因此在本节研究中假设数据为无损传输。

2. 信息与物理域常规元件失效模型

不考虑老化失效的情况，电力系统中大部分故障停运是可修复的，物理域元件状态变化可通过“运行—停运—运行”的循环来模拟，信息域元件亦类似。因此，对于传统物理域设备和信息域设备，可采用两状态模型。根据历史统计数据可知元件 k 的失效率 λ_k 和修复率 μ_k，元件 k 的稳态可表示为

$$S(K)=\begin{cases}0 & \dfrac{\mu_k}{\lambda_k+\mu_k}\leqslant U\\ 1 & \dfrac{\mu_k}{\lambda_k+\mu_k}>U\end{cases},\quad k=1,2,3,\cdots,n_k \tag{8-43}$$

式中，U 为服从 [0，1] 平均分布的随机数。

3. 基于混合通信网的信息链路可靠性模型

信息链路是配电网自愈控制过程中信息传输的基本单位，信息域元件故障及其影响因素的变化都会导致链路失去连通性或延时和误码超出系统阈值，从而引起传输功能失效。基于上述影响因素分析，忽略接口层与应用层对延时与误码的影响，采用串联模型，构建节点 p 到节点 q 的信息链路可靠性模型为

$$A_{\mathrm{p-q}}=C_{\mathrm{p-q}}T_{\mathrm{p-q},i}E_{\mathrm{p-q},i} \tag{8-44}$$

式中，$C_{\mathrm{p-q}}$为从节点 P 到节点 Q 的信息链路拓扑可靠性，取 1 表示链路连通，0 表示链路中断；针对确定的传输路径 i，$T_{\mathrm{p-q},i}$为通信链路延时可靠性，$E_{\mathrm{p-q},i}$为通信链路数据误码可靠性，取 1 表示满足延时或误码要求，0 表示不满足要求。上述三种可靠性同时满足系统通信层要求，即 $A_{\mathrm{p-q}}=1$ 时，p－q 信息链路才可靠。考虑不同通信方式的失效影响因素以及对误码、延时的处理存在较大差异，本节信息网络建模以主干网 MSTP＋接入网工业以太网为例。

（1）考虑路由转移的信息链路拓扑可靠性

当通信网中设备随机失效引起节点间信息链路中断时，通信网会利用节点设备运行状态进行路由的重新规划。为了保证信源（节点 p）到信宿（节点 q）的拓扑可靠性，p－q 间通常存在 n 条（$n\geqslant1$）信息路径，系统基于路径最短距离或平均时延最短策略选择一条处于连通状态的路径 i 进行传输，p－q 间的拓扑可靠性可表示为

$$C_{\mathrm{p-q}}=c_{\mathrm{p-q}}(1)\cup\cdots\cup c_{\mathrm{p-q}}(i)\cup\cdots\cup c_{\mathrm{p-q}}(n) \tag{8-45}$$

实际中，当一条路径不连通时，信息将转换到其他处于连通状态的信息路径，保证 $C_{\mathrm{p-q}}=1$，若 p－q 间所有信息路径都不连通时，则 $C_{\mathrm{p-q}}=0$。

信息链路点到点拓扑可靠性主要由各信息路径中元件可用率、网络拓扑结构和通信协议共同决定。对于一条由 m 个元件组成的特定信息路径 i，只有当元件 k 的状态 S（k）都正常时，路径才有效连通，即 $c_{\mathrm{p-q}}(i)=1$，其中

$$c_{\mathrm{p-q}}(i)=S(1)\cap\cdots\cap S(k)\cap\cdots\cap S(m) \tag{8-46}$$

由于电力通信网设备冗余度小于电信网，因此，可靠性评价中可以利用最小路径搜索方法获得信息链路的路径集合。

（2）通信链路时延可靠性

通信链路时延可靠性指信息在通信链路中路径 i 的传输时间小于规定时间的能力。通信链路时延在不同通信协议下存在一定差异，对于一条特定的通信路径 i，通信链路总延时表示为主干网链路延时 $\tau_{p-q,i1}$ 和接入网链路时延 $\tau_{p-q,i2}$ 之和，即

$$\tau_{p-q,i}=\tau_{p-q,i1}+\tau_{p-q,i2} \tag{8-47}$$

通信链路延时可靠性可表示为

$$T_{p-q,i}=\begin{cases}1 & \tau_{p-q,i}\leqslant\tau_0\\0 & \tau_{p-q,i}>\tau_0\end{cases} \tag{8-48}$$

式中，τ_0 为信息业务所要求的总延时上限。

在 SDH 等同步传输协议的主干网通信结构中，延时包括节点设备延时和线路传输延时，节点设备延时 τ_t 相对固定，对于一条经过 N 个站点的 SDH 通信路径，其网络延时为

$$\tau_{p-q,i1}=N\tau_t+\frac{L_1}{c} \tag{8-49}$$

式中，L_1 为主干网链路光纤总长度；c 为光速。

工业以太网中采用 TCP/IP，路由器节点的处理时间与其负载率相关，通信链路两点间延时还与路由跳数相关，同时 TCP 层的差错重传机制使得信道误码并对延时产生影响。由此可见，通信链路呈现出的随机性具有一定的统计特征。在业务负载一定的情况下，链路传输延可采用 Pareto 分布模型，概率分布函数表示为

$$p(\tau)=1-\left(\frac{t_m}{\tau}\right)^{\beta} \tag{8-50}$$

式中，t_m 为端到端延时最小值，即线路延时与所经节点信息处理延时之和；β 为一个正参数，随着网络平均负载率 ρ 的增加 β 减小（线路负载率在轻载、正常运行和重载情况下，β 对应取 30、20 和 10）。通常网络平均负载率是长相关、自相似和重尾分布，本节假设 CPDS 信息域通信网络平均负载率服从威布尔分布，通过计算 t_m，并对 ρ 和 $P(\tau)$ 抽样，可以获得通信链路 i 的延时状态。

（3）通信链路误码可靠性

当数据在通信信道中传输时，由于线路过长、信道性能或噪声大，会导致点对点传输产生误码。对于在节点 p 到节点 q 间具有 m' 段连接线的通信路径 i，只有当信道 k' 误码可靠性可靠，$E_{i,k'}$ 都正常，即 $E_{p-q,i}=1$ 时路径传输的信息才能有效，即

$$E_{p-q,i}=E_{i,1}\cap\cdots\cap E_{i,k'}\cap\cdots\cap E_{i,m'} \tag{8-51}$$

针对两节点间信道 k'，其误码可靠性可表示为

$$E_{i,k'}=\begin{cases}1 & \gamma_{k'}\leqslant\gamma_0\\0 & \gamma_{k'}>\gamma_0\end{cases} \tag{8-52}$$

式中，$\gamma_{k'}$ 为信道误码率；γ_0 为信息传输所允许的误码阈值，通常随协议差错控制方式不同而变化。SDH 只在信息传输链路两端进行信息校核，发现误码可以纠正。工业以太网中，同样在两端 TCP 层对误码和延时进行管理，误码性能叠加到延时特性中。不考虑误码超出通信方式的差错控制能力，信息链路中主干 SDH 网两节点间可认为数据传输 100% 可靠，工业以太网如果传输延时满足要求就认为信息正确，即 $E_{p-q,i}=1$。

8.5.3 基于混合模拟法的CPDS可靠性评估方法

1. CPDS可靠性评估流程

在CPDS中，鉴于分布式能源出力与负荷的时序性，物理域采用序贯蒙特卡罗模拟法以反映其状态的时序性以及光伏与负荷的相关性；信息域采用非序贯蒙特卡罗模拟法以提高计算效率。以EENS与SAIDI作为评估指标，整体评估流程如下：

1）初始化：输入物理域参数，建立物理域元件可靠性模型与电网拓扑结构；输入信息域参数，建立信息域元件可靠性模型与节点邻接矩阵，基于深度优先算法建立各IED节点到服务器的点到点路由信息表。

2）状态抽样：利用序贯蒙特卡罗法对物理域元件故障持续时间进行抽样，并获得物理域故障状态，而后对信息域元件状态进行非序贯蒙特卡洛抽样，同时对信息域网络负载率进行抽样，得到整个CPDS系统状态。

3）状态分析：根据CPDS元件状态进行信息链路状态评估与物理域评估。若信息链路失效，则根据表8-7进行信息链路状态与物理域故障的故障-影响分析，量化信息域影响。

4）终止判断与指标计算：判断仿真时间是否满足计算终止条件，若不满足，则重复步骤2）~4）；若满足计算终止条件，则计算系统可靠性指标EENS和SAIDI。

CPDS可靠性评估流程如图8-34所示。

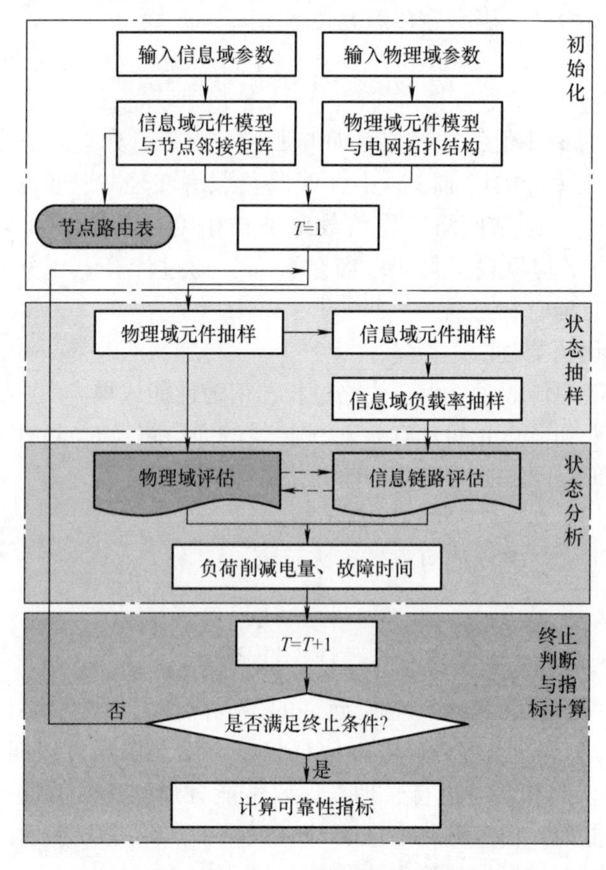

图8-34 CPDS可靠性评估流程

2. 信息链路可靠性评估流程

利用信息域元件状态和接入网负载状态，对接口层到应用层间点到点信息链路进行可靠性评估，过程如下：

1）读入路由表与状态信息，将物理域元件对应接口层设备作为起始节点，根据路由信息表搜寻接口层到应用层点到点信息链路；若应用层设备故障，转至5)；否则进行下一步。

2）由式(8-46）计算路径拓扑可靠性，根据式(8-45）计算信息链路拓扑可靠性，若 $C_{p-q}=1$，信息链路连通，执行下一步；否则信息链路失效，转至5)。

3）根据式(8-49)、式(8-50）分别计算主干网与接入网延时，根据式(8-47）计算链路总时延，基于式(8-48）评估延时可靠性，剔除 $T_{p-q,i}\neq 1$ 的路径，若存在可用信息路径，则进行下一步；否则该信息链路失效，转至5)。

4）对信息链路各线路误码率信息进行抽样，根据式(8-52）计算线路误码可靠性后，基于式(8-51）评估链路误码可靠性，并剔除 $E_{p-q,i}\neq 1$ 的路径，若存在可用信息路径，则该点到点信息链路有效，并进行下一步；否则该信息链路失效，进行下一步。

5）返回链路状态信息。

CPDS 信息链路评估流程如图 8-35 所示。

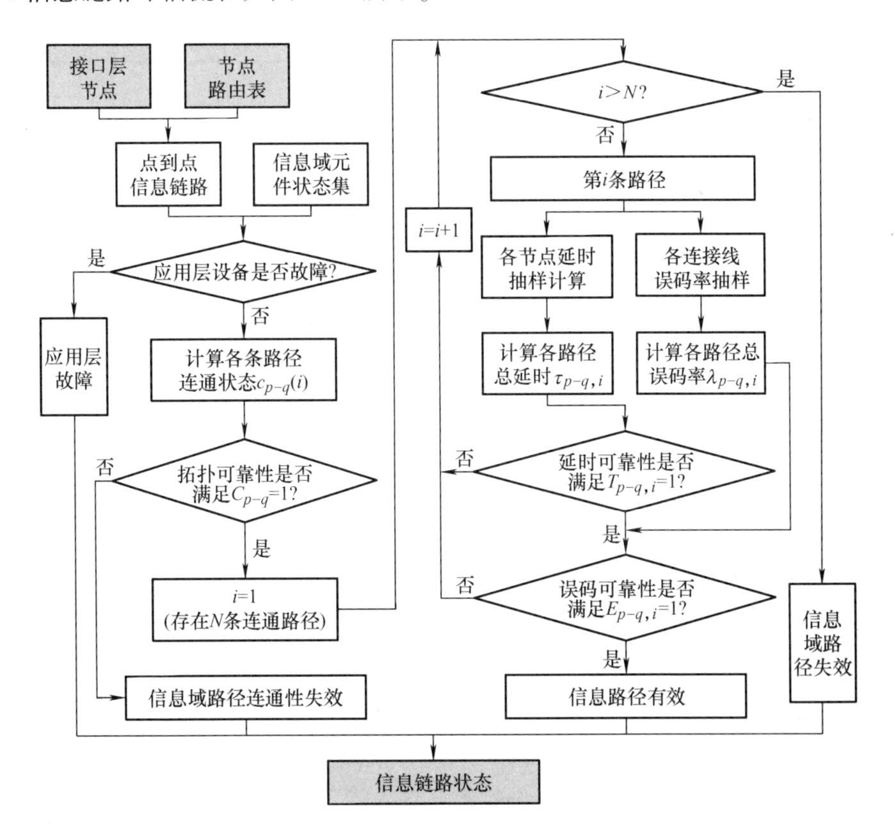

图 8-35　CPDS 信息链路评估流程

3. 物理域状态分析过程

信息物理系统元件可靠性参数见表 8-8。

表 8-8　信息物理系统元件可靠性参数

类别	故障率	修复时间/h
配电线路	0.05 次/(km·年)	5
隔离开关	0.005 次/年	8
断路器	0.002 次/年	4
光伏电源	3 次/年	20
储能设备	5 次/年	10
负荷变压器	0.015 次/年	200
光纤	0.004 次/(km·年)	24
以太网交换机	0.05 次/年	12
SDH 交换机	0.05 次/年	12
接口设备	0.06 次/年	12
服务器	0.01 次/年	8

1）读入物理域状态信息，根据物理域故障信息，生成故障隔离开关动作序列。

2）故障定位：对故障元件所在馈线开关的信息链路进行状态评估，① 若信息域应用层故障或无可用开关，该断面下故障修复时间增加 4h，非故障段负荷停电 1h，转到步骤 7)；② 若应用层正常运行而链路失效，则根据故障隔离开关动作序列依次对开关相关信息链路进行状态评估，若无可用开关，即为①，否则确定信息链路有效的开关并下发动作指令，进行下一步；③ 若信息链路有效，则对该开关下发动作指令，进行下一步。

3）故障隔离：对欲动作开关对应接口层到应用层信息链路进行状态评估，① 若信息链路有效，该开关动作，成功隔离故障，进行下一步；② 若链路失效，则根据故障隔离开关动作序列继续对备用开关信息链路进行状态评估，确定有效开关以隔离故障，并进行下一步；③ 若无可用开关，则配电网停运，转至步骤 5)。

4）故障隔离反馈：对成功动作的开关对应信息链路重新进行状态评估，若信息链路有效，故障隔离成功，进行下一步；若信息链路无效，启动备用保护，重复步骤 3)。

5）故障恢复：非故障段负荷停电时间设定为 1h；对联络开关对应信息链路进行评估，若该链路有效，则进行负荷转供并更新失电负荷量进行下一步；否则将可转供负荷停电时间固定为 1h，进入下一步。

6）孤岛运行：对各个故障段内孤岛区域的断路器、分布式电源以及储能的信息链路进行评估，剔除存在故障元件或信息链路失效的孤岛区域，并根据备选孤岛区域负荷量大小以及供电能力选择最优孤岛区域，进入孤岛运行。抽样分布式电源时序出力曲线，结合运行策略计算孤岛运行时间。现今孤岛运行研究较多，此处不再赘述。

7）计算负荷停电时间，并更新负荷削减电量。

CPDS 物理域评估流程如图 8-36 所示。

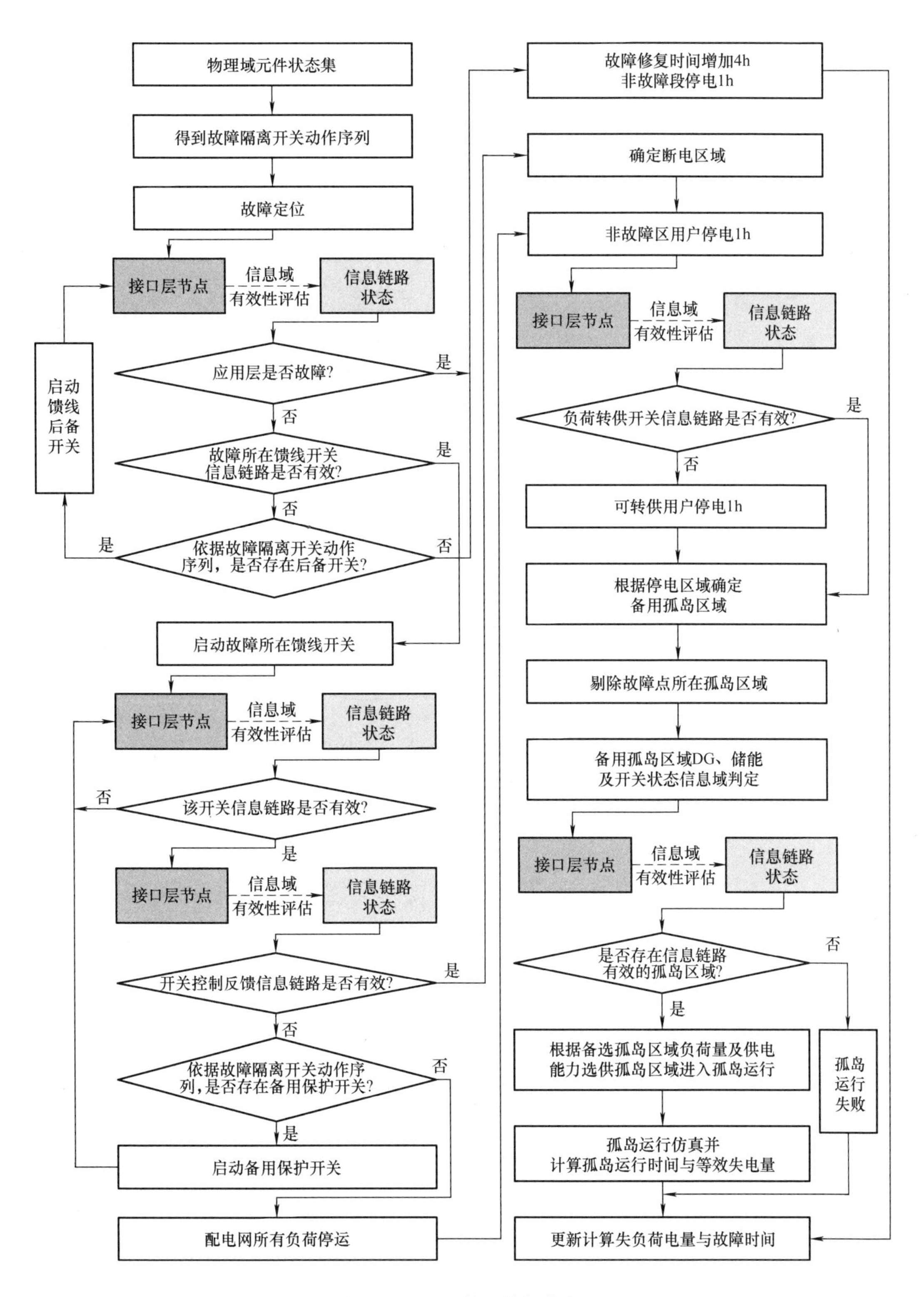

图 8-36　CPDS 物理域评估流程

8.5.4 算例分析

1. 仿真系统与参数

在 MATLAB 中针对图 8-37 测试系统进行可靠性评估。该测试系统中实线表示物理域结构，虚线表示信息域结构。该系统中控制、监测、保护均由 IED 单元动作实现，并通过工业以太网和 SDH 与服务器、主站控制中心进行通信。

其中，孤岛运行网络中共有 11 个负荷点，总平均负荷功率为 2.3879MW，见表 8-9。该配电网络包含三台光伏发电装置与三台储能系统，见表 8-10。

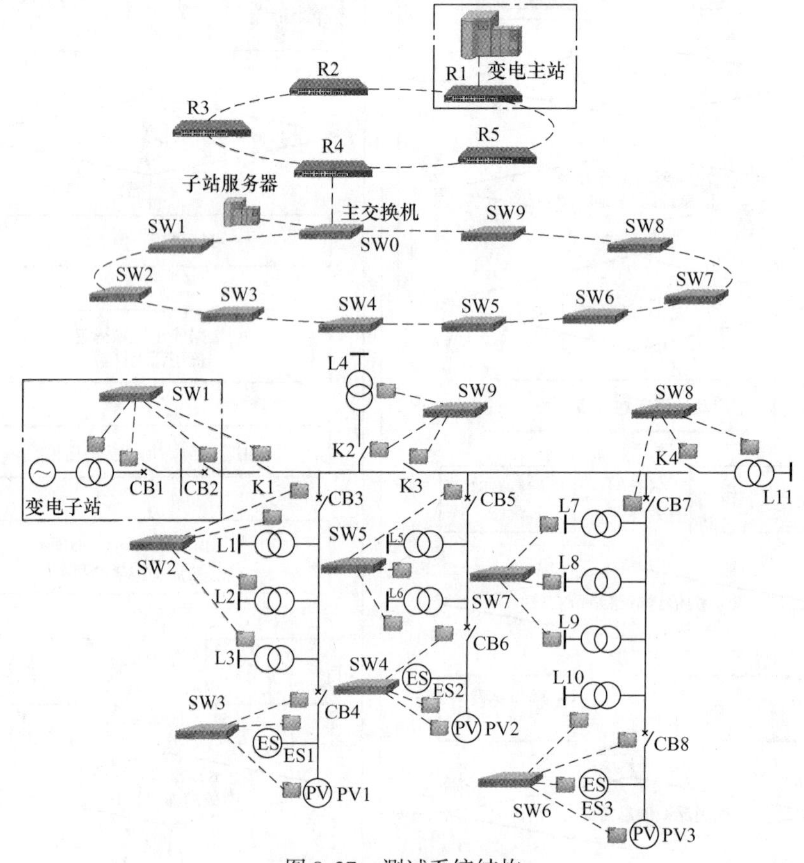

图 8-37 测试系统结构

表 8-9 物理域负荷参数

负荷编号	顶峰负荷/MW	平均负荷/MW	负荷编号	顶峰负荷/MW	平均负荷/MW
1	0.3903	0.3764	7	0.1829	0.1761
2	0.2436	0.2139	8	0.2157	0.2098
3	0.2604	0.2431	9	0.2515	0.2382
4	0.1682	0.1459	10	0.3058	0.2931
5	0.3057	0.2748	11	0.1128	0.1072
6	0.1274	0.1094			
顶峰总负荷/MW	2.5643		平均总负荷/MW	2.3879	

表8-10 光伏电源与储能配置

光伏编号	光伏额定容量/MW	储能编号	储能最大功率/MW	储能容量/MW·h
1	1.2	1	0.9	4.5
2	0.5	2	0.4	2
3	1.2	3	0.9	4.5
总计	2.9	总计	2.2	11

2. 算例结果分析

为了分析信息域对CPDS可靠性的影响，分四种情况进行研究：

场景1：只考虑物理域元件失效。

场景2：同时考虑物理和信息元件失效，且接入网为轻载状态（取网络负载率$\rho=20\%$）。

场景3：同时考虑物理和信息元件失效，且接入网为轻载状态（取网络负载率$\rho=50\%$）。

场景4：同时考虑物理和信息元件失效，且接入网为轻载状态（取网络负载率$\rho=80\%$）。

针对上述四种情况利用所提出的评估方法对可靠性指标进行仿真计算，结果见表8-11。

表8-11 可靠性指标计算结果

	EENS/(MW·h/年)	SAIDI/[h/(户·年)]
场景1	0.020409	0.044770
场景2	0.063108	0.070663
场景3	0.078640	0.082056
场景4	0.117908	0.113147

从计算结果可以看出，场景1可靠性指标低于场景2、场景3与场景4，表明信息域的随机故障会使得CPDS可靠性有所降低。同时，场景2与场景3系统可靠性明显高于场景4，表明接入网络平均负载率对CPDS可靠性存在一定影响，接入网重载情况下以延时为代表的性能失效对整体CPDS可靠性有着显著影响。

3. 信息域元件故障率对CPDS可靠性的影响

为了研究信息域设备在不同故障率下对系统可靠性的影响程度，分别将每一类信息元件故障率按照1%的比例增加或减少至100%，其他设备故障率不变，通过多次代入计算，可以得到各类信息设备对CPDS系统的重要度，如图8-38和图8-39所示。

可以看出设备故障率变化对CPDS可靠性存在显著影响。其中，光纤线路故障率对CPDS可靠性影响非常大，在实际系统规划、建设以及维护中更值得关注。相对于路由器以及交换机，IED主要负责数据采集与指令执行，因此IED设备故障变化对可靠性影响较小，仅影响控制中某一步指令的执行，而以太网交换机则会直接或间接影响信息域信息传输性能，发生故障时将直接导致所连接的IED信息传输失效，且其他通信节点由于链路重构延时增大，点到点信息传输性能受到影响。

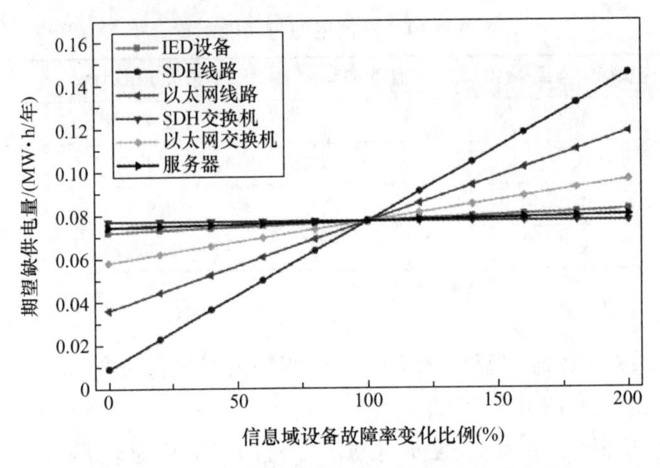

图 8-38　期望缺供电量与设备故障率关系曲线

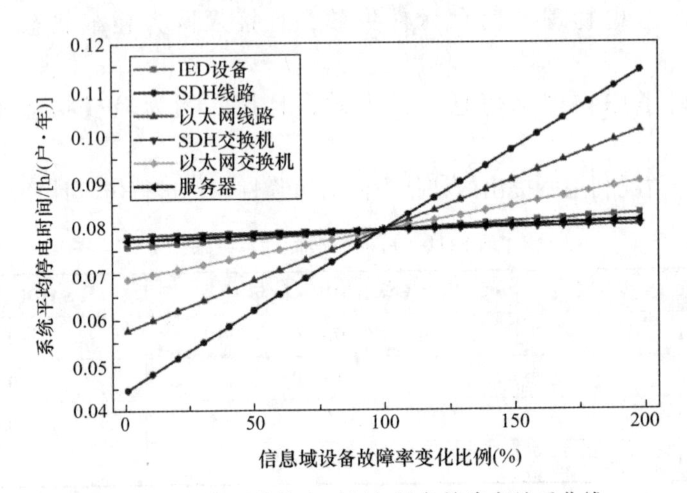

图 8-39　系统平均停电时间与设备故障率关系曲线

4. 接入网性能对 CPDS 可靠性的影响

为了分析接入网负载率对 CPDS 可靠性的影响，将接入网平均负载率按 0.1% 的步长从 0 增加至 100%，可以得到不同平均负载率下可靠性指标仿真结果及平滑处理后的变化曲线，如图 8-40 所示。

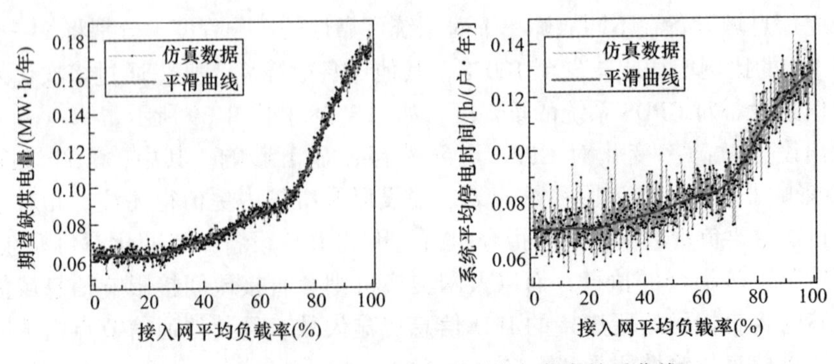

图 8-40　可靠性指标与接入网平均负载率关系曲线

从上述仿真结果可以看出，当负载率大于约40%后，可靠性指标随着网络负载率增大而增大，当负载率超过70%后，可靠性指标随着负载率急剧攀升，信息传输平均时延随着负载率增加也逐渐增加，导致信息链路失效概率增大，影响CPDS故障自愈控制，可靠性降低。

5. 接入网结构对CPDS可靠性的影响

除了设备故障率以及网络负载率外，还可以通过优化信息域网络结构来提高CPDS的可靠性。现有接入网网络结构主要以环形网络为主，还存在链形、星形、备用星形等结构。通过对上述四种网络结构下的CPDS可靠性进行仿真计算，比较不同接入网结构对CPDS可靠性的影响，如图8-41和图8-42所示。

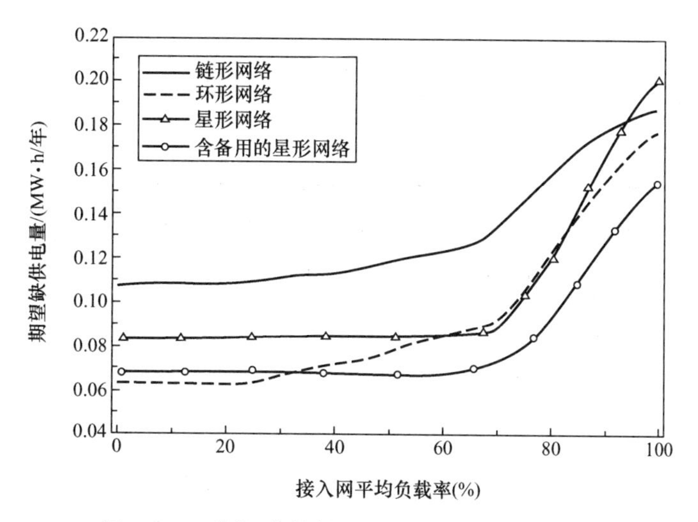

图8-41　不同网络结构下期望缺供电量变化曲线

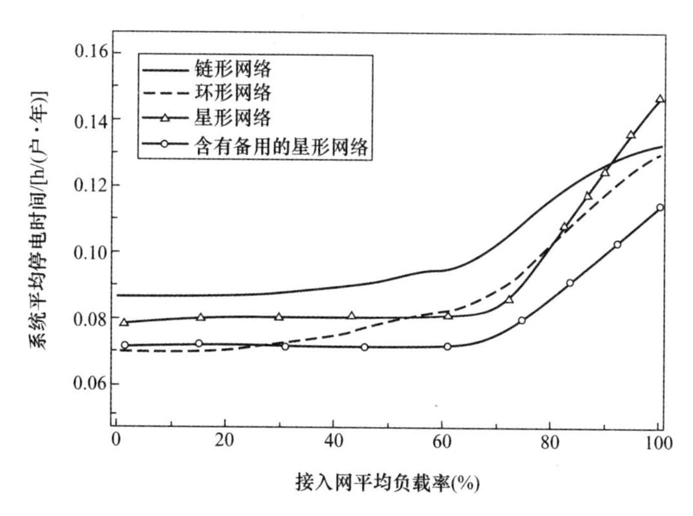

图8-42　不同网络结构下系统平均停电时间变化曲线

可以看出，不存在备用路径的链形结构可靠性最低，同时星形结构可靠性也较环形网络低，而含备用的星形网络可靠性明显高于其他几种结构，这种结构中的传输路径不受其他路由的影响，且主路由与备用路由延时基本相同，但建设成本过高。

6. 接入网技术特征对CPDS可靠性的影响

当前主动配电网接入网中，EPON作为一种高效通信方式，运用较为广泛。不考虑信息域传输性能对可靠性的影响，针对链型结构与双链形结构进行仿真，比较不同接入网技术下CPDS的可靠性，计算结果见表8-12。

表8-12　不同接入网技术下CPDS可靠性指标计算结果

		EENS/(MW·h/年)	SAIDI/[h/(户·年)]
工业以太网	环形网络	0.048206	0.059508
	链形网络	0.077223	0.075565
	星形网络	0.052336	0.060945
	含备用的星形网络	0.033703	0.052148
EPON	链形网络	0.200232	0.185781
	双链形网络	0.198631	0.134608

可以看出，采用EPON接入网的CPDS可靠性较低，且双链形网络对CPDS可靠性提升不高。应通过有针对性的提高薄弱元件的可靠性参数来达到提高CPDS可靠性的目的。

附　　录

附录 A

表 A-1　专有名词缩写

专有名词	英文缩写	英文全称
故障检测器	FDR	Fault Detection Rate
真空孔开关	PVS	Ported Vacuum Switch
配电自动化	DA	Distribution Automation
配电自动化系统	DAS	Distribution Automation System
数据采集与监视控制系统	SCADA	Supervisory Control and Data Acquisition
馈线自动化	FA	Feeder Automation
馈线远方终端	FTU	Feeder Terminal Unit
站控终端	STU	Station Terminal Unit
配变远方终端	TTU	Transformer Terminal Unit
站所远方终端	DTU	Distribution Terminal Unit
配电自动化主站系统	MSSDA	Master Station System of Distribution Automation
配电自动化子站系统	SSDAS	Slave Station of Distribution Automation System
以太网无源光网络	EPON	Ethernet Passive Optical Network
光线路终端	OLT	Optical Line Terminal
有源光纤通信	AON	Active Optical Network
无源光纤通信	PON	Passive Optical Network
同步数字体系	SDH	Synchronous Digital Hierarchy
多业务传送平台	MSTP	Multi-Service Transfer Platform
光网络单元	ONU	Optical Network Unit
无源光纤分支器	POS	Passive Optical Splitter
通用分组无线业务	GPRS	General Packet Radio Service
码多分址	CDMA	Code Division Multiple Access
全球微波接入互操作性	WiMAX	World Interoperability for Microwave Access
分时长期演进	TD - LTE	Time Division Long Term Evolution
远程终端装置	RTU	Remote Terminal Unit
事件顺序记录	SOE	Sequence of Event

（续）

专有名词	英文缩写	英文全称
远程自动抄表计费系统	AMRS	Automatic Meter Reading System
高级量测系统	AMS	Advanced Metering System
需求响应	DR	Demand Response
需求侧管理	DSM	Demand Side Management
不可调度的需求响应	NDDR	Non-Dispatchable Demand Response
基于可靠性的需求响应	RDR	Reliability-based DR
可调度的需求响应	DDR	Dispatchable Demand Response
直接负荷控制	DLC	Direct Load Control
可中断负荷	IL/DL	Interruptible Load/ Curtailable Load
需求侧竞价	DSB	Demand Side Bidding/Buyback
配电管理系统	DMS	Distribution Management System
分布式电源	DG	Distributed Generation
主动配电网	ADN	Active Distribution Network
配电网状态估计	DSE	Distribution State Estimation
自动需求响应	Auto-DR	Automated Demand Response
开放式自动需求响应通信规范	OpenADR	Open Automated Demand Response communications specification
负荷聚合商	LA	Load Aggregator
应用程序设计接口	API	Application Programming Interface
需求响应自动服务器	DRAS	Demand Response Automation Server
需求侧资源	DSR	Demand Side Resource
直接控制负荷	DCL	Direct Control Load
微电网控制中心	MGCC	Micro-Grid Control Centre
公共耦合点	PCC	Point of Common Coupling
微电网群控制中心	MMCC	Multi-Microgrid Control Centre
静止无功补偿装置	SVC	Static Var Compensation
自动发电控制	AGC	Automatic Generation Control
区域控制偏差	ACE	Area Control Error
定频率控制	FFC	Flat Frequency Control
定交换功率控制	FTC	Flat Tie-line Control
联络线功率-频率偏差控制	TBC	Tie-line load and frequency Bias Control
信息与通信技术	ICT	Information and Communications Technology
信息物理系统	CPS	Cyber-Physical Systems
配电信息物理系统	CPDS	Cyber-Physical Distribution Systems

附录 B

表 B-1 配电自动化主站系统功能表

功 能			基本功能	扩展功能
公共平台服务	数据库管理	数据高速缓存	√	
		数据镜像和压缩	√	
		并发控制与事务管理	√	
		历史数据库在线备份	√	
		数据集中控制	√	
		查询语言检索数据库	√	
	数据备份与恢复	全数据备份	√	
		指定数据备份	√	
		定时自动备份	√	
		全数据恢复	√	
		指定数据恢复	√	
	系统建模	图模一体化网络建模	√	
		外部系统信息导入建模		√
	多态多应用服务	多态模型的切换		√
		各态模型之间的转换、比较及同步和维护		√
		多态模型的分区维护统一管理		√
		提供实时态、研究态、未来态等应用场景		√
		支持各态下可灵活配置		√
		支持多态之间可相互切换		√
	权限管理	用户管理	√	
		角色管理	√	
		权限分配	√	
	告警服务	告警定义	√	
		分类、分级告警	√	
		语音及画面告警	√	
		告警信息存储、查询和打印	√	
	报表管理	支持实时监测数据及其他应用数据	√	
		报表设置、生成、修改、浏览、打印	√	
		按班、日、月、季、年生成各种类型报表	√	
		定时自动生成报表	√	
		按指定时间段生成报表	√	

(续)

功　能			基本功能	扩展功能
公共平台服务	人机界面	界面操作	√	
		图形显示	√	
		交互操作界面	√	
		数据设置、过滤、闭锁	√	
		多屏多窗口显示、无极缩放、漫游、分层分级显示等	√	
		图模库一体化	√	
		基于图形对象的快速查询和定位	√	
	系统运行状态管理	网络及通信管理	√	
		系统节点状态监视	√	
		软硬件功能管理	√	
		状态异常报警	√	
		在线、离线诊断工具	√	
		系统配置管理	√	
	系统配置管理	通信配置管理	√	
		网络配置管理	√	
		系统参数配置管理	√	
	Web发布	网上发布	√	
		报表浏览	√	
	系统互联	信息交互遵循 DL/T1080 标准		√
		支持相关系统间互动化应用		√
配电SCADA	数据采集	各类数据的采集和交互	√	
		大数据采集	√	
		支持多种通信规约	√	
		支持多种通信方式	√	
		错误检测	√	
		通信通道和终端运行工况监视、统计、报警和管理	√	
		支持加密认证		√
	数据处理	模拟量处理	√	
		状态量处理	√	
		非实测数据处理	√	
		多数据源处理	√	
		数据质量码计算	√	
		统计计算	√	
	数据记录	事件顺序记录	√	
		条件触发数据记录	√	

（续）

功　能			基本功能	扩展功能
配电SCADA	操作与控制	人工设置	√	
		标识牌操作	√	
		闭锁和解锁操作	√	
		远方控制和调节	√	
		防误闭锁	√	
	网络拓扑着色	电网运行状态着色	√	
		供电范围及供电路径着色	√	
		动态电源着色	√	
		负荷转供着色	√	
		故障指示着色	√	
	事故/历史断面回放	事故/历史断面回放的启动和处理	√	
		事故/历史断面回放	√	
	信息分流及分区	责任区设置和管理	√	
		信息分流及分区	√	
	授时和时间同步	北斗或GPS时钟授时	√	
		终端/子站时间同步	√	
	打印	各种信息打印功能	√	
馈线故障处理	馈线故障处理功能	故障定位	√	
		故障隔离及非故障区域的恢复		√
		故障处理安全约束		√
		故障处理控制方式		√
		主站集中式与就地分布式故障处理的配合		√
		故障处理信息查询		√
配电网分析应用	网络拓扑分析	适用于任何形式的配电网络接线方式		√
		电气岛分析		√
		支持人工设置的运行状态		√
		支持设备挂牌、投退役、临时跳接等操作对网络拓扑的影响		√
		支持实时态、研究态、未来态网络模型的拓扑分析		√
		计算网络模型的生成		√
	状态估计	计算各类量测的估计值		√
		配电网不良量测数据的辨识		√
		人工调整量测的权重系数		√
		多启动方式		√
		状态估计分析结果快速获取		√

（续）

功　　能			基本功能	扩展功能
配电网分析应用	潮流计算	实时态、研究态和未来态电网模型潮流计算		√
		多种负荷计算模型的潮流计算		√
		精确潮流计算和潮流估算		√
		计算结果提示告警		√
		计算结果比对		√
	合环分析	实时态、研究态、未来态电网模型合环分析		√
		合环路径自动搜索		√
		合环稳态电流值、环路等值阻抗、合环电流时域特性、合环最大冲击电流值计算		√
		合环操作影响分析		√
		合环前后潮流比较		√
	负荷转供	负荷信息统计		√
		转供策略分析		√
		转供策略模拟		√
		转供策略执行		√
	负荷预测	最优预测策略分析		√
		支持自动启动和人工启动负荷预测		√
		多日期类型负荷预测		√
		分时气象负荷预测		√
		多预测模式对比分析		√
		计划检修、负荷转供、限电等特殊情况分析		√
	网络重构	提高供电能力		√
		降低网损		√
		动态调控		√
智能化功能	配电网运行与操作仿真	故障仿真与预演		√
		操作仿真		√
	配电网调度运行支持应用	调度操作票		√
		保电管理		√
		多电源客户管理		√
		停电分析		√
	分布式电源接入、储能接入	分布式电源/储能设备接入、运行、退出的监视、控制等互动管理功能		√
		分布式电源/储能装置接入系统情况下的配电网安全保护、独立运行、多电源运行机制分析等功能		√

（续）

功　能			基本功能	扩展功能
智能化功能	配电网自愈	智能预警		√
		校正控制		√
		相关信息融合分析		√
		配电网大面积停电情况下的多级电压协调、快速恢复功能		√
		大批量负荷紧急转移的多区域配合操作控制		√
	经济运行	分布式电源接入条件下的配电网电压无功协调优化控制		√
		分布式电源接入条件下的经济运行分析		√
		在实时测量信息不完备条件下的配电网电压无功协调优化控制		√
		配电设备利用率综合分析与评价		√
		配电网广域备用运行控制方法		√

表 B-2　配电自动化子站系统功能表

功　能		通信汇集型		监控功能型	
		基本功能	选配功能	基本功能	选配功能
数据汇集	状态量	√		√	
	模拟量	√		√	
	电能量	√		√	
	事件顺序记录	√		√	
控制功能	当地控制			√	
	远方控制	√		√	
与数据通信	与主站、终端通信	√		√	
	与其他智能设备通信	√		√	
维护功能	当地维护	√		√	
	远方维护		√		
故障处理	故障区段定位			√	
	故障区段隔离			√	
	非故障区段恢复供电				√
通信监视	通信故障监视	√		√	
	通信故障上报	√		√	
其他功能	校时			√	
	设备自诊断及程序自恢复	√		√	
	后备电源	√	√		√
	人机交互			√	
	打印制表				√

参考文献

[1] 林红阳，郑欢，柏强，等．国内外配电自动化现状以及发展趋势探讨［J］．通讯世界，2017（1）：168-169.

[2] 陈力．配电自动化技术现状和发展分析［J］．中国高新技术企业（中旬刊），2015（7）：95.

[3] 刘健，赵倩，程红丽，等．配电网非健全信息故障诊断及故障处理［J］．电力系统自动化，2010，34（7）：50-56.

[4] 左文霞，曾文君，程子丰．配电自动化技术现状及发展趋势［J］．科技创业月刊，2013（12）：220-221.

[5] 郭阳春．馈线终端单元的设计与实现［D］．西安：西安电子科技大学，2015.

[6] 林跃欢．馈线自动化系统的IEC61850建模研究及其通信实现［D］．广州：华南理工大学，2015.

[7] 韩倩倩．馈线分段及布点优化应用研究［D］．昆明：昆明理工大学，2016.

[8] 王宗耀，苏浩益．配网自动化系统可靠性成本效益分析［J］．电力系统保护与控制，2014，42（6）：98-103.

[9] 姚维平．基于综合赋权法的城市配电网接线模式优化选择研究［D］．天津：天津大学，2008.

[10] 朱勇．郑州市郑东新区中压配电网接线模式研究［D］．北京：华北电力大学，2006.

[11] 崔海，侯茜，李向奎，等．提高可靠性条件下城市电网规划设计［C］．山东电机工程学会供电专业学术交流会，2008.

[12] 李宁．城市中压配电网供电模式评价体系与方法的研究［D］．北京：华北电力大学，2009.

[13] 苏小向．考虑分布式发电的中压配电网供电方案的评价［D］．北京：华北电力大学，2010.

[14] 钟永．佛山地区10kV配电网供电可靠性提升策略研究［D］．广州：华南理工大学，2010.

[15] 方国雄．厦门城市中压配电网目标网架研究［J］．广东科技，2009（10）：222-224.

[16] 王哲．配电系统接线模式模型和模式识别的研究与实现［D］．天津：天津大学，2009.

[17] 何剑军．地区电网配电自动化最佳实践模式研究［D］．广州：华南理工大学，2011.

[18] 丁文涛．地区电网配电自动化系统的建设目标及对通信系统的要求分析［J］．山东工业技术，2013（9）：81-82.

[19] 闫刚．GPRS在配电自动化中的应用［D］．长春：吉林大学，2006.

[20] 陆平．西安市配电自动化系统综合信息网解决方案［D］．西安：西安科技大学，2005.

[21] 梁玉泉．GPRS通信技术在配电网自动化中的应用研究［J］．广东电力，2005，18（5）：33-37.

[22] 游春．GPRS通信技术在配电网中的应用［D］．重庆：重庆大学，2007.

[23] 黄秀丽，马媛媛，费稼轩，等．配电自动化系统信息安全防护设计［J］．供用电，2018，35（3）：47-51.

[24] 冷华，朱吉然，唐海国，等．一项配电自动化工程关键技术及典型问题分析［J］．供用电，2015，32（2）：61-64.

[25] 黄伟勋．智能电网背景下的配电系统安全运行［J］．电子技术与软件工程，2018，134（12）：245.

[26] 李启瑞. 本地与远程智能相结合的 FTU 关键技术研究与实现 [D]. 西安：西安科技大学，2004.

[27] 刘健，程红丽，李启瑞. 重合器与电压-电流型开关配合的馈线自动化 [J]. 电力系统自动化，2003，27 (22)：68-71.

[28] 刘健，赵树仁，张小庆. 配电网故障处理关键技术 [J]. 电力系统自动化，2010，34 (24)：87-93.

[29] 张志华. 配电网继电保护配合与故障处理关键技术研究 [D]. 西安：西安科技大学，2012.

[30] 刘健，张志华，张小庆，等. 继电保护与配电自动化配合的配电网故障处理 [J]. 电力系统保护与控制，2011，39 (16)：53-57.

[31] 姚震环. 关于继电保护和配电自动化配合的配电网的故障处理分析 [J]. 科学技术创新，2013 (6)：79.

[32] 蔡静雯，陈辰，郑旭东，等. 继电保护与配电自动化配合的配电网故障处理 [J]. 电子世界，2017 (16)：194.

[33] 张媛. 长春电力市场电力需求侧管理研究 [D]. 保定：华北电力大学，2008.

[34] 田世明，徐仁武. 高级量测体系关键技术研究 [J]. 电信科学，2010 (S3)：96-101.

[35] 刘斌. 基于拓扑分析的配电网络重构算法研究 [D]. 成都：西华大学，2012.

[36] 杨聪. 含光伏电站的配电网可靠性研究 [D]. 南昌：南昌大学，2015.

[37] 李同辉. 绥化北林区配电网自动化设计 [D]. 长春：吉林大学，2016.

[38] 吴鹤宇，高留洋. 电力 EMS 系统实用化经验探讨 [J]. 中国电力教育，2012 (24)：100-101.

[39] 姚建国，高宗和，杨志宏，等. EMS 应用软件支撑环境设计与功能整合 [J]. 电力系统自动化，2006，30 (4)：49-53.

[40] 吴文传，张伯明，巨云涛，等. 配电网高级应用软件及其实用化关键技术 [J]. 电力系统自动化，2015，39 (1)：213-219.

[41] 叶帆. 配电网潮流计算的分析与运用 [D]. 南昌：南昌大学，2015.

[42] 国家能源局. 配电自动化系统技术规范：DL/T 814—2013 [S]. 2014.

[43] 王守相，王成山. 现代配电系统分析 [M]. 北京：高等教育出版社，2014.

[44] LU C N，TENG J H，LIU W H E. Distribution system state estimaton [J]. IEEE Transations on Power System，1995，10 (1)：229-240.

[45] 李莉. 配电网络拓扑分析与网络重构 [D]. 南京：南京师范大学，2011.

[46] 汤庆峰，刘念，张建华. 计及广义需求侧资源的用户侧自动响应机理与关键问题 [J]. 电力系统保护与控制，2014 (24)：138-147.

[47] 陈征. 电动汽车光伏充换电站集成系统的优化方法研究 [D]. 北京：华北电力大学，2014.

[48] 肖湘宁，陈征，刘念. 可再生能源与电动汽车充放电设施在微电网中的集成模式与关键问题 [J]. 电工技术学报，2013，28 (2)：1-14.

[49] 汤庆峰. 广义需求侧资源接入下多种形态微电网的优化运行方法 [D]. 北京：华北电力大学，2015.

[50] 高赐威，梁甜甜，李慧星，等. 开放式自动需求响应通信规范的发展和应用综述 [J]. 电网技术，2013，37 (3)：692-698.

[51] 刘文霞，李校莹，王佳伟，等. 考虑需求侧资源的主动配电网故障多阶段恢复方法 [J]. 电力建设，

2017，38（11）：64-72.
[52] 陈征，肖湘宁，路欣怡，等．含光伏发电系统的电动汽车充电站多目标容量优化配置方法［J］．电工技术学报，2013，28（7）：238-248.
[53] 段力铭．配电网故障情况下微电网互联的协调控制方法研究［D］．北京：华北电力大学，2014.
[54] 宋志成，杨俊友．多微网互联协调控制策略研究［C］．第十四届沈阳科学学术年会论文集（理工农医），2017.
[55] 刘文霞，宫琦，郭经，等．基于混合通信网的主动配电信息物理系统可靠性评价［J］．中国电机工程学报，2018，38（6）：1706-1718.
[56] 单晓东．考虑 ICT 系统作用的配电网可靠性评估方法研究［D］．北京：华北电力大学，2017.
[57] 刘振亚．智能电网技术［M］．北京：中国电力出版社，2010.
[58] 田世明．智能电网用电技术［M］．北京：中国电力出版社，2015.
[59] 李岩松．电力系统自动化［M］．北京：中国电力出版社，2014.
[60] 王月志．电能计量技术［M］．2 版．北京：中国电力出版社，2015.
[61] 张建伟，曹敏，毕志周，等．基于用户信息双向互动的智能计量主站系统［J］．云南电力技术，2013，41（5）：54-56.
[62] 冯庆东，何战勇．需求响应中的直接负荷控制策略［J］．电测与仪表，2012，49（3）：59-63.
[63] 曹一家，张宇栋，包哲静．电力系统和通信网络交互影响下的连锁故障分析［J］．电力自动化设备，2013，33（1）：7-11.
[64] 韩宇奇，郭创新，朱炳铨，等．基于改进渗流理论的信息物理融合电力系统连锁故障模型［J］．电力系统自动化，2016，40（17）：30-37.
[65] 郭庆来，辛蜀骏，孙宏斌，等．电力系统信息物理融合建模与综合安全评估：驱动力与研究构想［J］．中国电机工程学报，2016，36（6）：1481-1489.
[66] 冯巍．电动汽车充电站 10kW 光伏发电系统［J］．电气技术，2010，11（10）：94-96.
[67] 王成山，杨占刚，王守相，等．微网实验系统结构特征及控制模式分析［J］．电力系统自动化，2010，34（1）：99-105.
[68] 刘念，唐宵，段帅，等．考虑动力电池梯次利用的光伏换电站容量优化配置方法［J］．中国电机工程学报，2013，33（4）：34-44.
[69] 周念成，金明，王强钢，等．串联和并联结构的多微网系统分层协调控制策略［J］．电力系统自动化，2013，37（12）：13-18.
[70] 郭谋发．配电网自动化技术［M］．北京：机械工业出版社，2012.
[71] 马定林，马晖，马晔．配电设备［M］．3 版．北京：中国电力出版社，2013.
[72] 龚静，彭红海，朱琛．配电网综合自动化技术［M］．北京：机械工业出版社，2008.
[73] 国家电网公司．配电网技术导则：Q/GDW 10370—2016［S］．2017.
[74] 刘军．配电网规划计算与分析［M］．北京：中国电力出版社，2017.
[75] 林韩，陈彬，等．配电网供电模型构建研究及应用［M］．北京：中国电力出版社，2016.
[76] 苑顺，崔文军．高压隔离开关设计与改造［M］．北京：中国电力出版社，2007.

[77] 高亮. 配电设备及系统 [M]. 北京：中国电力出版社，2009.

[78] 国家电网公司. 配电自动化技术导则：Q/GDW 1382—2013 [S]. 2014.

[79] 王晓勇. 配电自动化系统中通信网络的规划与组建 [D]. 南京：南京邮电大学，2013.

[80] 刘晓忠. 基于 EPON 技术的配电自动化通信系统设计与实现 [D]. 保定：华北电力大学，2014.

[81] 丁国光，刘庆秀，姚霞. 基于虚拟总线技术的数据光端机在配电自动化中的应用 [J]. 电力系统自动化，2004，28 (9)：81-83.

[82] 基于 EPON 技术的中低压配电自动化通信系统设计 [D]. 镇江：江苏大学，2016.

[83] 邱关源. 电路 [M]. 5 版. 北京：高等教育出版社，2006.

[84] 钟清，孙闻，余南华，等. 主动配电网规划中的负荷预测与发电预测 [J]. 中国电机工程学报，2014，34 (19)：3050-3056.

[85] 杨骥. 配电网状态估计 [D]. 南京：东南大学，2005.

[86] 梁栋. 配电系统状态估计研究 [D]. 天津：天津大学，2017.

[87] 杨晓东，张有兵，赵波，等. 供需两侧协同优化的电动汽车充放电自动需求响应方法 [J]. 中国电机工程学报，2017，37 (1)：120-130.